中国轻工业“十四五”规划教材

绿色食品生产与管理

主 编
王海红 潘亚芬

中国轻工业出版社

图书在版编目（CIP）数据

绿色食品生产与管理/王海红，潘亚芬主编. —北京：中国轻工业出版社，2025.5

ISBN 978-7-5184-3950-8

Ⅰ.①绿…　Ⅱ.①王…②潘…　Ⅲ.①绿色食品—生产管理　Ⅳ.①TS2

中国版本图书馆CIP数据核字（2022）第057654号

责任编辑：张　靓　王庆霖

策划编辑：张　靓　　责任终审：劳国强　　封面设计：锋尚设计

版式设计：砚祥志远　　责任校对：宋绿叶　　责任监印：张　可

出版发行：中国轻工业出版社（北京鲁谷东街5号，邮编：100040）

印　　刷：北京君升印刷有限公司

经　　销：各地新华书店

版　　次：2025年5月第1版第3次印刷

开　　本：720×1000　1/16　印张：17

字　　数：352千字

书　　号：ISBN 978-7-5184-3950-8　定价：48.00元

邮购电话：010-85119873

发行电话：010-85119832　010-85119912

网　　址：http://www.chlip.com.cn

Email：club@chlip.com.cn

250835J2C103ZBW

本书编写人员

主　编　王海红（黑龙江农垦职业学院）

潘亚芬（黑龙江农垦职业学院）

副主编　严晓玲（黑龙江农垦职业学院）

参　编　于　辉（鄂尔多斯生态环境职业学院）

庞丽丽（黑龙江农垦职业学院）

刘　辉（黑龙江省泰来县农业技术推广中心）

刘惠青（鄂尔多斯市林业和草原综合行政执法支队）

吕德方（黑龙江农垦职业学院）

主　审　范志军（黑龙江省北大荒绿色健康食品有限责任公司）

前　言

绿色食品生产与管理，是食品加工及原料生产等众多岗位的重要职能，也是食品类专业、农林类专业的一门重要课程。

本教材是以工作任务为载体，以食品安全为核心，以绿色理念及绿色食品的标准为基础，采用校企合作的方式共同编写，围绕岗位工作任务设计内容，以绿色食品生产顺序为主线，涵盖了绿色食品生产领域的基础知识、基本技能、典型案例、综合应用、前沿专题等内容，具有基础性、科学性、系统性、先进性和针对性等特征。构建了以理论知识为重点转向教材内容与数字化资源结合和提供课程教学活动全过程服务为重点的新形态一体化教材。每一任务都相应配有微课、知识链接等互动多媒体资源，信息源丰富、知识量大，有助于学生理解接受并快速运用，并且有利于实现个别化教学，强化职业素养和职业技能的培养。

本教材主要特点如下：

（1）教学模式创新　从“以教为主”转向以“在线开放课程系统平台”为基础的线上线下混合式教学为主，提高学生学习的主动性和积极性，从而保证教学与实际工作的紧密结合。

（2）教学活动形式创新　从“以文本解读”为主转向利用“课程立体化数字资源”开展教学活动为主，包括教学方法与手段、考试考核方式等教学关键活动的创新应用。将纯理论课的教学生动化、形象化、实用化，使之对生产实践具有很强的指导性。

（3）教学体例创新　教材改变传统的章节编排，以教学项目导引，以学习任务为驱动，将理论知识融入实践之中，循序渐进地编排项目顺序，二维码标注资源，学生可以随扫随学。既符合学生的认知规律，也可达到反复训练、牢固掌握技能的目的。

（4）教学内容形式创新　根据职业教育的特点，教材将以专业理论知识为逻辑主线的传统学科型教学内容解构，重新构建出以职业技术为主线，以培养职业能力为本位的教学内容，涉及的文件都是新标准、新规范。

（5）丰富的课程思政资源　根据任务特点，配以与教学内容相关的思政材料。

本教材编写分工如下：项目一由严晓玲编写；项目二由刘辉、刘惠青、潘亚芬编写；项目三由于辉编写；项目四由王海红、潘亚芬、庞丽丽、吕德方、于辉编写；项目五由王海红编写；项目六由庞丽丽编写；全书由王海红统稿。本书涉及的微课视频由王海红、庞丽丽、王冰、孙彦、严晓玲主讲。

由于编者水平所限，书中难免有疏漏、错误之处，敬请广大读者批评指正。

目 录 CONTENTS

项目一 绿色食品基础

任务一 认识绿色食品

任务导入

王女士想购买草莓，到超市一看，有无公害草莓、绿色草莓和有机草莓，价格差别很大，王女士有些迷茫，不知如何选购，想请你帮忙解释一下三者的区别和联系。

任务要求

素质目标

1. 通过小组成员间的分工合作，树立团结合作意识。
2. 通过学习绿色食品相关文件，形成自律、自强的优良品格。
3. 通过学习我国绿色食品发展现状，激发民族自豪感及创新精神。

知识目标

1. 了解绿色食品产生的背景。
2. 了解世界绿色食品的发展状况及前景。
3. 了解我国绿色食品的发展状况及前景。
4. 熟悉绿色食品与有机食品的区别和联系。
5. 掌握绿色食品的概念、特征及分类。

能力目标

1. 能够随时关注有关绿色食品文件的更新。
2. 具备良好的沟通、交流能力以及自主学习的能力。

任务准备

1. 每组编写一套测试题——10 道单项选择题（附答案及解析）。
2. 查阅有关我国绿色食品发展状况的资料。
3. 设计调查问卷。
4. 利用节假日请不同地区、不同年龄、不同性别、不同学历、不同收入的人填写调查问卷，每组 40 份。
5. 每组完成一份数据分析报告。

相关知识

一、绿色食品产生的原因

绿色食品是我国改革开放和新时期农业农村经济发展的必然产物。20 世纪 80 年代末、90 年代初，我国城乡人民生活在解决温饱问题的基础上开始向小康水平迈进，对农产品及加工食品的质量提出了新的要求，农业发展开始实现战略转型，向高产、优质、高效方向发展。同时，农业生态环境问题日益受到社会关注。根据这种形势，农业部农垦部门在研究制定全国农垦经济社会“八五”发展规划和 2000 年工作设想时，根据农垦系统的生态环境、组织管理、技术条件优势，提出开发无公害污染的拳头产品，由于与环境保护有关的事物通常都冠以“绿色”，因此定名为绿色食品。绿色食品的产生与生态环境恶化、食品安全问题密不可分。

（一）生态环境恶化

环境污染问题是困扰全人类的重大问题，它使人类生存受到了威胁。生态环境恶化促使人类改变食物生产方式。

1. 大量使用化学农药和除草剂

化学农药对现代农业的增产增收起到了决定性的作用，但是人类长期以来一直依赖化学农药也带来了很多的生态、环境等方面的问题。农药慢性危害降低人体免疫力，从而影响人体健康，致使其他疾病的患病率及死亡率上升。美国国家环境保护局曾对已注册的 360 种农药进行重新评审，其中 70 多种被认为有潜在的致癌作用。农药使用不当还可引起江河湖海及地下水资源的污染，自然界鸟类、哺乳动物、鱼虾类等的毒杀与灭绝以及土壤的污染。除草剂可以对人体及其他生物产生严重危害，据世界卫生组织和联合国环境署报告，全世界每年有 100 多万人因除草剂急性中毒，其中 10 万人死亡。植物中的除草剂可经过食物链逐级传递并不断蓄积，还可产生慢性危害，破坏神经系统的正常功能，干扰人体内激素的平衡，具有明显的致癌性。除草剂良莠不分地杀死大量害虫、天敌，严重破坏了农田生态平衡，并导致害虫抗药性增强，严重污染了生态环境，使自然生态平衡遭到破坏。

2. 片面依赖化学肥料增产

过量施用化肥而忽视有机肥的使用，引起土壤酸度变化，导致有毒物质的释放，造成环境与食品污染，对生物体产生不良影响。土壤酸化还能溶解土壤中的一些营养物质，导致土壤肥力下降，造成土壤中有机质减少，限制了微生物的活动。土壤理化性质的恶化，土地生产能力萎缩，影响作物的生长。大量施用氮肥与磷肥易造成硝酸盐污染与水体富营养化。

3. 过分强调农业机械措施

农业机械化是用于农业生产的机械化作业，势必会破坏土壤的原始水文特征，再加上不合理的耕作，易引起水土流失、草原退化、沙漠化面积扩大等后果，造成生物链发生变化，所以现代农业又重新推崇精耕细作的传统农业模式，尽量减少对环境的破坏。

4. 对石油能源过度依赖与能源短缺形成了尖锐的矛盾

“工业式农业”生产中大量使用化学物质造成了对石油能源的过度依赖，由于能源的不可再生性，决定了“石油农业”（大量使用以石油产品为动力的农业机械，以石油制品为原料的化肥、农药的农业）的局限性，如能以新型农药（如生物农药）代替化学农药将会使农业生产更加自由。

5. 过分推崇现代生物技术产生的转基因食品

转基因食品可能对生态系统、物种和天然基因乃至人类健康与安全造成不利影响，各国相继寻求提高食物安全性的替代农业模式的出现，一系列农业模式，如：有机农业、生态农业、再生农业、替代农业、可持续农业相继出现，“可持续性发展”的呼声越来越强烈，在我国发展有绿色食品工程。

（二）食品安全问题

人的食物结构中，大多数食物来自田野里的农作物和禽肉鱼蛋等，如果动植物的生长环境受到污染，它们的体内就会积累起有害物质，人吃了这些作物或用禽畜加工成的食品，就会中毒，影响人的健康。

1. 适应食品安全需求，绿色食品应运而生

近年来世界发生了许多食品安全重大事件，如英国的“疯牛病”事件、比利时的“二噁英”事件等。

2. 绿色食品是人们生活质量提高后的必然选择

进入20世纪90年代，我国城乡人民在基本解决温饱问题的基础上，开始转向对食物的质量提高要求：一是对品质要求高，要求品种优良、营养丰富、风味和口感好；二是对加工质量要求高，拒绝滥用食品添加剂、防腐剂、抗氧化剂、人工合成色素；三是对卫生要求高，关注食品是否有农药残留、重金属污染、细菌超标；四是对包装要求高，要求包装新颖、美观以及材质对食

绿色食品产生的原因（微课）

品无污染。即人们的需求由数量消费型转向质量消费型，由吃得饱、吃得好转向吃得营养、吃得安全。

二、绿色食品产生的背景

1990 年，农业部在研究推进“两高一优”农业发展时，依托农垦系统环境优势和组织优势，开创性启动了绿色食品开发与管理工作，揭开了我国绿色食品事业发展的序幕。绿色食品的产生有其国际背景和国内背景。

（一）绿色食品产生的国际背景

20 世纪 70 年代以来，越来越多的人注意到，石油农业在给人们带来高效的劳动生产率和丰富的物质产品的同时，也造成了生态危机：土壤侵蚀、化肥和农药用量上升、能源危机加剧、环境污染。尤其是一些实现了农业现代化的发达国家，虽然食品供应大大丰富了，但也随着农用化学物质源源不断地、大量地向农田中输入，造成有害化学物质通过土壤和水体在生物体内富集，并且通过食物链进入农作物和畜禽体内，导致食物污染，最终危及人类的生命与健康。这些国家感到有必要共同行动，探索农业发展的新途径和新模式，加强环境保护以拯救人类赖以生存的地球，确保人类生活质量和经济健康发展，从而掀起了以保护农业生态环境为主的各种替代农业思潮。法国、德国、荷兰等西欧发达国家也相继开展了有机农业运动，并于 1972 年成立了国际有机农业运动联盟（IFOAM）。英国在 1975 年国际生物农业会议上，肯定了有机农业的优点，使有机农业在英国得到了广泛的接受和发展。日本生态农业的提出，始于 20 世纪 70 年代，其重点是减少农田盐碱化、农业污染（农药、化肥），提高农产品品质安全。菲律宾是东南亚地区开展生态农业建设起步较早、发展较快的国家之一，玛雅（Maya）农场是一个具有世界影响的典型，1980 年，在玛雅农场召开了国际会议，与会者对该生态农场给予高度评价。生态农业的发展在这时期引起了各国的广泛关注，无论是在发展中国家还是发达国家，都认为生态农业是农业可持续发展的重要途径。很多国家提倡在食品生产中树立食品安全思想，生产无污染、安全的食品。

（二）绿色食品产生的国内背景

绿色食品产生于 20 世纪 90 年代初期，国际可持续农业的兴起及世界对食品安全的高度重视，对我国食品安全生产起到了启发和促进作用。在基本解决农产品的供需矛盾后，政府开始重视农产品质量安全和环境问题，绿色食品是顺应可持续发展的新思想、新潮流而诞生的。

改革开放以来，我国农业快速发展，人们对食物的需求也逐渐由对数量的需求转移到对营养与安全的需求，特别是对来自没有污染、没有公害的农产品倍加青睐。在这样的背景下，结合我国的国情，绿色农业及绿色食品以其固有的优势被广大消费者认同，成为具有时代特色的必然产物。1990 年 5 月，农业部推出了旨在促进农业环境保护、消除食品污染的绿色食品工程，从绿色农业到绿色食品较之其他农产品更具有科学性、安全性，也是我国政府在努力追求的食物发展目标。实施绿色农业、开发绿色食品是一项功在当代、利在千秋的大业，是人类文明进步、社会飞速发展的必然结果。21 世纪，可持续发展是农业的突出课题，绿色食品将要把消费理念和实现可持续发展变成全社会的共同行动。为此，国家农业部于 1989 年开始发展安全营养食品，并将其定名为“绿色食品”。中国绿色食品在农垦系统产生，1989 年，农业部研究制定农业经济和社会发展“八五”规划和 2000 年设想提高农业企业经济效益的突破口问题，决定发展一个拳头产品，即为绿色食品。当前，随着我国居民收入水平不断提高，农业供给侧结构性改革不断深化，城乡居民消费结构加快转型，人们对绿色化、优质化、特色化、品牌化农产品的需求与日俱增，国家质量兴农战略和乡村振兴战略均对绿色食品发展提出了明确要求，需要绿色食品在新时代承担新任务、发挥新作用。

三、中国绿色食品的发展历程与现状

（一）中国绿色食品的发展过程

1990 年 5 月 15 日，农业部在北京召开绿色食品工作会议，宣布农业部启动绿色食品工作。绿色食品事业的发展受到了党中央、国务院的高度重视，中央一号文件多次提出要发展“绿色食品”。农业部和地方各级政府先后采取一系列政策措施大力支持和积极推动绿色食品事业发展。1992 年，国务院在《关于发展高产优质高效农业的决定》中强调，“对绿色食品等经国家有关部门正式确定的质量标志要严格管理，依法使用和保护。”1992 年，农业部与国家工商行政管理局联合下发《关于依法使用、保护“绿色食品”商标标志的通知》。2002 年，农业部印发《关于加快绿色食品发展的意见》，明确了发展绿色食品的重要性、指导思想和基本原则，确立了“十五”期间绿色食品发展的主要目标和措施。2005 年，农业部出台《关于发展无公害农产品绿色食品有机农产品的意见》。2016 年，农业部出台《关于推进“三品一标”持续健康发展的意见》。绿色食品先后纳入全国现代农业示范区、国家农业标准化示范县、农产品质量安全县、农业绿色发展示范先行区创建评价指标体系。

三十多年来绿色食品事业蓬勃发展，实现了经济效益、生态效益和社会效益的同步增长。绿色食品的优势地位日益突出，中国绿色食品事业经历了它的成长之路。

第一阶段，基础建设阶段（1991 年—1993 年）。1990 年，绿色食品工程在农垦系统正式实施。1990 年亚运会期间，黑龙江农垦系统推出 80 多种绿色食品，深受消费者欢迎，显示了强大的市场竞争能力。1990 年，农业部成立国家绿色食品开发办公室并制定工作规划，确定了标准、生产操作规程和检验规定。1991 年，农业部向国务院呈报了《关于开发“绿色食品”的情况和几个问题的请示》。国务院批复：“开发绿色食品对保护生态环境，提高农产品质量，促进食品工业发展，增进人民健康，增加农产品出口创汇，都具有现实意义和深远影响。要采取措施，坚持不懈地抓好这项开创性工作，各有关部门要给予大力支持。”1992 年，中国绿色食品发展中心正式成立，建立绿色食品管理体系，该中心负责绿色食品标志申请注册。1993 年 1 月 11 日，农业部首次颁布《绿色食品标志管理办法》，对绿色食品标志使用范围、标准与条件、申请程序、使用规范做出了规定，绿色食品进入了规范有序发展轨道。绿色食品开发也在一些农场快速起步，并不断取得进展。1993 年，中国绿色食品发展中心正式加入国际有机农业运动联盟（IFOAM）。1990 年绿色食品工程实施的当年，事业起步之初，企业有 63 家，生产总量不足 50 万 t，全国有 127 个产品获得绿色食品标志商标使用权。1993 年全国绿色食品发展出现第一个高峰，当年新增产品数量达到 217 个。

第二阶段，向全社会推进的加速发展阶段（1994 年—1996 年）。1994 年，绿色食品由农垦系统向全社会推进；由产品开发向市场流通推进；由传统技术向现代技术推进，1996 年 5 月，中国绿色食品协会成立。这一阶段绿色食品发展呈现出五个特点：

（1）农业种植规模迅速扩大。1995 年绿色食品农业种植面积达到 1700 万亩（1 亩 = 666.6m^2），1996 年扩大到 3200 万亩，增长 88.2%。

（2）产品数量连续两年高增长。

（3）产量增长超过产品个数增长。

（4）产品结构趋向居民日常消费结构。

（5）县域开发逐步展开。

第三阶段，向社会化、市场化、国际化全面推进阶段（1997 年至今）。①社会化进程加快主要表现在：中国许多地方的政府和部门进一步重视绿色食品的发展；广大消费者对绿色食品认知程度越来越高；新闻媒体主动宣传、报道绿色食品。2002 年，农业部在全国实施“无公害食品行动计划”，在哈尔滨召开全国绿色食品工作会议，提出了无公害农产品、绿色食品、有机食品“三位一体、整体推进”的发展战略，形成了我国安全优质品牌农产品定位清晰、各有侧重、各具特色、统筹协调发展的新格局。2009 年，在广州召开的全国绿色食品工作会议，提出了提升品牌认知度和公信度、影响力和竞争力的品牌全面提升战略。2018 年，全国“三品一标”工作座谈会提出绿色食品发展要实现“四高”，即产业水平高、产品质量高、产业效益高、品牌价值高的高质量发展战略。②市场化进程加快主要表现在：随着一些大型企业宣传力度的加大，绿色食品市场环境越来越好，市场覆盖面越来越大，广大消费者对绿色食品的需求日益增长，而且通过市场的带动作用，产品开发的规模进一步扩大。③国际化进程加快主要表现在：绿色食品国际市场潜力逐步显示出来，一些地区绿色食品企业生产的产品陆续出口到日本、美国、欧洲等国家和地区，显示出了绿色食品在国际市场上的强大竞争力。对外交流与合作深度和层次逐步提高，绿色食品与国际接轨工作也迅速启动。通过各种形式的对外交流与合作，以及一大批绿色食品进入国际市场，中国绿色食品在国际社会引起了日益广泛的关注。

绿色食品的发展历程和发展趋势（微课）

（二）中国绿色食品的发展现状

中国绿色食品产业适应国内外市场对安全优质农产品日益增长的需求，依托环境和资源优势，不断发展产品规模，扩大品牌影响力，加快产业体系建设。30 年来，绿色食品从一个概念到一个标志，从一个标志到一个产品，从一个产品到一个产业，开辟了一片新领域，走出了一片新天地，取得了举世瞩目的成就。

1. 绿色食品总体规模不断增加

1990—2020 年，绿色食品实现了快速发展和规模持续扩大。30 年后的今天，绿色食品企业数量已达 19321 家，产品已达 42739 个，实物总量超过 2 亿 t。目前，中国绿色食品产业已形成了具有鲜明特色的发展模式，为保护我国农业生态环境、推动农业标准化生产、提升农产品质量安全水平发挥了重要的示范带动作用。

2. 绿色食品产品质量稳定可靠

中国绿色食品坚持把质量摆在更加突出位置，全面推行企业年检、产品抽检、市场监察、产品公告等基本监管制度，实行严格的证后监管，落实绿色食品标准化生产，质量保障能力明显增强，绿色食品产品质量监测合格率连续多年保持在 98.5%以上，成为提升我国农产品质量安全水平的“排头兵”。

3. 绿色食品品牌综合效益明显

绿色食品促进农业增效、农民增收的作用日益突显，改善生态环境、引领农业绿色发展的效应日益增强。经调查，绿色食品平均价格增幅在 20%以上，80%以上的企业通过发展绿色食品实现增效，并带动农民增收。据专家测算，绿色食品年均折合减少尿素施用约 268 万 t，减少二氧化碳排放约 3400 万 t，有效地控制了农业面源污染，保护了农业生态环境。

4. 绿色食品认证制度规范有效

绿色食品认证程序主要是依据标准，对产地环境、产品生产加工过程及投入品的使用管理、产品质量检测、产品包装和储运等进行现场检查、审核和评定。绿色食品实行的产品认证制度体系完整、程序规范，并与证明商标管理相结合，通过认证的企业许可使用绿色食品标志，保证了认证的有效性。

5. 绿色食品标准体系超过国际水平

绿色食品创建的“从土地到餐桌”的标准化生产模式是科学、严格、系统的标准体系，做到了“环境有监测、生产有控制、产品有检验、包装有标识、证后有监管”，整体达到或超过国际先进水平。绿色食品形成了“以技术标准为基础、质量认证为形式、商标管理为手段”的运行模式；“以品牌纽带、龙头企业为主体、基地建设为依托、农户参与为基础”的产业化发展模式。绿色食品事业开创了我国证明商标管理的先河，创立了我国农业可持续发展的新模式，拉开了我国品牌农业建设的序幕，开启了我国安全优质农产品发展的新征程。

（三）中国绿色食品发展趋势

发展绿色食品先后被列入《中国21世纪议程》国民经济和社会规划纲要、中国食物与营养发展纲要、全国农业农村经济发展规划、全国农产品质量安全提升规划。2019年，农业农村部等8部委制定《国家质量兴农战略规划（2018—2022年）》，明确：“到2022年，全国绿色食品、有机农产品和地理标志农产品数量要达到4.5万个，年均增长6%”。当前，我国绿色食品产业正处在一个十分重要的发展时期，面临新的机遇，也面临新的挑战。

据2021年5月25日召开的2021年绿色食品有机农产品地理标志座谈会，截至2000年底，全国绿色有机地标农产品总数超5万个，十四五末将达到6万个。

1. 市场前景越来越好

首先，城乡居民食物消费更加注重质量，对安全优质农产品的消费需求进一步加快增长。同时，国际市场对安全优质农产品需求呈快速增长态势，绿色食品市场前景越来越好。

2. 生产者积极性越来越高

绿色食品具有质量、品牌、效益优势，发展绿色食品既能提高农产品质量安全，又能有效促进企业增效、农民增收，因而生产者积极性越来越高。

3. 政策支持力度越来越大

按照以人为本、全面协调可持续的科学发展观的要求，各级政府将更加重视农产品质量安全工作，绿色食品产业发展的政策环境和条件将越来越好。

绿色食品事业已经迈入而立之年，发展的道路更为广阔、前景更加美好。当前和今后一个时期，整个绿色食品工作体系将贯彻落实习近平总书记关于“增加绿色优质农产品供给”重要指示精神，紧紧围绕绿色食品产业水平高、产品质量高、产业效益高、品牌价值高“四高”的基本目标，采取有力措施，在新时代实现高质量发展，为全面实施乡村振兴战略，加快推进我国农业农村现代化建设，不断满足城乡人民对美好生活的向往做出更大的贡献。

四、绿色食品的概念与特征

（一）绿色食品的概念

绿色食品是指产自优良生态环境，按照绿色食品标准生产，实行全程质量控制并获得绿色食品标志使用权的安全、优质的食用农产品及相关产品。简单说：是无污染的、安全的、优质的、营养类食品。绿色食品并非指“绿颜色”的食品，称为“绿色”，是因为自然资源和生态环境是食品生产的基本条件，由于国际上通常将与生命、资源、环境保护相关的事物冠之以“绿色”，所以为了突出出自良好的生态环境和严格的加工程序，并能给人们带来旺盛的生命活力的这类食品，在中国统一称为“绿色食品”。

绿色食品的基本理念和宗旨是提高农产品及加工食品质量安全水平，增进消费者健康；增强农产品市场竞争力，促进农业增效、农民增收；保护农业生态环境，促进农业可持续发展。

（二）绿色食品具备的条件

不同国家对绿色食品有不同的称谓，例如，在芬兰、瑞典等国家称“生态食品”“健康食品”，在美国称“有机食品”，在日本称“自然食品”。虽然称谓各不同，标准也有所区别，但都是安全优质的食品。我国的绿色食品必须同时具备以下条件：

（1）必须出自优良生态环境，即产地经监测，其土壤、大气、水质符合《绿色食品产地环境技术条件》要求；

（2）生产过程必须严格执行绿色食品生产技术标准；

（3）产品必须经绿色食品定点监测机构检验，其感官、理化（重金属、农药残留、兽药残留等）和微生物学指标符合绿色食品产品标准；

（4）产品包装必须符合《绿色食品包装通用准则》要求，并按相关规定在包装上使用绿色食品标志。

什么是绿色食品
（微课）

（三）绿色食品的分类

绿色食品是我国农业部门在20世纪90年代初发展的一种食品，分为A级绿色食品和AA级绿色食品。它们均指在生态环境质量符合规定标准的产地；按绿色食品的生产操作规程生产、加工；禁止使用转基因技术及生物；产品质量及包装经检测、检查符合特定标准；并经绿色食品审查管理机构认定、许可，使用相应A级、AA级绿色食品标志的产品。

（1）A级绿色食品（A grade green food）　产地环境质量符合NY/T 391-2021《绿色食品　产地环境质量》的要求，遵照绿色食品生产标准生产，生产过程中遵循自然规律和生态学原理，协调种植业和养殖业的平衡，限量使用限定的化学合成生产资料，产品质量符合绿色食品产品标准，经专门机构许可使用绿色食品标志的产品。

（2）AA级绿色食品（AA grade green food）　产地环境质量符合NY/T 391-2021的要求，遵照绿色食品生产标准生产，生产过程中遵循自然规律和生态学原理，协调种植业和养殖业的平衡，不使用化学合成的肥料、农药、兽药、渔药、添加剂等物质，产品质量符合绿色食品产品标准，经专门机构许可使用绿色食品标志的产品。

A级绿色食品生产过程中允许限量使用限定的化学合成物质，其中有害化学成分的含量不超过一定的量，对身体无害；AA级绿色食品则要求在生产过程中禁止使用任何化学合成的肥料、农药、兽药、生长调节剂、饲料添加剂、食品添加剂和其他有害于生态环境和人体健康的物质，产品中各种化学合成农药及合成食品添加剂均不得检出。

（四）绿色食品的特征

绿色食品内在质量特征为“无污染的安全、优质、营养类食品”。无污染是指除食品固有物理、化学和生物学特性外，没有能引起食用危害的物理、化学和生物学因素。而在安全、优质、营养的特征中，绿色食品首先强调的是安全性，这是绿色食品的基本特性。除了安全性以外，优质和营养也是绿色食品的重要质量特征，即绿色食品应具有优良的感官、品质质量和较高的营养价值。绿色食品与普通食品相比有3个显著特征。

1. 强调产品出自最佳生态环境

优良的生态环境是绿色食品生产的基础，绿色食品生产从原料产地的生态环境入手，通过对原料产地及其周围的生态环境因子严格监测，判定其是否具备生产绿色食品的基础条件。绿色食品生产应该选择生态环境良好、无污染的地区，远离工况区和公路铁路干线，避开污染源。应在绿色食品和常规生产区域之间设置有效的缓冲带或物理屏障，以防止绿色食品生产基地受到污染。绿色食品生产过程中，将对所生产食品的污染，控制在危害人体健康的安全限度之内，而且控制和降低生产过程对环境的污染，从而不断改善环境，实现可持续发展。绿色食品生产遵循自然规律和生态学原理，强调在保证产品安全、生态安全和环境安全的前提下，合理利用农业资源，实现生态平衡、资源循环利用和可持续发展的长远目标。

2. 对产品实行全程质量控制

绿色食品生产实施“从土地到餐桌”全程质量控制。通过产前环节的环境监测和原料检测，产中环节具体生产、加工操作规程的落实，以及产后环节产品质量、卫生指标、包装、保鲜、运输、贮藏、销售控制，确保绿色食品的整体产品质量，并提高整个生产过程的技术含量。标准化的生产、严格的监控以及科学合理地使用农药、肥料、兽药、添加剂等投入品，可以防范有毒有害物质对农产品生产及食品加工各个环节的污染，确保环境和产品安全。

3. 对产品依法实行标志管理

绿色食品标志是一个质量证明商标，属知识产权范畴，受《中华人民共和国商标法》（以下简称《商标法》）保护，并按照《商标法》《集体商标、证明商标注册和管理办法》和农业部《绿色食品标志管理办法》开展监督管理工作。政府授权专门机构管理绿色食品标志，这是一种将技术手段和法律手段有机结合起来的生产组织和管理行为。

（五）发展绿色食品的意义

发展绿色食品的意义是：生态效益、社会效益和经济效益的统一，即三效合一。

1. 绿色食品的生态效益

绿色食品是生态环境恶化后的明智选择。绿色食品生产对环境的要求严格，绿色食品第一条标准就是产地环境质量标准。绿色食品生产也应保护环境，绿色食品生产必须严格遵守绿色食品生产技术，包括生产资料使用准则与生产操作规程。

2. 绿色食品的社会效益

发展绿色食品能增进人类健康、提高人类体质，增进人类经济活动的文明程度。在农业和食品生产中，在追求高质量、高效益的同时，融进环境保护与资源节约的新理念，推动了科技进步，绿色食品是高科技的物质，是先进的科技成果与传统的农艺精华有机结合的产物，而且其本身具有承载和促进科技进步的作用。

3. 绿色食品的经济效益

发展现代农业，增加农民收入，使贫穷地区产品形成品牌效应，提高价格，增强竞争力。提高国际市场竞争力，扩大出口创汇，开发绿色食品为中国食品出口带来了希望，发展绿色食品为解决我国粮油食品出口危机创造了新机遇。

五、绿色食品与转基因食品

（一）转基因食品的概念

转基因食品就是通过基因工程技术将一种或几种外源性基因转移到某种特定的生物体中，并使其有效地表达出相应的产物，此过程称为转基因。以转基因生物为原料加工生产的食品就是转基因食品。从 1983 年，世界上最早的转基因作物（烟草）诞生，到延熟保鲜转基因番茄在美国批准上市，转基因食品的研发迅猛发展，产品品种及产量也成倍增长。

（二）绿色食品与转基因食品之间的关系

绿色食品提倡技术改进、技术创新，不排斥新技术、新工艺，绿色食品本身就是我国优秀传统农艺与现代新技术有机结合的产物。可是绿色食品却禁止使用转基因技术，这是为什么呢？转基因作为一种新兴的生物技术手段，它的不成熟和不确定性，使得转基因食品的安全性成为人们关注的焦点，到目前已经过去了几十年的时间，而关于转基因食品安全性的争议也一直没有停歇。

转基因食品的支持者们认为，转基因食品的优点有：①通过基因的转变，增加食物的种类，从而提高食物的品质；②解决粮食短缺问题。这也是转基因食品最开始的初衷；③增加食物的营养，提升食物的品质，这是转基因食品最显著的一个特点；④减少农药的使用。转基因食品吸取了多种食品的优势，减少病虫害的风险，一定程度减少环境污染；⑤可以降低生产成本，增加食品或食品原料的价值。

转基因食品的反对者认为转基因食品是违反自然规律的，因而可能存在一些未发现的潜在危害。在目前科学界对转基因食品的研究还不够充分的情况下，在生化、过敏学、免疫学或毒理学上对转基因食品的探讨还有很大的空间，转基因食品的安全性仍然有待考证。事实上，各种物种都是经过大自然上万年筛选、进化而来的，所以通过人为干预的手段来改变物种必须谨慎。这些使得人们对转基因食品的安全性产生怀疑，部分专家认为，转基因食品在理论上至少存在以下潜在危险：转基因食品产生毒素；引起人类致癌致畸或基因突变；导致人体产生过敏反应；引起食物营养结构失衡，使得营养物质发生改变或营养效果下降；使人体产生抗药性，降低抗生素的效果；使自然和生态环境失衡，比如推广抗除草剂的转基因食品在一定程度上会助长更多使用除草剂，这样会危害其他的非转基因作物，让非转基因作物受到伤害甚至灭绝。

绿色食品禁止使用转基因技术，主要基于两点考虑：第一，转基因食品的安全性还没有完全被证实，转基因食品当前测定各项指标是安全的，但还无法证实在长期食用后对食用者的健康安全和对其后代是无害的；第二，转基因技术如应用不当，对生态环境和生物多样性会产生不利影响，甚至造成毁灭性的破坏和灾难。

正因为现在对转基因食品是否安全还存在很大争论，所以绿色食品为了保证人们健康安全，在未能证实转基因食品的安全性以前，禁止转基因食品申报绿色食品。目前全球的科学家们还无法为转基因食品安全问题下一个定论。但有一点是明确的，那就是各类转基因食品必须在商标中明示。

绿色食品与转基因食品（微课）

六、绿色食品与有机食品和无公害食品的区别与联系

由于食品的安全性和环境保护受到全社会的普遍关注，消费安全、健康、无污染的食品成为世界各国消费的主导潮流，为了满足人们的绿色消费需求，许多国家先后开发了生态食品、有机食品、自然食品等安全优质食品，我国主要开发有无公害农产品、绿色食品、有机食品三大类。

（一）无公害农产品、绿色食品、有机食品

1. 无公害农产品

无公害农产品指产地环境、生产过程和产品质量符合国家有关标准和规范的要求，经认证合格获得认证证书并允许使用无公害农产品标志的未经加工或

初加工的食用农产品。无公害农产品管理工作，由政府推动，并实行产品认定的工作模式，认证不收费，它是我国政府为了解决近几年来日趋严重的农产品安全问题而推行的政府行为。无公害农产品使用全国统一的无公害农产品标志［图 1-1（1）］。无公害农产品标志图案主要由麦穗、对钩和无公害农产品字样组成，麦穗代表农产品，对钩表示合格，金色寓意成熟和丰收，绿色象征环保和安全。

无公害农产品应满足这些条件：农产品的产地环境应符合相应无公害农产品产地环境要求，达到规定的用水、土壤、空气的质量指标，符合相应的产地环境国家标准。制定并执行农产品的生产技术规程和加工技术规程。农产品的安全质量应符合相应的国家标准要求，达到规定的农产品的重金属及有害物质限量和农药最大残留限量。经批准使用无公害农产品标志的单位或个人，可在其生产、经销的农产品包装、标签或产品说明书上使用全国统一的无公害农产品专用标志和编号。

2. 绿色食品

绿色食品是我国农业生产发展到一定阶段的产物，是指产自优良生态环境、按照绿色食品标准生产、实行全程质量控制并获得绿色食品标志使用权的安全、优质的食用农产品及相关产品。绿色食品产品或产品原料产地必须符合绿色食品生态环境质量标准；农作物种植、畜禽饲养、水产养殖及食品加工必须符合绿色食品的生产操作规程；产品必须符合绿色食品质量和卫生标准；产品外包装必须符合国家食品标签通用标准，符合绿色食品特定的包装、装潢和标签规定。绿色食品标志商标［图 1-1（2）］属证明商标，对符合绿色食品标准的产品给予绿色食品商标标志的使用权，实现了质量认证和商标管理的结合。根据我国农业、食品工业生产加工及管理水平，绿色食品分为 A 级和 AA 级两个产品等级类别，其中 AA 级绿色食品与国际上有机农产品的标准相类似。

3. 有机食品

有机食品指来自有机农业生产体系，根据有机农业生产要求和相应标准生产加工，并且通过合法的、独立的有机食品认证机构认证的农副产品及其加工产品。有机食品应满足这些条件：必须严格遵循有机食品生产、采集、加工、包装、贮藏、运输标准，禁止使用化学合成的农药、化肥、激素、抗生素、食品添加剂等，禁止使用基因工程技术及该技术的产物及其衍生物。生产和加工过程中必须建立严格的质量管理体系、生产过程控制体系和追踪体系；必须通过合法的有机食品认证机构的认证。

有机食品标志［图 1-1（3）］采用人手和叶片为创意元素。我们可以感觉到两种景象，其一是一只手向上持着一片绿叶，寓意人类对自然和生命的渴望；其二是两只手一上一下握在一起，将绿叶拟人化为自然的手，寓意人类的生存离不开大自然的呵护，人与自然需要和谐美好的生存关系。有机食品概念的提出正是这种理念的实际应用，人类的食物从自然中获取，人类的活动应尊重自然的规律，这样才能创造一个良好的可持续的发展空间。

（1）无公害农产品　　（2）绿色食品　　（3）有机食品

图 1-1　标志图案

（二）无公害农产品、绿色食品、有机食品的异同

1. 有机食品与其他食品的区别

第一，有机食品和 AA 级绿色食品在生产加工过程中绝对禁止使用农药、化肥、激素等人工合成物质，并且不允许使用基因工程技术；其他食品则允许有限使用这些物质。

第二，有机食品在土地生产转型方面有严格规定，AA 级绿色食品也规定了转换期要求。土地从生产其他食品到生产有机食品需要两到三年的转换期，生产 A 级绿色食品和无公害食品则没有转换期的要求。

第三，生产有机食品和 AA 级绿色食品，需要建立全新的生产体系和监控体系，采用相应的病虫害防治、地力保持、种子培育、产品加工和储存等替代技术。有机食品在数量上进行严格控制，要求定地块、定产量，生产其他食品没有如此严格的要求。

2. AA 级绿色食品与有机食品的差别

第一，就其起源来说，在兴起的时间上，有机食品早于绿色食品；在地域上，有机食品先于绿色食品而起源于欧洲，中国绿色食品起源于 20 世纪 90 年代初。这主要是由于欧洲农业化学技术、环境保护运动和食品安全意识都早于中国。

第二，AA 级绿色食品是一个基于国际有机食品理论、经验，更基于现代食品安全理论、可持续发展理论、中国农业生产实践和食物质量安全需求而产生的食物安全保障体系；有机食品在欧美不同国家也有很大差别，有的甚至可以说仅仅是一个环保体系，而非食物质量体系，更有的甚至带有复古主义色彩。

第三，由于是作为一种食品安全保障体系而产生，AA 级绿色食品不仅具有全面系统的产地环境技术要求，而且制定了严格、系统的生产操作规程、要素、投入准则、包装技术标准和产品标准。绿色食品产品标准在有害物质残留指标、卫生指标、产品自身质地指标等方面，都有明确的要求，高于国家同类食物的一般标准。绿色食品是实施全程控制和合格检验相结合的食品安全生产体系。有机食品则没有相应的产品标准。

3. 无公害农产品、绿色食品、有机食品的关系

由于无公害农产品、绿色食品和有机食品产生的背景、追求的目标和发展的过程不同，形成了各自典型的特征。

（1）目标定位　无公害农产品定位于规范农业生产，保障基本安全，满足大众消费；绿色食品定位于提高生产水平，满足更高需求、增强市场竞争力；有机食品定位于保持良好生态环境，人与自然和谐共生。

（2）生产方式　无公害农产品生产是科学应用现代常规农业技术，从选择环境质量良好的农田入手，通过在生产过程中执行国家有关农业标准和规范，合理使用农业投入品，通过农业标准化规范生产；绿色食品生产是将优良的传统农业技术与现代常规农业技术相结合，从选择改善农业生态环境入手，通过在生产、加工过程中执行特定的生产操作规程，减少或限制化学投入品的使用，并实施从土地到餐桌全程质量监控；有机农产品生产是采用有机农业生产方式，即在认证机构监督下，建立一种完全不用或基本不用人工合成的化肥、农药、生产调节剂和饲料添加剂的农业生产技术。

（3）运行机制　无公害农产品认证是行政性运作，公益性认证，认证标志、程序、产品目录等由政府统一发布，产地认定与产品认证相结合，属于政府推动。绿色食品认证是政府推动与市场拉动相结合，质量认证与商标转让相结合。有机食品认证是社会化的经营性认证行为，完全市场化运作。

无公害农产品、绿色食品、有机食品都注重生产过程的管理，无公害农产品和绿色食品侧重对影响产品质量因素的控制，有机食品侧重对影响环境质量因素的控制。有机食品并不是优于 AA 级绿色食品。准确地说，AA 级绿色食品是按有机生产方式生产的绿色食品，是同等安全级别的优质食品。

总之，农业部在这个问题上，很明确：三者之间没有任何关系，有机并不是比绿色好，绿色也并不比无公害农产品好。质量上不存在差异，三者之间不是质量评定等级。区别主要在：无公害就是政府行为，目前基本已完成其历史使命，部中心已撤销，国家不统一办理了，各省可以保留自己办理，证书模板一致，公章可以盖用农委的章，也可以盖农产品质量安全监管处的章，农业部只起到协调作用。

七、绿色食品的开发管理体系

绿色食品已成为我国安全优质农产品的精品品牌和政府主导的公共品牌，品牌形象深得国内外社会的推崇，公信力和认知度不断提高。这一切都离不开绿色食品的安全保障——绿色食品的开发管理体系。

（一）绿色食品开发管理体系的组成

绿色食品开发管理体系是我国绿色食品事业安全保障制度的一个创新，它奠定了绿色食品的制度优势、品牌优势、产品优势，全面提升了绿色食品事业发展的核心竞争力。绿色食品开发管理体系主要包括四个基本部分：严密的质量标准体系、全程质量控制措施、规范化的管理方式、网络化的组织系统。

1. 严密的质量标准体系

绿色食品一个完整的质量标准体系包括产地环境质量标准、生产技术标准、产品质量标准、产品包装标准和贮藏、运输标准。

绿色食品产地环境质量标准要求绿色食品初级产品和加工产品主要原料的产地区域内大气、土壤、水体等生态因子符合绿色食品产地生态环境质量标准，并有一套保证措施，确保该区域在今后的生产过程中环境质量不下降。

绿色食品生产技术标准指绿色食品种植、养殖和食品加工各个环节必须遵循的技术规范。该标准的核心内容是：在总结各地作物种植、畜禽饲养、水产养殖和食品加工等生产技术和经验的基础上，按照绿色食品生产资料使用准则要求，指导绿色食品生产者进行生产和加工活动。

绿色食品最终产品必须由食品监测机构依据绿色食品产品标准检测合格。绿色食品产品标准是以国家标准为基础，参照国际标准和国外先进技术制定的，其突出特点是产品的卫生指标高于国家现行标准。

绿色食品产品包装标准规定了产品包装必须遵循的原则、包装材料的选择、包装标识内容等要求，目的是防止产品遭受污染，资源过度浪费，并促进产品销售，保护广大消费者的利益，同时有利于树立绿色食品产品的整体形象。

2. 全程质量控制措施

绿色食品生产实施“从农田到餐桌”全程质量控制，以保证产品的整体质量。生产前由定点环境检测机构对绿色食品产地环境质量进行监测和评价，以保证生产地域没有遭受污染；生产过程中，由委托管理机构检查生产者是否按照绿色食品生产技术标准进行生产，检查生产企业生产资料的购买、使用情况，以证明生产行为对产品质量和产地环境质量是有益的；生产后由定点产品监测机构对最终产品进行监测，确保最终产品质量。

3. 科学、规范的管理手段

中国绿色食品实行统一、规范的标志管理，即通过对合乎特定标准的产品发放特定的标志，用以证明产品的特定身份以及与一般同类产品的区别。从形式上看，绿色食品标志管理是一种质量认证行为，但绿色食品标志是在国家工商行政管理局注册的一个商标，受《商标法》严格保护，在具体运作上完全按商标性质处理。因此，绿色食品在认定的过程中是质量认证行为，在认定后是商标管理行为，也就是说，绿色食品标志管理实现了质量认证和商标管理的结合。实现这个结合既使绿色食品的认定具备产品质量认证的严格性和权威性，又具备商标使用的法律地位。

实施绿色食品标志管理不仅可以有效地规范企业的生产和流通行为，而且有利于保护广大消费者的权益；不仅可以有效地促进企业争创名牌，开拓市场，而且有利于绿色食品产业化发展。从另一个角度来看，绿色食品标志的商标注册和规范使用，使绿色食品具有了可识别性。其经济学意义在于：一方面，可识别性使绿色食品再生产过程的内在价值得以体现；另一方面，可识别性使绿色食品再生产过程的内在特征外在化，从而为绿色食品逐步发展成为相对独立的产业创造了条件。

4. 高效的组织网络系统

中国绿色食品发展中心构建了三个组织管理系统，并形成了高效的网络：一是在全国各地委托了分支管理机构，协助中国绿色食品发展中心开展绿色食品宣传、发动、指导、管理、服务工作；二是委托全国各地有认证资格的环境监测机构负责产地环境监测与评价；三是委托区域性的食品质量监测机构负责绿色食品产品的质量监测。绿色食品组织网络建设采取委托授权的方式，并使管理系统与监测系统分离，这样不仅保证了绿色食品监督工作的公正性，而且也增加了整个绿色食品开发管理体系的科学性。

（二）绿色食品开发管理体系特征

生产和发展绿色食品都应遵守可持续发展原则。遵守可持续发展原则，是绿色食品事业的出发点，也是绿色食品生产、加工要遵循的基本原则。具体要求就是绿色食品生产产地应选择在符合要求的洁净环境中；生产过程（包括农业种植、畜牧养殖、水产养殖、食品加工等过程）不能加入有毒有害物质，且生产时期副产品和衍生物又要保证其副产物（如废料、废水等）不对环境造成污染；产品（即绿色食品）要达到绿色食品标准；包装物也必须是无毒无害可回收或易降解的，包装和贮藏运输过程也要符合要求。与常规现代农业和食品业生产体系相比，绿色食品开发管理体系具有以下特征。

（1）在发展的目标上，绿色食品生产在追求高产量、高效益的同时，融进了环境和资源保护意识、质量控制意识、知识产权保护意识，不仅要实现高产、优质、高效的结合，而且要追求经济效益、生态效益和社会效益的统一。

（2）在技术路线上，强调谨慎地选择、组合传统技术和现代技术，尤其是我国传统农业的优秀农艺技术和当今高新技术，以适度的技术配合一体化的管理，合理配置生产要素，获取综合效益。

（3）在生产方式上，通过制定标准，推广生产操作规程，配合技术措施，辅之以科学管理，将农业生产过程的诸环节紧密融为一体，实现了产加销、农工商的有机结合，提高了农业生产过程的技术含量和农业生态经济的高效率、高效益产出。

（4）在产品质量控制的方式上，首先强调“产品出自最佳生态环境”，并将环境和资源保护意识自觉融入生产者的经济行为之中。另外，为了满足消费者对食品提出的高要求，促使生产者改变传统的生产方式和方法，最终形成对产品实行“从农田到餐桌”全程质量控制的观念和模式。

（5）在管理的方式上，通过对产品实行统一、规范的标志管理，实行了质量认证和商标管理的结合，从而使生产主体在市场经济环境下明确了自身的组织行为和生产行为规范。

（6）在组织方式上，通过绿色食品标志管理和推广全程质量控制技术措施，将分散的农户有组织地归入了绿色食品产业一体化发展的进程，将分散的产品有组织地推向国内外市场，从而通过技术和管理相结合的一个无形的中介组织构造出中国绿色食品产业的形象和体系。

绿色食品的开发管理体系（微课）

八、绿色食品工程

（一）绿色食品工程简介

绿色食品的开发是一项多部门、多行业、多学科的复杂而宏大的系统工程，故称绿色食品工程。所谓工程是指将自然科学原理应用到工农业生产部门中去而形成的学科的总称。绿色食品工程是指将农学、生态学、环境科学、营养学、卫生学等多学科的原理运用到食品的生产、加工、贮运、销售以及相关的教育、科研等各环节，从而形成一个完整的无公害、无污染的优质食品的产供销管理系统。绿色食品工程以全程质量控制为核心。

（二）绿色食品工程意义

绿色食品是伴随着我国改革开放和新时期农业农村经济发展而茁壮成长的新兴产业。绿色食品的诞生，顺应了绿色环保、安全健康、优质营养的可持续发展潮流，是一项维系百姓健康、顺应人民对美好生活需要的重要民生工程。30 年来，绿色食品从无到有，从小到大，一步一个脚印，开拓了一片新领域，开创了一片新天地，创立了一套特色鲜明、与国际接轨的先进标准体系，打造了一个代表我国安全优质农产品的精品品牌，创建了一项蓬勃发展、富有活力的新兴产业，取得了显著的经济效益、社会效益和生态效益。实践证明，发展绿色食品意义重大，是贯彻落实习近平总书记“三农”思想的重要体现，是满足人民群众美好生活新期待的必然选择，是推进质量兴农、绿色兴农、品牌强农的有效途径，是实施乡村振兴战略的有力抓手。

1. 人类健康的需要

由于环境污染给人类带来了极大的危害，因而开发无公害、营养的绿色食品，不仅改变农业和食品工业的传统格局，而且提高人类的健康水平。当前，随着我国居民收入水平不断提高，农业供给侧结构性改革不断深化，城乡居民消费结构加快转型，人们对绿色化、优质化、特色化、品牌化农产品的需求与日俱增，国家质量兴农战略和乡村振兴战略均对绿色食品发展提出了明确要求，需要绿色食品在新时代承担新任务、发挥新作用。

2. 环境保护的需要

工业发展使农业生态环境受到了严重的破坏，这已成为限制农业发展、危害人类健康的重要因素。发展绿色食品工程将推动农业实现经济效益、生态效益的良性循环。

3. 能促进农业及食品加工业科学技术的进步

绿色食品工程注重生产基地、环境和食品监测、市场运行、科研教育等各子系统之间的结构和联系，通过标志管理等方法，宏观调控系统因子。各层次之间的平衡，使其达到一个完整的有机整体。以市场为先导；无污染的原料基地为基础；环境监测、食品检验为保证；教育培训、宣传为推广手段；依靠先进的科学技术，带动生产条件的优化、耕作技术的改进，推动农业现代化进程，逐步实现经济效益、社会效益、生态效益的良性循环，为中国的环境保护事业做出贡献。

任务实施

1. 以组为单位，课堂交流调查问卷结果和所查阅资料的内容。

2. 将调查结果及查阅内容形成我国绿色食品现状调查报告，每人一篇，课下完成。

要求：每篇不得少于3000字，有具体的数据、例证分析，有自己的建议或计划。

3. 用自编的习题进行课堂考核。

任务作业

1. 举例说明绿色食品、无公害食品与有机食品的区别和联系。

2. 请说明绿色食品为什么在边远而相对落后的北方农垦系统产生，而不在经济发达的南方城市产生。

3. 施用农家有机肥和不施用化肥的植物产品都是绿色食品吗？

任务考核

1. 21世纪的主导农业是（　　）。

A. 生态农业　　B. 立体农业　　C. 订单农业　　D. 特色农业

2. 21世纪的主导食品是（　　）。

A. 绿色食品　　B. 功能性食品　　C. 无公害食品　　D. 保健品

3. 绿色食品是（　　）恶化后的明智选择。

A. 产品质量　　B. 生态环境　　C. 生活水平　　D. 饮食质量

4. 发展绿色食品的意义是（　　）统一，即三效合一。

A. 环境效益、社会效益和经济效益

B. 生态效益、社会效益和经济效益

C. 生态效益、社会效益和福利效益

D. 生态效益、市场效益和经济效益

5. 绿色食品开发管理体系主要包括（　　）。

A. 严密的质量标准体系、全程质量控制措施、规范化的管理方式、网络化的组织系统

B. 严密的追踪体系、全程质量控制措施、规范化的管理方式、网络化的组织系统

C. 严密的质量标准体系、全程质量控制措施、法律的管理方式、网络化的组织系统

D. 严密的质量标准体系、年检措施、规范化的管理方式、网络化的组织系统

6. 绿色食品在产品质量控制的方式上，首先强调“产品出自最佳生态环境”，并将（　　）和资源保护意识自觉融入生产者的经济行为之中。

A. 安全　　B. 环境　　C. 包装　　D. 标准

7. “可持续发展”是指既满足当代人的各种需要，又保护（　　），不对后代人的生存和发展构成危害的发展方式，它特别关注的是各种经济活动的生态合理性。

A. 生态环境　　B. 人体健康　　C. 维护社会稳定　　D. 保护生产者利益

8. （　　）年5月15日，农业部在北京召开绿色食品工作会议，宣布农业部启动绿色食品工作。

A. 1990　　B. 1989　　C. 1992　　D. 1996

9. 绿色食品侧重（　　）的控制。

A. 对影响产品质量因素　　B. 对影响产品环境因素

C. 对影响产品营养因素　　D. 对影响产品农药因素

10. 有机食品侧重（　　）的控制。

A. 对影响产品质量因素　　B. 对影响环境质量因素

C. 对影响产品营养因素　　D. 对影响产品农药因素

认识绿色食品任务考核答案

知识链接

绿色食品调查问卷参考

2021 年中国绿色食品行业最新政策汇总一览

绿色发展

资料卡

天行健，君子以自强不息

出自《易经》，意思是说大自然的运行刚强劲健，君子处世也应该如天道一样，追求进步、刚毅坚卓、发愤图强、永不停息。“苟日新，日日新，又日新。”这句话呢，出自《礼记》的《大学》，意思是说只有不间断地，日日、月月、年年革新，事物才会不断地向前发展。这隐喻着人类的文明、发展和创造才是我们不断前行的动力。

资料卡

中华人民共和国农业农村部

中华人民共和国农业农村部是国务院组成部门，为正部级。2018 年 3 月根据第十三届全国人民代表大会第一次会议批准的国务院机构改革方案设立。将农业部的职责，以及国家发展和改革委员会、财政部、国土资源部、水利部的有关农业投资项目管理职责整合，组建农业农村部，作为国务院组成部门。将农业部的渔船检验和监督管理职责划入交通运输部。不再保留农业部。

农业农村部的主要职责是统筹研究和组织实施“三农”工作战略、规划和政策，监督管理种植业、畜牧业、渔业、农垦、农业机械化、农产品质量安全，负责农业投资管理等。

任务二 绿色食品标志管理

任务导入

××饮料有限公司生产桃汁、苹果汁、橙汁、蓝莓汁等饮料，申请了绿色食品标志，经一番筹备工作后，开始在其包装上使用绿色食品标志。为获得更大的利润，该公司又研发了“果肉型”桃汁，并以绿色食品名义出售。后期公司决定将A牌桃汁改名为B牌桃汁，并继续使用原有绿色食品标志。由于桃汁销路很好，扩大生产，兼并了××饮料公司，并在其产品上继续使用绿色食品标志。请分析该饮料有限公司的行为是否正确？你的分析依据是什么？

任务要求

素质目标

1. 通过小组成员间的分工合作，树立团结合作意识。

2. 通过学习绿色食品标志管理办法，树立规范操作意识及食品安全意识，养成自律、自强的优良品格。

知识目标

1. 了解绿色食品标志、有机食品标志、无公害食品标志及绿色食品编号的含义。

2. 了解绿色食品相关法规。

3. 熟悉绿色食品标志管理机构。

4. 掌握绿色食品标志的性质及管理办法。

能力目标

1. 能够对违反《绿色食品标志管理办法》的现象进行简单的分析。

2. 能够随时关注有关绿色食品文件的更新。

3. 具备良好的沟通、交流能力以及自主学习的能力。

任务准备

1. 组建模拟省绿色食品办公室（以下简称“省绿办”）。

2. 查阅有关绿色食品标志管理的学习资料。

3. 每组将学习内容各编制成5道单项选择题（附答案及解析）。

4. 查找绿色食品标志管理案例并进行分析。

相关知识

一、绿色食品标志的性质及使用范围

（一）绿色食品标志及其含义

1. 绿色食品标志的含义

为了与一般的普通食品相区别，绿色食品实行标志管理。绿色食品标志由特定的图形来表示。绿色食品标志图形由三部分构成：上方的太阳、下方的叶片和中心的蓓蕾。标志图形为正圆形，意为保护、安全。整个图形描绘了明媚阳光照耀下的和谐生机，告诉人们绿色食品是出自纯净、良好生态环境的安全、无污染食品，能给人们带来蓬勃的生命力。绿色食品标志还提醒人们要保护环境和防止污染，通过改善人与环境的关系，创造自然界新的和谐。带有“绿色”标志的食品以其特质日益显示出强大的生命力，被誉为“21 世纪的主导食品”“餐桌上的新革命”。

2. 绿色食品标志的形式

绿色食品标志商标作为特定的产品质量证明商标，1996 年已由中国绿色食品发展中心在国家工商行政管理局注册，从而使绿色食品标志商标专用权受《商标法》保护，这样既有利于约束和规范企业的经济行为，又有利于保护广大消费者的利益。目前，绿色食品商标已在国家知识产权局商标局注册的有以下十种形式（图 1–2）。

图 1–2　绿色食品标志各种形式

2019 年，绿色食品标志图形及绿色食品中、英文组合著作权于 2019 年 4 月 17 日在国家版权局登记保护成功，有效期为 50 年。

3. 绿色食品标志的组成

绿色食品标志包括绿色食品标志图形、“绿色食品”文字、编号及防伪标签四个部分。绿色食品包装上必须做到“四位一体”，即绿色食品标志图形、“绿色食品”文字、编号及防伪标签须全部体现在产品包装上。凡标志图形出现时，必须附注册商标符号“®”。在产品编号正后或正下方须注明“经中国绿色食品发展中心许可使用绿色食品标志”的文字。在绿色食品生产资料产品包装标签的左上方，必须标明“×（A 或 AA）级绿色食品生产资料”“中国绿色食品发展中心认定推荐使用”字样及统一编号，并加贴中心统一的防伪标签。

4. 绿色食品标志的颜色

AA 级为白底绿图，A 级为绿底白图。

5. 绿色食品标志编号

（1）绿色食品产品编号

LB——××——××××××××××A（AA）

LB	—	××	—	××	××	××	××××	A. AA
标志代码		产品分类		批准年度	批准月份	国别省份	产品序号	产品分级

例：LB-40-9801010123A，LB 代表“绿标”，40 代表“产品类别”，98 代表“年份”，01 代表“月份”，01 代表“北京”，0123 代表“当年批准的第 123 个产品”，A 代表“A 级绿色食品”（AA 级绿色产品）。

此编号自 2009 年 8 月 1 日起，只体现在绿色食品证书上。从 2018 年度开始，中国绿色食品发展中心颁发的绿色食品证书，产品编号中的当年获证序号由 4 位调整为 5 位。

调整后的产品编号形式为：LB-XX-XXXXXXXXXXXA，LB 是绿色食品标志（简称“绿标”）的汉语拼音首字母的缩写组合，后面为 13 位阿拉伯数字，其中 1~2 位为产品分类代码，3~6 位为产品获证的年份及月份，7~8 位为地区代码（按行政区划编制到省级），9~13 位为产品当年获证序号，A 为获证产品级别。

（2）企业信息码

为方便企业使用绿色食品标志，中国绿色食品发展中心决定自 2009 年 8 月 1 日起实施绿色食品新编号制度。新编号制度的主要内容是：为每一获证企业建立一个可在续展后继续使用的企业信息码（一品一码），要求将企业信息码印在产品包装上原产品编号的位置，并与绿色食品标志商标（组合图形）同时使用，而没有按期续展的企业，在下一次申报时将不再沿用原企业信息码，使用新的企业信息码。企业信息码的编码形式是 GF 后加 12 位阿拉伯数字，其中 1~6 位为地区代码（按行政区划编制到县级），7~8 位为企业获证年份，9~12 位为当年获证企业序号，“GF”则是绿色食品英文“Green food”的大写组合（图 1-3）。企业信息码主要体现在产品外包装上。

6. 绿色食品标志防伪标签

（1）绿色食品标志防伪标签的特点　绿色食品标志防伪标签（图 1-4）采用了以造币技术中的网纹技术为核心的综合防伪技术。该防伪标签为纸制，便于粘贴。标签用绿色食品指定颜色，印有标志及产品编号，背景为各国货币通用的细密实线条纹图案，有采用荧光防伪技术的前中国绿色食品发展中心主任的亲笔签企业信息码含义：

GF　　XXXXXX　XX　XXXX

绿色食品英文"GREEN FOOD"缩写　　地区代码　　获证年份　　企业序号

图 1-3　绿色食品产品包装上的企业信息码的含义

名。该防伪标签还具有专用性，因标签上印有产品编号，所以每种标签只能用于一种产品上。中国绿色食品发展中心发挥了全国绿色食品的规模优势，大大降低了印制标签的成本，防伪标签价格十分合理。防伪标签具有多种规格类型，为满足不同包装的需要，分为：圆形，直径为 15mm、20mm、25mm、30mm 不等；长方形，52mm×126mm 或按比例变化的任意规格。

图 1-4　绿色食品标志防伪标签

（2）绿色食品标志防伪标签的作用　①绿色食品防伪标签具有保护作用。防伪标签是绿色食品产品包装上必备的特征，既可防止企业非法使用绿色食品标志，也便于消费者识别，利用标签先进的防伪性能，避免市场中假冒绿色食品的出现。②绿色食品防伪标签具有监督管理作用。中国绿色食品发展中心还利用发放防伪标签的数量控制企业生产产量，避免企业取得标志使用权后，扩大产品使用范围及产量。③绿色食品防伪标签具有统一绿色食品整体形象的作用。绿色食品标志防伪标签的使用，也是中国绿色食品发展中心对绿色食品商标的专有权在企业产品上的体现。

（3）绿色食品标志防伪标签的管理　为了降低成本、严格管理，绿色食品标志防伪标签由中国绿色食品发展中心统一委托定点专业生产单位印刷。企业不得自行生产或从其他渠道获取防伪标签，也不可直接向中心委托的防伪标签生产企业订货。

各企业根据其绿色食品生产计划及产品发展向中心交付印标费用。中心将生产任务通知单下达到防伪标签生产企业，并按企业需求时间发货。各企业收到货物应及时检验，若标签有质量或数量问题，须立即与绿色食品发展中心联系。

许可使用绿色食品标志的产品必须加贴绿色食品标志防伪标签；每种产品只能使用对应的防伪标签（印有该产品的编号）；防伪标签应贴于食品标签或包装正面显著位置，不能掩盖原有绿色食品标志、编号等绿色食品整体形象。防伪标签粘贴位置应固定，不能随意变化。

（二）绿色食品标志的性质

1. 绿色食品标志是证明商标

证明商标的特点：①证明商标证明商品或服务具有某种特定品质，而一般商标表明商品或服务出自某一经营者。②证明商标的注册人需是依法成立，具有法人资格，对商品或服务的特定品质具有监控能力，一般商标的注册申请人只需是依法登记的经营者。③证明商标的注册人不能在自己经营的商品或服务上使用该证明商标，一般商标的注册人可以在自己经营的商品或服务上使用自己的注册商标。④证明商标经公告后的使用人可以作为利害关系人参与侵权诉讼，一般商标的被许可人不能参与侵权诉讼。

1996 年 11 月 7 日，绿色食品标志证明商标经国家行政管理局商标局核准注册，成为我国第一例证明商标。绿色食品标志具有商标所有的通性：专用性、限定性和保护地域性，受法律保护。绿色食品标志用以证明遵循可持续发展原则，按照特定方式生产，经专门机构认定的无污染、安全、优质、营养食品。2003 年，绿色食品标志在日本注册成功，成为在境外注册的第一个商标。截至 2020 年 10 月，绿色食品标志已先后在日本、韩国、法国、葡萄牙、俄罗斯、英国、芬兰、新加坡、澳大利亚、美国、中国香港等 11 个国家和地区注册成功。

2. 绿色食品商标的特点

（1）绿色食品商标的专用性　只有中国绿色食品发展中心许可，企业才能在自己的产品上使用绿色食品商标标志。

（2）绿色食品商标的限定性　注册商标的专用权以核准注册商标及核定使用的商品为限：①只有绿色食品商标注册的十种商标形式受法律保护；②只有在注册的九大类（标志图形只能用于 5、29、30、31、32、33 共六大类）商品上使用。

（3）绿色食品商标的地域性　商标的专用权遵循属地原则，商标在哪个国家（地区）注册，就在哪个国家（地区）受法律保护。绿色食品商标在中华人民共和国、中国香港、日本等已注册的国家和地区受到保护。

（4）绿色食品商标的时效性　商标的专用权有严格的时间效力，绿色食品标志使用证书有效期三年，证书有效期满，需要继续使用绿色食品标志的，标志使用人应当在有效期满三个月前向省级工作机构提出续展申请，同时完成网上在线申报。标志使用人逾期未提出续展申请，或续展未通过的，不得继续使用绿色食品标志。

（5）绿色食品商标的注册人“中国绿色食品发展中心”只有商标的许可权和转让权，没有商标使用权。

（三）绿色食品标志的使用范围

1. 绿色食品标志注册范围

绿色食品核定使用商品分别为《商标注册用商品和服务国际分类》的第 1、2、3、5、29、30、31、32、33 类，共九大类以食品为主的商品。

（1）国家商标分类中第 1 类主要商品为肥料。

（2）国家商标分类中第 2 类主要商品为食品着色剂。

（3）国家商标分类中第 3 类主要商品为香料。

（4）国家商标分类中第 5 类主要商品为婴儿食品。

（5）国家商标分类中第 29 类主要商品为：肉、非活的家禽，野味、肉汁，水产品，罐头食品，腌渍、干制水果及制品，腌制、干制蔬菜，蛋品，乳及乳制品，食用油脂，色拉，食用果胶，加工过的坚果，菌类干制品，食物蛋白。

（6）国家商标分类中第 30 类主要商品为：咖啡、咖啡代用品，可可，茶及茶叶代用品，糖，糖果，南糖，蜂蜜，糖浆及非医用营养食品，面包、糕点，代乳制品，方便食品，米，面粉（包括五谷杂粮，面条及米面制品），食盐、酱油、醋、芥末、味精、沙司、酱等调味品，酵母，食用香精，香料，搅稠奶油的制剂，家用嫩肉剂。

（7）国家商标分类中第 31 类主要商品为：未加工的林业产品，未加工谷物及农产品（不包括蔬菜、种子），花卉，园艺产品，草木，活生物，未加工的水果及干果，新鲜蔬菜，种子，动物饲料（包括非医用饲料添加剂及催肥剂），麦芽，动物栖息用品。

（8）国家商标分类中第 32 类主要商品为：啤酒、矿泉水和汽水以及其他不含酒精的饮料，水果饮料及果汁，固体饮料，糖浆及其他饮料用的制剂。

（9）国家商标分类中第 33 类主要商品为：含酒精的饮料（啤酒除外）。

概括地说，可以申请使用绿色食品标志的产品一般是食品，如粮油、水产、果品、饮料、茶叶、畜禽蛋乳产品等，即按国家商标类别划分的第 5、29、30、31、32、33 类中的大多数产品均可申请认证；以“食”或“健”字登记的新开发产品可以申请认证；经原卫生部公告既是食品又是药品的产品，如紫苏、菊花、白果、西洋参、枸杞等可以申报绿色食品标志。暂不受理油炸方便面、叶菜类酱菜（盐渍品）、火腿肠及作用机制不甚清楚的产品（如减肥茶）的申请；绿色食品拒绝转基因技术。由转基因原料生产（饲养）加工的任何产品均不受理；药品、香烟不可申报绿色食品标志。

2. 绿色食品其他标志使用范围

绿色食品标志还可以在通过认证的绿色食品生产资料和绿色食品生产基地使用。

绿色食品生产资料是指通过认证、许可使用绿色食品证明商标、允许在生产绿色食品过程中投入的物品，如农药、肥料、兽药、水产养殖用药、食品添加剂等。

具备一定生产规模、生产设施条件及技术保证措施的食品生产企业和生产区域还可以申报绿色食品生产基地，并在基地及其宣传载体上使用绿色食品证明商标。

绿色食品标志的含义及性质（微课）

二、绿色食品标志管理

（一）绿色食品标志管理概述

1. 绿色食品标志管理对象与目的

绿色食品标志管理是针对绿色食品工程的特征而采取的一种管理手段，其对象是所有绿色食品和绿色食品生产企业；其目的是为绿色食品生产者确定一个特定的生产环境、生产规范，并为绿色食品流通创造一个良好的市场环境，包括法律规则；其结果是维护这类特殊商品的生产、流通、消费秩序，保证绿色食品应有的质量。

2. 绿色食品标志管理手段

绿色食品标志管理的手段一是依据标准认定，二是依据法律管理。

所谓依据标准认定，即把可能影响最终产品质量的生产全过程（从土地到餐桌），依照绿色食品标准体系逐环节地制定出严格的量化标准，并按国际通行的质量认证程序检查其是否达标，只在符合标准要求的企业和产品上使用绿色食品标志商标，确保认定本身的科学性、权威性和公正性。所谓依据法律管理，即依据《商标法》《反不正当竞争法》《广告法》《产品质量法》等法规，切实规范生产者和经营者的行为，打击市场假冒伪劣现象，维护生产者、经营者和消费者的合法权益。

绿色食品实施商标使用许可制度，使用有效期为三年。在有效使用期内，绿色食品管理机构每年对用标企业实施年检，组织绿色食品产品质量定点检测机构对产品质量进行抽检，并进行综合考核评定，合格者继续许可使用绿色食品标志，不合格者限期整改或取消绿色食品标志使用权。

3. 绿色食品标志的管理机构

（1）国家绿色食品管理机构　国家绿色食品管理机构有农业部绿色食品办公室、中国绿色食品发展中心、中国绿色食品协会。中国绿色食品发展中心（China Green Food Development Center），是经中华人民共和国人事部批准的、组织和指导全国绿色食品开发和管理工作的权威机构，也是绿色食品标志商标的所有者，全权负责组织实施全国绿色食品工程。1990 年开始筹备并积极开展工作，1992 年 11 月正式成立，隶属中华人民共和国农业部。

（2）各省（市、区）绿色食品委托管理机构　根据绿色食品事业的发展，国家绿色食品管理机构在全国各省（市、区）委托了绿色食品管理机构，负责本辖区内绿色食品商标标志的管理工作。各省绿色食品委托管理机构的主要职能包括：①根据绿色食品管理机构的总体发展战略，研究本省（市、区）发展绿色食品的方针、政策及规划，并报国家绿色食品管理机构批准后执行；②受国家绿色食品管理机构的委托，认真负责、管理好本省（市、区）与绿色食品标志申请和使用有关的事宜；③协调好本省（市、区）内工商、环保、食品卫生等各部门的关系，共同做好绿色食品质量控制和市场监督工作，依法打击假冒伪劣行为；④组织各地科技人员对与绿色食品生产相关的技术进行攻关，不断更新和丰富绿色食品的生产操作规程；⑤在省（市、区）内各有关部门的支持下，多渠道筹集资金，搞好绿色食品生产基地建设和开发工作；⑥协助国家绿色食品管理机构做好定点商店及专柜的选择认定工作，促进绿色食品市场发育、成熟；⑦组织与绿色食品相关的国内外经济技术合作，协助国家绿色食品管理机构组织绿色食品产品参加各种展销或贸易活动；⑧联合绿色食品企业及有关部门做好宣传工作；配合中国绿色食品发展中心实施绿色食品整体宣传战略。

（3）定点绿色食品环境监测机构及食品检测机构　证明商标管理办法要求证明商标所有者对使用该商标的产品具有检测、监督能力，国家绿色食品管理机构在全国指定了一批经国家技术部门认定的、具有一定权威性的环境监测和食品检测机构。定点的环境监测和食品检测机构是独立于国家绿色食品管理机构，处于第三方公正地位的权威技术机构。

（4）绿色食品标志专职管理人员　为了加强绿色食品标志管理，不断完善绿色食品的审批、监督、管理体系，国家绿色食品管理机构和省级绿色食品委托监督管理机构均配备绿色食品标志专职管理人员，专门从事绿色食品标志管理工作。国家绿色食品管理机构对省级绿色食品标志专职管理人员进行统一培训、考核，并对符合条件者颁发绿色食品标志专职管理人员资格证书。绿色食品标志专职管理人员的主要职责包括：①传播和普及绿色食品知识，为广大群众提供绿色食品咨询服务；②指导和受理企业按规定程序申请使用绿色食品标志；③依据绿色食品标准及有关规定，对各类企业的申报材料进行初审并赴实地考察；④对各类合法使用绿色食品标志的单位进行定期检查、监督；⑤依据绿色食品规程，指导绿色食品生产企业正确生产绿色食品产品；⑥督促标志使用单位履行“绿色食品标志使用协议”；⑦对各种非法使用绿色食品商标的单位和个人进行举报，并配合有关部门予以坚决打击；⑧认真接受国家绿色食品管理机构的领导，贯彻其工作部署，并及时向其反馈有关信息；⑨指导其所在机构的下级，地（市）、县级管理机构正确开展工作，统一组织所在机构的下级机构管理人员参加中心培训。

（二）绿色食品标志的使用管理

1. 绿色食品标志的时效管理

（1）绿色食品标志、绿色食品生产资料标志，自批准之日起，有效期三年。到期后继续使用绿色食品标志的，应在有效期满前 90 天重新提出申请。未提出申请，视同放弃绿色食品标志使用权。AA 级绿色食品标志的有效期为 1 年，多年生作物为一个生产周期。在使用期内均需向中国绿色食品发展中心交纳标志使用费。

（2）企业取得绿色食品标志使用权后，应尽快在产品包装和宣传广告中使用绿色食品标志。产品获得标志使用权（以下简称获标）后，半年内必须使用绿色食品标志。半年内没有使用，绿色食品发展中心有权取消其使用权。

（3）在标志使用有效期内，必须停止使用标志的情况有：改变生产条件、工艺、产品标准及注册商标；因不可抗力而丧失绿色食品生产条件；监督抽查不合格。停止使用后，在经过解决和重新认可后，才可以继续使用绿色食品标志。

2. 绿色食品标志的范围管理

（1）获得认证的企业，必须且只能在获得认证的机构、产品范围内使用绿色食品标志。

（2）禁止扩大绿色食品标志的使用范围。扩大使用范围包括以下情形：

①获标企业在其未获标产品上使用绿色食品标志：如某饮料生产企业产品有苹果汁、桃汁、橙汁等，其中仅苹果汁获得了绿色食品标志使用权，而企业在桃汁、橙汁的包装上也使用绿色食品标志。

②获标企业在其未获标系列产品上使用：如某茶厂云雾绿茶获得标志使用权后，在其系列产品但未申报绿标的银毫绿茶上使用绿色食品标志。

③获标企业在其联营或合资的但未经中国绿色食品发展中心认证的企业生产的同类产品上使用：如山东某奶粉厂生产的 A 牌奶粉获得标志使用权后，擅自在其河南省联营企业生产的 B 牌奶粉上使用绿色食品标志。

④获标企业在其兼并但未经中国绿色食品发展中心认证的企业生产的同类产品上使用绿色食品标志。

⑤经销商以自己单位的名称（作为生产者）销售获标产品，并在该产品上使用绿色食品标志。

⑥获标企业在未经绿色食品发展中心许可（书面同意），私发附属证书或将绿色食品标志及其编号转让他人使用。

3. 使用绿色食品标志应履行的责任

（1）获标企业和个人须严格履行"绿色食品标志使用协议"，并按期交纳标志使用费，对于未如期交纳费用的企业，中国绿色食品发展中心有权取消其标志使用权，并公告于众。

（2）获标企业应参加绿色食品发展中心组织的绿色食品知识、技术及相关业务培训。至少 2 名以上专业管理人员需经过省级以上管理机构的专业培训，并获得合格证书；申请绿色食品生产基地标志的，申请人需组织本单位直接从事绿色食品生产、管理的人员培训，并经绿色食品管理机构考核、确认。

（3）获标企业应定期向绿色食品管理机构提供有关获标产品的当年产量、原料供应、肥料、农药、食品添加剂等投入物的使用种类、用量等情况，以及价格、防伪标签等的使用情况，接受绿色食品发展中心及其分支机构的检查、监督。

（4）绿色食品标志在产品包装上使用时，必须严格按照《中国绿色食品商标标志设计使用规范手册》的规范要求正确设计，并经绿色食品发展中心审定。必须做到标志图形、“绿色食品”文字、编号及防伪标签的“四位一体”。许可使用标志的产品，在产品促销广告时必须使用绿色食品标志，在名片、台历、灯箱、运输车、办公楼上或电视广告中使用绿色食品标志也须符合《中国绿色食品商标标志设计使用规范手册》要求。

（5）取得绿色食品标志使用权的企业必须执行绿色食品标志使用协议书。

（6）出口产品使用绿色食品标志必须经国家绿色食品管理机构许可。

4. 绿色食品标志的监督管理

对于所有取得绿色食品标志使用权的产品，都有多个环节的监督网络对其进行监督。国家绿色食品管理机构对绿色食品整个生产环节（环境、规程、食品、商品）进行监督管理。定点的绿色食品环境监测机构负责环境质量的抽查检验；各省绿色食品委托管理机构的标志专职管理人员监督种植、养殖、加工等操作规程的实施；定点绿色食品监测中心根据国家绿色食品管理机构下达的任务，对产品进行抽检；市场中的绿色食品则是在食品监测机构的监督之下流通。

绿色食品标志监督管理的具体内容包括以下几方面。

（1）年检制度　国家绿色食品管理机构对绿色食品标志进行统一监督管理，并根据使用单位的生产条件、产品质量状况、标志使用情况、合同的履行情况、环境及产品的抽检（复检）结果以及消费者的反应，对绿色食品标志使用证书实行年审。年审不合格者，取消产品的标志使用权并公告于众。由各省绿色标志专职管理人员负责回收证书并返回国家绿色食品管理机构。

（2）抽检制度　国家绿色食品管理机构根据对使用单位的年审情况，于每年初下达抽检任务，指定定点的环境监测机构、食品监测机构对使用标志的产品及其产地生态环境质量进行抽检。抽检不合格者，取消其标志使用权，并公告于众。

（3）标志专职管理人员的监督　绿色食品标志专职管理人员对所辖区域内的绿色食品生产企业每年至少进行一次监督考察。监督绿色食品生产企业种植、养殖、加工等规程的实施及标志许可使用合同的履行，并将监督、考察情况汇报国家绿色食品管理机构。

（4）消费者监督　使用绿色食品标志的企业必须接受全社会消费者的监督。国家绿色食品管理机构首先加大绿色食品监督的宣传力度，使消费者认识绿色食品标志，了解绿色食品。为了进一步鼓励消费者对绿色食品质量进行监督，对消费者所发现不合标准的产品，责成生产企业进行经济赔偿，并对举报者予以一定奖励；对有产品质量问题的企业，坚决予以查处。

5. 绿色食品标志的法制管理

法制管理是绿色食品标志管理的核心。运用法律手段保护绿色食品标志，对于维护绿色食品标志注册人的合法权益，维护绿色食品标志的整体形象，保障绿色食品工程的顺利实施，促进农业可持续发展，都具有积极的意义。

（1）绿色食品标志的法律保护　绿色食品标志属知识产权范畴。中国绿色食品发展中心、绿色食品委托管理机构及获得绿色食品标志使用权的企业，必须执行《商标法》《反不正当竞争法》《消费者权益法》《产品质量法》等诸多法律。同时，每项法律都给予了法律保护的依据。

《商标法》是绿色食品标志必须执行且对标志予以最大力度保护的基本法律。《商标法》第三条规定："经商标局核准注册的商标为注册商标，商标注册人享有专用权，受法律保护。"开发推广绿色食品是一项新生事物，用法律保护绿色食品标志是实施绿色食品工程不可缺少的手段。依据上述法律法规，农业部颁布了《绿色食品标志管理办法》，规定了绿色食品标志及申请操作规程，绿色食品企业必须严格执行。

（2）绿色食品标志商标侵权行为及假冒商标的构成　根据《商标法》第三十八条及《商标法实施细则》第四十一条规定，结合绿色食品标志的具体情况，有下列行为之一者，均属侵犯绿色食品标志商标专用权行为。

①未经国家绿色食品管理机构许可，在其注册的九大类商品或类似商品上使用与绿色食品标志相同或者近似商标。

②销售明知是假冒绿色食品标志的商品。

③伪造、擅自制造绿色食品标志，或销售伪造、擅自制造的绿色食品标志。

④给绿色食品标志专用权造成其他损害。

假冒商标是指凡未经国家绿色食品管理机构同意，而故意在其注册的九大类商品上使用与绿色食品标志相同或十分近似的商标的行为，也包括擅自制造或销售绿色食品标志的行为。假冒商标与商标侵犯权既有区别又有联系。商标侵犯不一定就是假冒商标，假冒商标必然构成商标侵犯，而且是一种严重的侵犯行为。一般来说，商标侵权大多是过失的和无意的，而假冒商标则是故意行为。

在认定绿色食品标志侵权行为是否是假冒商标时，不能简单地以侵权情节的轻重为依据，也不能以侵权获利或经营额的大小为准，只要行为人未经国家绿色食品管理机构许可，故意在其注册的九大类商品上使用与绿色食品标志相同或十分近似的商标，就认为是假冒绿色食品商标标志；假冒绿色食品商标标志情节严重者，构成假冒商标罪。

（3）绿色食品标志商标侵权案件及假冒商标的受理机关　根据我国《商标法》第三十九条规定：工商行政管理局和人民法院都有权处理商标侵权案件。

《商标法实施细则》第四十二条规定："对侵犯注册商标专用权的，任何人可以向侵权人所在地或者侵权行为地县级以上工商行政管理机关控告或者检举。"在绿色食品标志受到侵害时，国家绿色食品管理机构、绿色食品委托管理机构，可以根据自己的意愿，请求工商行政管理机关查处，也可直接向人民法院起诉；被许可使用绿色食品标志的企业也可参与上诉请求。假冒绿色食品标志是一种严重的商标侵权行为，任何人都可以向工商行政管理机关或检察机关控告或检举。向工商行政管理机关控告或检举的，工商行政管理机关按照一般商标侵权行为处理后，对于构成犯罪的案件，直接将责任人员移送至检察机关追究其刑事责任。检察机关对控告、认为犯罪事实需要追究刑事责任的予以立案。经过侦查，向人民法院提起公诉，由人民法院依法做出裁决。

（4）绿色食品标志商标侵权行为及假冒商标的处罚　对构成侵犯绿色食品标志商标专用权的行为，工商行政管理机关将采取诸如责令侵权人立即停止侵权行为，封存或收缴绿色食品标志；消除现有商品和包装上的绿色食品标志；责令赔偿中国绿色食品发展中心的经济损失等措施。绿色食品标志商标专用权是国家绿色食品管理机构的一项民事权利，对于损害国家绿色食品管理机构信誉、损害绿色食品整体形象的侵权行为，国家绿色食品管理机构（也可委托省绿色食品管理机构）可请求工商行政管理机关责令侵权人赔偿自己的损失。对于假冒商标的处罚，刑法第一百二十七条规定："违反商标管理法规，工商企业假冒其他企业已经注册的商标，对于直接责任人员处以三年以下有期徒刑，拘役或者罚金。"

绿色食品标志的使用管理（微课）

任务实施

1. 交流课前查找的案例，并进行分析答辩。
2. 编写有关绿色食品标志管理的案例。
3. 由模拟"省绿办"的绿色食品标志专职管理人员对所编案例进行评判。
4. 用自编习题考核，教师点评。

任务作业

1. 在标志使用有效期内，必须停止使用标志的情况有哪些？

2. 标志使用人在证书有效期内享有哪些权利？标志使用人在证书有效期内应当履行哪些义务？

3. 申请使用绿色食品标志的生产单位（以下简称申请人），应当具备哪些条件？

任务考核

1. 某企业生产的草莓味酸奶于 2017 年 5 月获准使用绿色食品标志，但该企业在 2016 年 12 月就已经将草莓味酸奶和黄桃酸奶包装印上绿色食品标志，2021 年又将商标转让给他人使用。请问该公司的做法有哪些错误？

2. 2010 年 2 月上旬，执法人员在辖区两家大型超市检查时，发现其销售的

“冰泉女人豆浆”“冰泉速食豆腐花”“人间珍果阿胶枣”“都市派牛肉串”等食品标签上均有“绿色食品”标志。经进一步查证，豆制品“绿色食品”生产标准标为：NY/T 1052-2006 或 NY/T 433-2000，而标注的生产标准却是 GB/T 23782-2009 和 Q/BQSY 01，属一般豆制品生产标准。“人间珍果阿胶枣”（蜜饯）“绿色食品”生产标准为 NY/T 436-2009，而标注的却是 GB/T 10782-2006，也是国家一般蜜饯生产标准。“都市派牛肉串”执行标准 Q/72344990-1.01，也非“绿色食品”标准。随即上报分局立案调查。经进一步调查得知，上述食品生产企业均取得有“绿色食品”生产许可证，并确实生产有“绿色食品”产品。请分析说明生产企业错误之处。

3. ××大米加工厂，由于扩大生产，工厂决定收购附近的小加工厂，而且把原厂获得的绿色食品标志交给收购的工厂使用，还在原有的绿色食品商标上，加入了收购的工厂名，绿标是 2017 年申请的，至今仍在使用，使用的绿标也没有防伪标志。分析企业错误之处。

4. 2011 年李某在深圳注册成立了××果蔬有限公司，2015 年 4 月为本公司的苹果汁申请并获得绿色食品标志的使用权，于是公司于 2015 年 12 月开始在该产品的包装上使用，并为此产品进行广告宣传，2016 年由于出现虫害，该公司的苹果生产基地遭到破坏造成减产，为获取更大的利润，该公司去外地随便收购了一些苹果，同时收购了一些小型公司来扩大企业生产，并将这些公司生产的苹果汁也标上绿色食品标识，2017 年 10 月被停止使用绿标，请说明叫停的原因。

5. 小玲在 2015 年为种植的白菜申请了绿标，由于当年发生了虫害，为保住产量，小玲使用了一些绿色食品操作规程中没有的化学农药。由于当年销量不好，小玲将剩余的白菜腌制成酸菜销售，并标有绿标，2019 年由于小玲急需资金，便将绿标转让给刘明的公司使用，刘明公司至今仍在使用。分析小玲行为的错误之处。

绿色食品标志管理任务考核答案

知识链接

绿色食品检查员、标志监督管理员培训大纲

绿色食品标志使用管理规范

绿色食品标志管理办法

绿色食品商标境外注册情况

资料卡

为适应绿色食品事业发展的需要，进一步规范绿色食品标志使用，方便绿色食品获证企业用标，中国绿色食品发展中心决定停止印制绿色食品防伪标签，推行使用粘贴式标签。于2021-10-25发布“关于推行使用绿色食品粘贴式标签的通知”——中绿标〔2021〕138号

1. 自2021年11月1日起，生鲜、散装等不适于在包装上印刷商标标志的产品可选用粘贴式标签（样式见《中国绿色食品商标标志设计使用规范手册》）。

2. 粘贴式标签由绿色食品用标企业按《粘贴式标签订制须知》自行向印刷单位订购。《粘贴式标签订制须知》将随《绿色食品使用证书》由各地绿办（中心）在颁发《绿色食品标志使用证书》时一并发给获证企业。

3. 绿色食品防伪标签于2021年11月1日起停止印制。为避免浪费，已经印刷并在使用的防伪标签，企业在证书有效期内仍然可以继续过渡使用，用完为止。过渡期限最长不超过2024年10月31日。

资料卡

国无常强，无常弱。奉法者强则国强，奉法者弱则国弱

这段话来自于《韩非子》的《有度》篇，而且是《有度》篇的开篇之语。这段话的意思很简单：一个国家没有恒久的强盛，也没有永远的衰弱；执行法令的人越坚定，国家就越强盛，反之就越衰弱。

任务三　绿色食品标准

任务导入

××饮料有限公司申请绿色食品生产基地后，准备为基地的农户进行一次绿色食品知识的培训，请你为农户讲解绿色食品标准的内容。

任务要求

素质目标

1. 通过小组成员间的分工合作，树立团结合作意识。
2. 通过准备培训材料，树立勇于创新的意识并培养科学严谨的工作态度。

知识目标

1. 了解绿色食品标准的作用、特点及适用性。
2. 了解我国绿色食品全程质量控制的状况。
3. 熟悉绿色食品标准的作用和构成体系。
4. 掌握AA级和A级绿色食品标准的基本内容。

能力目标

1. 能够运用绿色食品标准解决绿色食品生产过程中的实际问题。
2. 通过出试题，获取自主学习能力。
3. 通过查阅资料，提高获取信息、使用信息的能力。

任务准备

1. 查阅有关绿色食品标准的内容。

2. 成立培训小组，每组准备一套绿色食品标准的培训材料（配有ppt及考核题）。

相关知识

一、绿色食品标准

（一）绿色食品标准的定义

绿色食品标准是应用科学技术原理，结合绿色食品生产实践，借鉴国内外相关标准所制定的，在绿色食品生产中必须遵守，在绿色食品质量认证时必须依据的技术性文件。也可以说，绿色食品标准是绿色食品生产实践与先进农业技术、理念和现有国情的完美结合。对于从事绿色食品认证和管理的工作人员来说，它是工作的基础和依据；对于绿色食品生产企业来说，它是实施生产管理的技术指导准则；绿色食品标准是由农业部批准发布具有法律效应的文件，因此无论对生产者还是消费者来说都是维护自身权益的技术和法律依据。

绿色食品标准的属性是推荐性国家农业行业标准，但对于绿色食品生产企业来说是强制性标准，必须严格执行。绿色食品的标准由中华人民共和国农业部制定颁布，是因为虽然它包括了种植业、养殖业生产和经过深加工的食品，其覆盖范围并不单纯局限在农业方面，但是绿色食品事业是由农业部率先提出并推动发展起来的，国务院的三定方案中也明确了农业部对绿色食品事业的管理权。2006年11月1日正式实施的《农产品质量安全法》及其配套法规中，也对农业部门如何监督管理绿色食品作出了规定。所以绿色食品标准也是由农业部统一立项、组织制定、审查和颁布的，是农业行业标准。

绿色食品标准与普通食品标准的不同主要体现在以下两方面。

首先在标准属性方面，绿色食品标准不是针对某一产品的单一标准，而是由一系列标准构成的标准体系。其次在标准技术内容方面，普通食品标准的技术指标要求一般只包括产品的质量等级要求、感官和理化要求，而没有具体的安全卫生指标要求。例如国家标准 GB 1353-2018《玉米》规定了玉米的质量要求和食品安全要求：质量要求规定了水分、杂质、不完善粒等指标；食品安全要求则是按照国家食品安全标准的规定执行。而绿色食品标准 NY/T 418-2014《绿色食品　玉米及玉米粉》中：对于初级农产品，其规定的技术指标包括产地环境、原料、生产过程、感官要求、理化指标、污染物限量、农药残留限量和真菌毒素限量、微生物限量等部分，其中绿色食品玉米及玉米粉类产品申报检验必检项目就达 9 项。

（二）绿色食品标准的作用

绿色食品标准作为绿色食品生产经验的总结和科技发展的结果，它引导了农业标准化生产模式，奠定了绿色食品认证工作的技术基础，规范了绿色食品生产管理行为，提高了绿色食品生产技术水平，维护了生产者和消费者权益，树立了我国出口农产品（食品）的良好声誉，对绿色食品产业发展所起的作用主要表现在以下几方面。

1. 绿色食品标准是绿色食品认证工作的技术基础

绿色食品认证实行产前、产中、产后全过程质量控制，同时包含了质量认证和质量体系认证内容。因此，无论是绿色食品质量认证还是质量体系认证都必须有适宜的标准作依据，否则开展认证工作的基本条件就不充分。

2. 绿色食品标准是进行绿色食品生产活动的技术、行为规范

绿色食品标准不仅是对绿色食品产品质量、产地环境质量、生产资料毒负效应的指标规定，更重要的是对绿色食品生产者、管理者的行为规范，是评定、监督和纠正绿色食品生产者、管理者技术行为的尺度，具有规范绿色食品生产活动的功能。

3. 绿色食品标准是指导农业及食品加工业提高生产水平的技术文件

绿色食品产品标准设置的质量安全指标比较严格，绿色食品标准体系则为企业如何生产出符合要求的产品提供了先进的生产方式、工艺和生产技术指导。例如，在农作物生产方面，为替代或减少化肥用量、保证产量，绿色食品标准提供了一套根据土壤肥力状况，将有机肥、微生物肥、无机（矿质）肥和其他肥料配合施用的方法；为保证无污染、安全的卫生品质，绿色食品标准提供了一套经济、有效的杀灭致病菌、降解硝酸盐的有机肥处理方法；为减少喷施化学农药，绿色食品标准提供了一套从保护整体生态系统出发的病虫草害综合防治技术。在食品加工方面，为避免加工过程中的二次污染，绿色食品标准提出了一套非化学方式控制害虫的方法和食品添加剂使用准则，从而促使绿色食品生产者采用先进加工工艺、提高技术水平。

4. 绿色食品标准是维护绿色食品生产者和消费者利益的技术和法律依据

绿色食品标准作为认证和管理的依据，对接受认证的生产企业属强制执行标准，企业采用的生产技术及生产出的产品都必须符合绿色食品标准要求。国家有

关行政主管部门对绿色食品实行监督抽查、打击假冒产品的行动时，绿色食品标准就是保护生产者和消费者利益的技术和法律依据。

5. 绿色食品标准是提高我国农产品和食品质量，促进出口创汇的技术手段

绿色食品标准是以我国国家标准为基础，参照国际先进标准制定的，既符合我国国情，又具有国际先进水平的标准。企业通过实施绿色食品标准，能够有效地促使技术改造，加强生产过程的质量控制，改善经营管理，提高员工素质。绿色食品标准也为开展可持续农产品及有机农产品平等贸易提供了技术保障，为我国农业，特别是生态农业、可持续发展农业在对外开放过程中提高自我保护、自我发展能力创造了条件。

（三）绿色食品标准制定的主要依据

产品质量标准制定采信要点如下。

（1）参数的确定　根据例行检测数据、风险评估结果、国内外市场关注度、国家标准变化情况等确定标准制修订项目。

（2）限量的确定

①国家标准、行业标准：安全指标依据 GB 2760-2014、GB 2761-2017、GB 2762-2017、GB 2763-2021 相关指标，感官、理化指标依据国家或行业标准。

②国际先进标准：安全指标严于国家标准，统筹采信 CAC、欧盟、美国、日本等国际先进标准。联合国食品法典委员会（CAC）具有世界唯一日允许摄入量（ADI）的资料，包括我国在内的各国制定农残、兽残、真菌毒素、污染物和食品添加剂限量都依据此 ADI 值。CAC 标准被各成员国认可、应用；欧盟标准（EU、EC），总体来看是最严的标准，如 21 世纪初确定动物性食品中氯霉素残留限量为 0.1μg/kg，其他各国为 1μg/kg；美国标准（USAS），具有最先进的食品科学研究成果和前瞻性结论，如 20 世纪 90 年代提出糖精钠为疑似有害物质，禁用于食品；日本标准（JAS），饮食习惯最接近我国，由日允许摄入量（ADI）计算到最大残留限量（MRL）时，日本标准最接近于我国。

③企业标准及生产实际：例如，国家标准中啤酒中甲醛的限量是 2mg/L，2002 年版绿色食品啤酒中甲醛的限量是 0.2mg/L，2012 年修订时，全国食品工业标准化技术委员会邀请北京燕京啤酒、青岛啤酒公司参与标准制修订，企业反映生产中会产生甲醛不是添加的，原标准定得太严，很容易超标，而且检测方法不稳定，所以修订时全国食品工业标准化技术委员会将甲醛的指标修订为 0.9mg/L，对检测方法也进行了修订。

④绿色食品准则类标准：比如 NY/T 393-2020《绿色食品　农药使用准则》规定，不在规定农药清单里的农药残留不应超过 0.01mg/kg，并符合 GB 2763-2021 的要求。

（四）绿色食品标准的制定原则

绿色食品标准从发展经济和保护生态环境相结合的角度规范绿色食品生产者的经济行为。在保证食品产量的前提下，最大限度地通过促进生物循环、合理配

置和节约资源，减少经济行为对生态环境的不良影响，提高食品质量，维护和改善人类生存和发展环境。国家以促进农业可持续发展、推动绿色食品国际贸易为指导思想，遵循以下 7 项原则制定了绿色食品质量标准。

（1）生产优质、营养、对人畜安全的食品和饲料，并保证获得一定产量和经济效益，兼顾生产者和消费者双方的利益。

（2）保证生产地域内环境质量不断提高，其中包括保持土壤的长期肥沃和洁净，有助于水土保持；保证水、水资源和相关生物不遭受损害；有利于生物循环和生物多样性的保持。

（3）有利于节省资源，其中包括要求使用可更新资源、可自然降解和回收利用材料；减少长途运输、避免过度包装等。

（4）有利于先进科技的应用，以保证及时利用最新科技成果为绿色食品发展服务。

（5）有关标准和技术要求能够被验证。有关标准要求采用的检验方法和评价方法必须是国际标准、国家标准或技术上能够保证重复性的试验方法。

（6）绿色食品标准的综合技术指标不低于国际标准和国外先进标准的水平。同时，生产技术标准有很强的可操作性，易于生产者接受。

（7）绿色食品生产中禁止使用基因工程技术。

（五）绿色食品标准的分级标准

绿色食品标准是绿色食品认证和管理的依据和基础，是整个绿色食品事业的重要技术支撑。绿色食品标准分为两个技术等级，即 AA 级绿色食品标准和 A 级绿色食品标准。

AA 级绿色食品标准：要求生产地的环境质量符合 NY/T 391-2021《绿色食品　产地环境质量》，生产过程中不使用化学合成的农药、肥料、食品添加剂、饲料添加剂、兽药及有害于环境和人体健康的生产资料，而是通过使用有机肥、种植绿肥、作物轮作、生物或物理方法等技术，培肥土壤、控制病虫草害、保护或提高产品品质，从而保证产品质量符合绿色食品产品标准要求。

A 级绿色食品标准：要求生产地的环境质量符合 NY/T 391-2021《绿色食品　产地环境质量》，生产过程中严格按绿色食品生产资料使用准则和生产操作规程要求，限量使用限定的化学合成生产资料，并积极采用先进的生产技术和物理方法，保证产品质量符合绿色食品产品标准要求。

绿色食品标准
（微课）

二、绿色食品标准体系的结构

（一）标准体系概述

1. 绿色食品标准体系框架（图 1-5）

截至 2023 年，绿色食品标准体系中现行有效标准 143 项，包括绿色食品产地环境质量标准、生产技术标准、产品标准和包装贮藏运输标准四部分，贯穿绿色食品生产全过程。绿色食品标准体系的发展趋势是更加注重品质指标研究，更加注重规程的编制和推广。2017 年，中心启动了首批 50 项区域性绿色食品生产操作规程编制工作。2018 年，中心组织完成了 54 项绿色食品生产操作规程编制工作。2019 年，中心继续开展 58 项绿色食品生产操作规程的制定工作，同时开展规程“进企入户”示范行动，解决绿色食品标准化生产“最后一公里”问题。

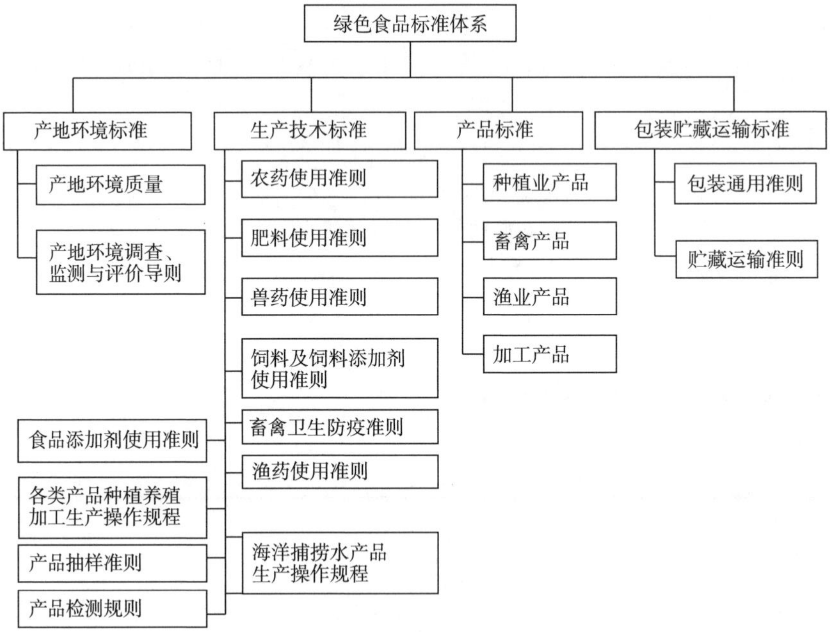

图 1-5　绿色食品标准体系结构图

（1）绿色食品产地环境标准　根据农业生态的特点和绿色食品生产对生态环境的要求，充分依据现有国家环保标准，对控制项目进行优选。分别对空气、农田灌溉水、养殖用水和土壤质量等基本环境条件做出了严格规定。

（2）绿色食品生产技术标准　根据国内外相关法律法规、标准，结合我国现实生产水平和绿色食品的安全优质理念，分别制定了生产资料基本使用准则和生产认证管理通则，包括肥料使用准则、农药使用准则、兽药使用准则、食品添加剂使用准则等和畜禽饲养防疫准则、海洋捕捞水产品养殖规范等。基于上述基本准则，制定具体种植、养殖和加工对象的生产技术规程。

（3）绿色食品产品标准　根据国内外相关产品标准要求，坚持安全与优质并重，先进性与实用性相结合的原则，针对具体产品制定相应的品质和安全性项目和指标要求，是绿色食品产品认证检验和年度抽检的重要依据。

（4）绿色食品包装贮藏运输标准　为确保绿色食品在生产后期包装和运输过

程中不受外界污染而制定一系列标准，主要包括包装通用准则和贮藏运输准则两项标准。

2. 绿色食品标准体系构建主要原则

（1）与国家法律法规和标准协调原则　法律如食品安全法、农产品质量安全法等；法规如国务院的农药管理条例、兽药管理条例、农业农村部公告等；标准如GB 2760-2014、GB 2761-2017、GB 2762-2017、GB 2763-2021，农业行业标准等。

（2）遵循全程质量控制原则　按照从“农田到餐桌”全程质量控制技术路线，制定产地环境、生产过程（投入品使用）、产品质量、包装、贮藏、运输等全链条的质量控制措施，确保每一个环节有相应的标准。

（3）遵循安全、优质的原则　坚持高端品质和精品品牌定位，突出绿色食品安全、优质的本质特色。安全卫生指标严于国家、行业标准；部分指标参照国际标准。产品质量指标突出优质品质和营养健康功能。

（4）遵循生态自然、可持续发展原则　从发展经济和保护生态环境相结合的方式规范生产者行为。通过促进生物循环、合理配置和节约资源、减少经济行为对环境的不良影响，提高产品质量，保护生态环境，促进农业绿色发展。例如：化肥减半、农药减量、物理生物措施优先等；拒绝转基因技术。

（5）开放性原则　随着认证产品范围拓展，新技术、新工艺、新检测检验方法不断产生，随时制定新的标准以适应事业发展的需要。跟随市场需求变化，与时俱进，及时修订标准（现在注重品质），满足消费者对美好生活的需求。

（6）服从原则　产品质量标准服从准则类标准，如NY/T 393-2020《绿色食品　农药使用准则》、NY/T 392-2023《绿色食品　食品添加剂使用准则》等。

（二）环境监测、产品检验标准及技术规范

1. 绿色食品产地环境质量标准（NY/T 391-2021）如图1-6所示。

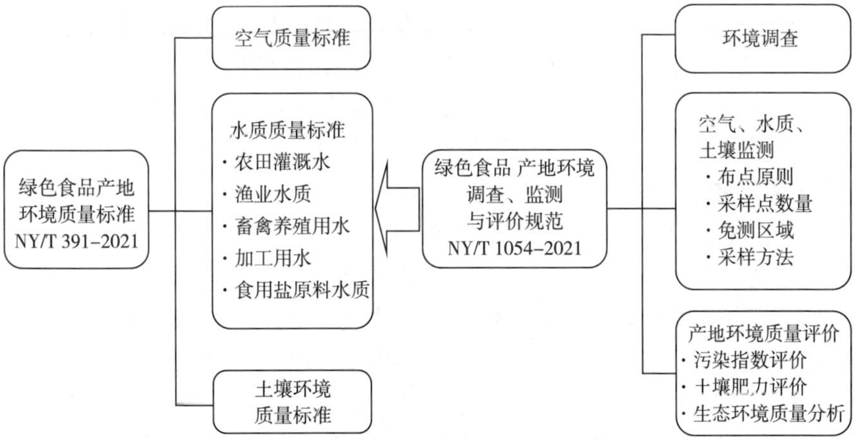

图1-6　绿色食品产地环境质量标准图

绿色食品生态环境要求：①应选择生态环境良好、无污染的地区，远离工矿区和公路铁路干线，避开污染源；②产地应距离公路，铁路生活区 50m 以上。距离工矿企业 1km 以上；③产地应远离污染源，配备切断有毒有害物进入产地的措施；④产地不应受外来污染威胁。产地上风向和灌溉水上游不应有排放有毒有害物质的工矿产业。灌溉水源应是深井水或水库等清洁水源，不应使用污水或塘水等被污染的地表水。园地土壤不应是施用含有毒有害物质的工业废渣改良过土壤；⑤应建立生物栖息地。保护基因多样性，物种多样性和生态系统多样性，以维持生态平衡；⑥应保证产地具有可持续生产能力，不对环境或周边其他生物产生污染；⑦利用上一年度产地区域空气质量数据，综合分析产区空气质量。

2. 绿色食品产品抽样准则（NY/T 896-2015）

抽样应由绿色食品检测机构组织实施。应以检测机构采样为主，当检测机构无法完成抽样任务时，可委托当地绿色食品工作机构进行。抽样人员不应少于 2 人，应经过相关机构的培训，取得相应的资质。特殊情况需要委托地方绿办组织产品抽样的，检测机构必须严格履行书面委托手续，并对指定抽样人员进行专业技术培训。企业不可抽样送样。抽样人员应携带抽样单、标签以及封条等，并根据不同的产品准备相应的采样工具和包装容器。

3. 绿色食品产品检验规则（NY/T 1055-2015）

检验分为交收检验、型式检验、申报检验、监督检验。每批产品交收前，都应进行交收检验。交收检验内容包括包装、标志、标签、净含量和感官等，对加工产品还应包括相应产品标准规定的部分理化项目和微生物学项目，检验合格并附合格证方可交收。如生产或加工企业对交收检验项目无法自行检验的，应委托给具备相应资质的检验机构进行检验。

检测结果全部合格时则判该批产品合格。包装、标志、标签、净含量等项目有 2 项（含 2 项）以上不合格时则判该批产品不合格，如有 1 项不符合要求，可重新抽样对以上项目复检，以复检结果为准。其他任何一项指标不合格则判该批产品不合格。当受检方对产品检验结果发生异议时，可以自收到检验结果之日起 5 日内向绿色食品管理部门申请复检。凡属微生物学项目不合格的产品不接受复检。如不合格检测项目性质不稳定，也不接受复检。

（三）生产技术标准

1. 绿色食品农药使用准则（NY/T 393-2020）

绿色食品生产中农药的使用采用准许清单制。清单中农药品种选择以国内外权威机构的风险评估数据和结论为依据，其中化学合成农药筛选评估时采用的安全系数比国际上的一般要求提高 5 倍；农药使用强调防治对象的防治适期、选择合理施药方式、严控施药剂量、力控施药次数和安全间隔期；在农药残留量要求上，按规定允许使用的农药，其残留量应符合 GB 2763 的要求，其他农药的残留量不得超过 0.01mg/kg 的标准，远远高于国家标准要求，部分指标甚至高于欧盟标准。

2. 绿色食品肥料使用准则（NY/T 394-2023）

①土壤健康原则　坚持有机与无机养分相结合，提高土壤有机质含量和肥力的原则，逐渐提高作物秸秆、畜禽粪便循环利用比例，通过增施有机肥或有机物料改善土壤物理、化学与生物性质，构建高产，抗逆的健康土壤。②化肥减控原则　在保障养分充足供给的基础上，无机氮素用量不得高于当季作物需求量的一半，根据有机磷钾投入量相应减少无机磷钾肥施用量。③合理增施有机肥原则　根据土壤性质、作物需肥规律、肥料特征，合理的使用有机肥，改善土壤理化性质，提高作物产量和品质。④补充微量养分原则　因地制宜的根据土壤肥力状况和作物养分需求规律，适当补充钙，镁，硫，锌、硼等养分。⑤安全优质原则　使用安全优质的肥料产品，有机肥的腐熟应符合 NY/T 3442 的要求，肥料中重金属、有害微生物、抗生素等有毒有害物质限量应符合 GB 38400 的要求，肥料的使用不应对作物感官、安全和营养等品质以及环境造成不良影响。⑥生态绿色原则　增加轮作、填闲作物，重视绿肥特别是豆科绿肥栽培，增加生物多样性与生物固氮，阻遏养分损失。

3. 绿色食品饲料及饲料添加剂使用准则（NY/T 471-2023）

此准则概括了饲料及饲料添加剂使用的核心要求，体现了绿色食品发展理念，基本原则有以下 3 点。①安全优质原则：生产过程中，饲料和饲料添加剂的使用应对养殖动物机体健康无不良影响，所生产的动物产品品质优，对消费者健康无不良影响；②绿色环保原则：绿色食品生产中所使用的饲料和饲料添加剂应对环境无不良影响，在畜禽和水产动物产品及排泄物中存留量对环境也无不良影响，有利于生态环境和养殖业可持续发展；③以天然原料为主原则：提倡优先使用微生物制剂、酶制剂、天然植物添加剂和有机矿物质，限制使用化学合成饲料和饲料添加剂。

4. 绿色食品兽药使用准则（NY/T 472-2022）

基本原则：①生产者应供给动物充足的营养，应按照 NY/T 391-2021 提供良好的饲养环境，加强饲养管理，采取各种措施以减少应激，增强动物自身的抗病力；②应按《中华人民共和国动物防疫法》的规定进行动物疾病的防治，在养殖过程中尽量不用或少用药物。

5. 绿色食品畜禽卫生防疫准则（NY/T 473-2016）

此准则包括畜禽饲养场卫生防疫要求（场址选择、建设条件、规划布局要求，饲养场饲养管理、防疫要求，畜禽繁育或引进要求）、畜禽屠宰场卫生防疫要求（屠宰场场址选择、建设条件要求；屠宰过程中的卫生防疫要求）、屠宰场检验检疫要求。

6. 绿色食品添加剂使用准则（NY/T 392-2023）

食品添加剂的基本要求是不应对人体产生任何健康危害；不应掩盖食品腐败变质；不应掩盖食品本身或加工过程中的质量缺陷或以掺杂、掺假、伪造为目的而使用食品添加剂；不应降低食品本身的营养价值；在达到预期的效果下尽可能降低在食品中的使用量；不采用基因工程获得的产物。

生产绿色食品，食品添加剂的使用原则是尽量不使用食品添加剂；优先使用天然食品添加剂；在天然食品添加剂不能满足生产需要的情况下，可使用规定以外的化学合成食品添加剂。应按照 GB 2760-2024《食品安全国家标准　食品添加使用标准》规定的品种及其适用食品名称、最大使用量和备注使用允许使用的食品添加剂。

（四）绿色食品包装贮运标准（图 1-7）

1. 绿色食品包装通用准则

绿色食品包装的基本要求有以下 4 点。①适合性：应根据不同绿色食品的类型、性质、形态和质量特性等，选用符合本标准规定的包装材料并使用合理的包装形式来保证绿色食品的品质，同时利于绿色食品的运输、贮存，并保障物流过程中绿色食品的质量安全；②严密性：需要进行密闭包装的应包装严密，无渗漏；要求商业无菌的罐头食品，空罐应达到减压或加压试漏检验要求，实罐卷边封口质量和焊缝质量完好，无泄漏；③减量化：包装的使用应实行减量化，包装的体积和质量应限制在最低水平，包装的设计、材料的选用及用量应符合 GB 23350-2009 的规定；④易回收降解：宜使用可重复使用、可回收利用或生物降解的环保包装材料、容器及其辅助物，包装废弃物的处理应符合 GB/T 16716.1-2018 的规定。宜采用单一材质的材料、易分开的复合材料、方便回收或可生物降解材料。

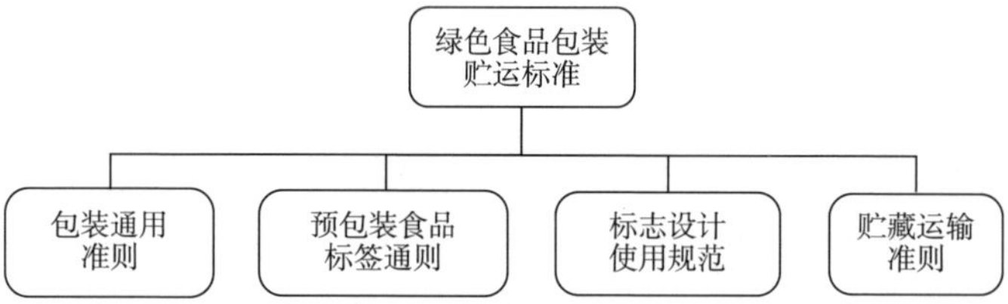

图 1-7　绿色食品包装贮运标准图

2. 绿色食品贮藏运输准则

（1）贮藏

①贮藏设施建设：周围环境应清洁和卫生，并远离污染源；按食品类别贮藏规范设计；建筑材料不能污染食品；具有防虫、防鼠、防鸟的功能。

②贮藏管理：定期打扫和消毒，防止污染；优先使用物理或机械的方法进行消毒，消毒剂的使用应符合 NY/T 393-2020 和 NY/T 472-2023 的规定。经检验合格的绿色食品才能出入库。不应与非绿色食品混放；不应和有毒、有害、有异味、易污染物品同库存放。贮藏条件应符合相应食品的温度、湿度和通风等贮藏要求。

应优先采用紫外光消毒等物理与机械的方法和措施进行保质；使用药剂的种类、剂量和使用方法应符合 NY/T 393-2020 和 NY/T 472-2023 的规定。管理和工作人员应建立卫生管理制度，管理人员应遵守卫生操作规定。应建立贮藏设施管理记录程序。

（2）运输（防污、防混、保鲜保质）

①运输工具：运输应专车专用，不应使用装载过化肥、农药、粪土及其他可能污染食品的物品而未经清污处理的运输工具运载绿色食品。运输工具在装入绿色食品之前应清理干净，必要时进行灭菌消毒，防止害虫感染。运输工具的铺垫物、遮盖物等应清洁、无毒、无害。

②运输管理：运输过程中采取控温措施；保鲜用冰应符合 SC/T 9001-1984 的规定。不同种类的绿色食品运输时应严格分开，性质相反和互相串味的食品不应混装在一个车（箱）中。不应与化肥、农药等化学物品及其他任何有害、有毒、有气味的物品一起运输。装运前应进行食品质量检查，在食品、标签与单据三者相符合的情况下才能装运。运输包装应符合 NY/T 658-2015 的规定。运输过程中应轻装、轻卸，防止挤压和剧烈震动。运输过程应有完整的档案记录，并保留相应的单据。

（五）绿色食品产品标准

现行有效绿色食品产品标准 129 项（截至 2023 年），基本涵盖种植业、畜禽养殖业、渔业和加工业产品（图 1-8）。产品标准为大类标准，如 NY/T 750-2020《绿色食品　热带、亚热带水果》，包括荔枝、龙眼等 22 种水果。产品标准主要包括感官指标、理化指标、农药残留、兽药残留、污染物限量、食品添加剂限量、真菌毒素、微生物等。

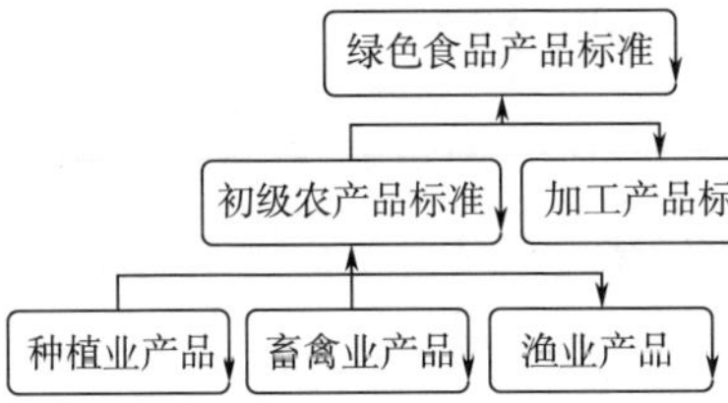

图 1-8　绿色食品产品标准图

（六）标准获取途径

（1）从中国农业出版社购买标准文本。

（2）下载地址：www. greenfood. agri. cn 中国绿色食品发展中心网站业务指南/绿色食品/技术标准/现行标准。

（3）食品伙伴网：http：//down. foodmate. net/standard/index. html。

任务实施

1. 培训小组派一人进行培训讲解。
2. 课堂分析、交流、讨论相关知识。
3. 教师指导、评价。
4. 用自编习题进行培训考核。

任务作业

1. 简述制定绿色食品标准的原则。
2. 简述制定绿色食品标准的依据。
3. 绿色食品标准的作用是什么?
4. 绿色食品标准的特点是什么?
5. 绿色食品其他相关标准主要包括什么?

任务考核

1. 以绿色食品猪肉为例,说一下绿色食品全程质量控制的主要环节有哪些?
2. 设计方案

以牛奶为例,从原料生产,到食品加工、包装、运输,分块进行分析,找出在食品加工过程中可能出现的污染(包括食品加工过程对食品、环境所造成的污染);请设计一个方案尽量减少整个过程中可能出现的污染。评价标准如表 1-1。

表 1-1　评价表

内容		评价标准	分值
可能出现的污染	原料生产	奶牛的生活环境、奶牛的身体、挤奶过程	15
	食品加工	厂房环境、加工设备、加工过程的杀菌和冷却	15
	包装	包装材料及包装材料的灭菌	10
	运输	运输工具及运输的温度、光线	10
减少污染的措施	原料生产	奶牛的生活环境、奶牛的身体、挤奶过程符合绿色食品畜禽生产要求即可	15
	食品加工	厂房环境、加工设备、加工过程符合绿色食品加工产品要求即可	15
	包装	包装材料的选择及应用符合绿色食品包装要求即可	10
	运输	符合绿色食品运输要求即可	10

绿色食品标准任务考核答案

知识链接

绿色食品质量安全突发事件应急预案

项目二

绿色食品标志使用权的申请

任务一 申请绿色食品标志使用权

任务导入

某有限公司计划为公司产品——A品牌绿豆申报绿色食品标志使用权，不知如何申报，请帮助他们申请绿色食品标志的使用权。

任务要求

素质目标

1. 通过小组成员间的分工合作，树立团结合作意识。
2. 通过学习绿色食品相关文件，树立遵纪守法意识。

知识目标

1. 了解绿色食品产品的分类。
2. 熟悉绿色食品产品标志的申报条件。
3. 掌握绿色食品标志的许可审查程序。

能力目标

1. 能够正确熟练填写《绿色食品标志使用申请书》。
2. 能够随时关注有关绿色食品文件的更新。
3. 具备良好的沟通、交流能力以及获取信息、使用信息的能力。

任务准备

1. 查阅有关申请绿色食品标志使用权的文件。

2. 查阅有关绿色食品标志许可审查程序及要求（中国绿色食品发展中心网：http：//www. greenfood. org. cn/）。

3. 每组做一份帮助 A 品牌绿豆申报绿色食品标志使用权的方案。

4. 下载《绿色食品标志使用申请书》并填写，产品自选。

相关知识

绿色食品标志许可由中国绿色食品发展中心开展。为确保绿色食品事业的健康发展，促进生态环境的保护与改善，保证绿色食品标志的严肃性与公正性，维护绿色食品信誉及消费者利益，使用绿色食品标志，必须按照《绿色食品标志管理办法》的有关规定，由自愿使用并支付标志使用费的企业提出使用申请，经国家绿色食品中心按程序审核、考察认定，授予绿色食品标志使用权。

一、绿色食品的产品类别

绿色食品按产品级别分类，包括初级产品、初级加工产品、深加工产品等；按产品类别分类，包括农林产品及其加工品、畜禽类、水产类、饮品类和其他产品五大类。

按国家商标类别划分的第 5、29、30、31、32、33 类中的大多数产品均可申请认证；以“食”或“健”字登记的新开发产品可以申请认证；经卫生部公告既是药品也是食品的产品可以申请认证；暂不受理油炸方便面、叶菜类酱菜（盐渍品）、火腿肠及作用机理不甚清楚的产品（如减肥茶）的申请。

可以申报绿色食品标志的产品，具体介绍如下：

（1）农林产品及其加工品　小麦、小麦粉、大米、大米加工品、玉米、玉米加工品、大豆、大豆加工品、油料作物产品、食用植物油及其制品、糖料作物产品、机制糖、杂粮、杂粮加工品、蔬菜、冷冻保鲜蔬菜、蔬菜加工品、鲜果类、干果类、果类加工品、食用菌及山野菜、食用菌及山野菜加工品、其他食用农林产品、其他农林加工产品。

（2）畜禽类产品　猪肉、牛肉、羊肉、禽肉、其他肉类、肉食加工品、禽蛋、蛋制品、液体乳、乳制品、蜂产品。

（3）水产类产品　水产品、水产加工品。

（4）饮品类产品　瓶（罐）装饮用水、碳酸饮料、果蔬汁及其饮料、固体饮料、其他饮料、冷冻饮品、精制茶、其他茶、白糖、啤酒、葡萄酒、其他酒类。

（5）其他产品　方便主食品、糕点、糖果、果脯蜜饯、食盐、淀粉、调味品类、食品添加剂。

（6）绿色食品不接受转基因技术，不受理一切转基因原料生产（饲养）加工出来的产品。

二、绿色食品申报条件

1. 绿色食品申请人资质条件

随着绿色食品事业的发展，为了进一步规范管理申请使用绿色食品标志的生产单位，对标志申请人条件做了如下规定。

（1）能够独立承担民事责任，如企业法人、农民专业合作社、个人独资企业、合伙企业、家庭农场等，国有农场、国有林场和兵团团场等生产单位。

（2）具有稳定的生产基地。

（3）具有绿色食品生产的环境条件和生产技术。要能控制产品生产过程，落实绿色食品生产操作规程，确保产品质量符合绿色食品标准。

（4）具有完善的质量管理体系，并至少稳定运行一年。

（5）具有与生产规模相适应的生产技术人员和质量控制人员。

（6）申请前三年内无质量安全事故和不良诚信记录。

（7）与绿色食品工作机构或检测机构不存在利益关系。

下列情况之一者，不能作为申请人：

（1）与中国绿色食品发展中心及各级绿色食品委托管理机构有经济和其他利益关系的；

（2）能够导致消费者对产品（原料）的来源产生误解或不信任的企业，如使用来自批发市场、粮库等地原料的企业；

（3）纯属商业经营的企业；

（4）政府和行政机构。

2. 绿色食品申报产品条件

（1）国家要求　《中华人民共和国食品安全法》《中华人民共和国农产品质量安全法》，在国家工商总局商标局核定的范围内（国际商标类别分类的第 5、29、30、31、32、33 类 297 个品种）。

（2）绿色食品要求　应为现行《绿色食品产品标准适用目录》（2019）范围内产品；应具备食品属性（对照药食同源清单、新食品原料数据库判断），涉及“可用于保健食品的物品名单”中的产品应获得保健食品审批。

三、绿色食品标志初次申请审查程序

凡具有绿色食品生产条件的国内企业均可按本程序申请绿色食品认证，境外企业另行规定。企业提交申请和相关材料，经过文审（必要时省绿办到现场指导）、现场检查，同时安排环境质量现状调查和产品抽样，检查结果、环境检测和产品检测报告汇总后，合格者颁发证书。证书有效期是 3 年。绿色食品认证流程如

图 2-1 所示。

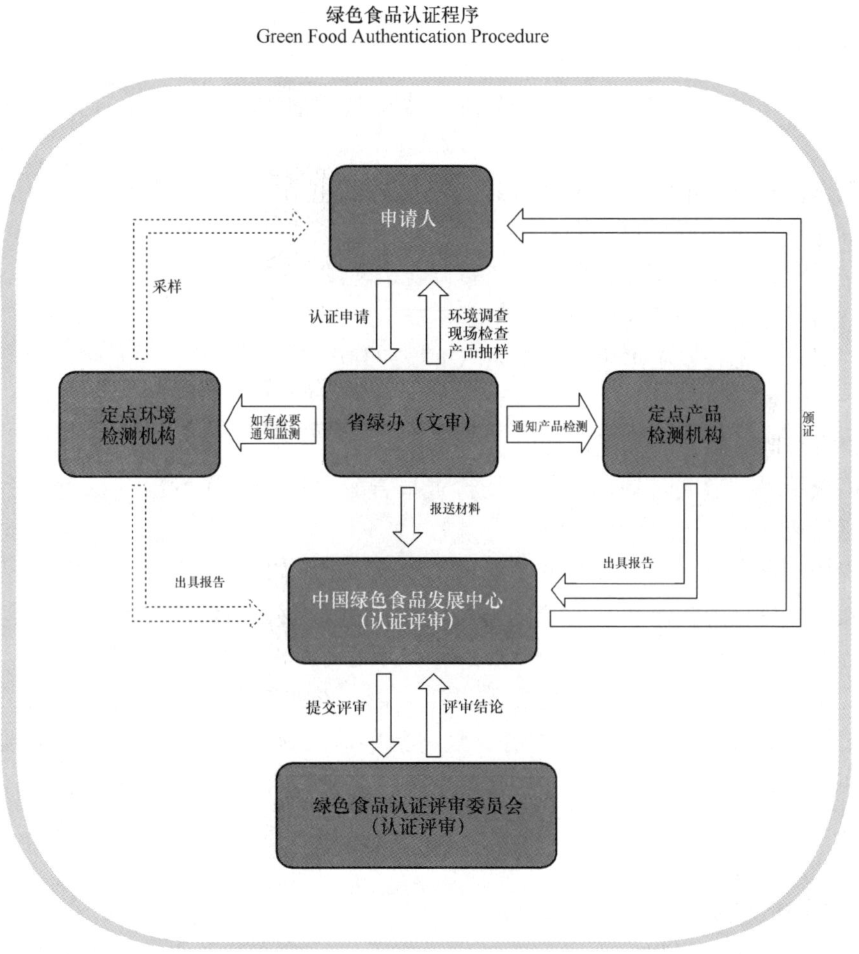

图 2-1　绿色食品认证程序

1. 提交申请

申请时间：产品收获、屠宰或捕捞前 3 个月。

申请方式：①申请人登录“中国绿色食品发展中心”网站，下载并填写《绿色食品标志使用申请书》和《产品调查表》，并按清单要求准备相关材料；②向所在省级工作机构提出申请，完成网上在线申报并提交相关材料。

申请人向所在省级绿色食品工作机构（简称省绿办）提出申请，完成网上在线申报并提交《绿色食品标志使用申请书》《企业及生产情况调查表》及以下材料：保证执行绿色食品标准和规范的声明，生产操作规程（种植规程、养殖规程、加工规程），对“基地+农户”的质量控制体系（包括合同、基地图、基地和农户清单、管理制度)，产品执行标准，产品注册商标文本（复印件)，营业执照(复印件)，企业质量管理手册，要求提供的其他材料（通过体系认证的，附证书复印件)。

2. 受理审查

省级（市县级）工作机构自收到申请材料之日起 10 个工作日内完成材料审查。

工作机构重点审查申请人和申报产品条件和申请材料的完备性，向申请人发出《绿色食品申请受理通知书》。

材料审查合格，受理并根据生产季节安排现场检查。

材料不完备，按照要求补充并重新提交。

材料审查不合格，本生产周期内不再受理其申请。

3. 现场检查

检查时间：申报产品生产期内。

检查结果：形成《绿色食品现场检查报告》并向申请人发出《绿色食品现场检查意见通知书》。

现场检查合格，申请人按照《现场检查意见通知书》要求，委托中国绿色食品发展中心指定的检测机构对产地环境、产品进行检测和评价。检测机构名单可在中心网站上查询。现场检查不合格，本生产周期内不再受理其申请。

现场检查前，省级工作机构提前告知申请人并向其发出《绿色食品现场检查通知书》，明确现场检查计划，并在计划得到申请人确认后根据申请产品类别组织至少两名具有相应资质的检查员组成检查组，在材料审查合格后 45 个工作日内组织完成现场检查（受作物生长期影响可适当延后)。现场检查工作在产品及产品原料生产期内实施。

现场检查要求：

(1) 申请人应当根据现场检查计划做好安排。检查期间要求主要负责人、绿色食品生产负责人、内检员或生产管理人员、技术人员等在岗，开放场所设施设备，备好文件记录等资料。

(2) 检查员在检查过程中应当收集好相关信息，做好文字、影像、图片等信息记录。现场检查完成后，检查组在 10 个工作日内向省级工作机构提交《绿色食品现场检查报告》。

4. 产地环境、产品检测和评价

申请人按照《绿色食品现场检查意见通知书》的要求委托检测机构对产地环境、产品进行检测和评价。检测机构接受申请人委托后，分别依据 NY/T 1054-2021《绿色食品　产地环境调查、监测与评价规范》和 NY/T 896-2015《绿色食品　产品抽样准则》及时安排现场抽样，并自环境抽样之日起 30 个工作日内、产品抽样之日起 20 个工作日内完成检测工作，出具《环境质量监测报告》和《产品检验报告》，提交省级工作机构和申请人。抽样应由绿色食品检测机构组织实施，当检测机构无法完成抽样任务时，可委托当地绿色食品工作机构进行。

环境免测情况：①申请人提供了近一年内绿色食品检测机构或国家级、部级检测机构出具的《环境质量监测报告》，且符合绿色食品产地环境检测项目和质量要求的，可免做环境抽样检测；②如经检查组调查确认产地环境质量符合《绿色食品　产地环境质量》（NY/T 391-2021）和《绿色食品　产地环境调查、监测与评价规范》（NY/T 1054-2021）中免测条件的，可做出免做环境检测的决定。

5. 初审

省级工作机构自收到《绿色食品现场检查报告》《环境质量监测报告》和《产品检验报告》之日起 20 个工作日内完成初审。初审合格的，将相关材料报送中心，同时完成网上报送；不合格的，通知申请人本生产周期不再受理其申请，并告知理由。

初审合格：申报材料完备可信、现场检查报告真实规范、环境和产品检验报告合格有效。

6. 认证审核

中心自收到省级工作机构报送的完备申请材料之日起 30 个工作日内完成书面审查，提出审查意见，并通过省级工作机构向申请人发出《绿色食品审查意见通知书》。审核结论为“需要补充材料”者，申请人应在《绿色食品审查意见通知书》规定时限内补充相关材料，逾期视为自动放弃申请；审核结论为“需要现场核查”者，由中心委派检查组再次进行检查核实；审核结论为“合格”者，中心在 20 个工作日内组织召开绿色食品专家评审会，并形成专家评审意见。

7. 认证评审和颁证

中心根据专家评审意见，在 5 个工作日内做出是否颁证的决定，并通过省级工作机构通知申请人。同意颁证的，进入绿色食品标志使用证书（以下简称“证书”）颁发程序；不同意颁证的，告知理由。

中国绿色食品发展中心负责证书的颁发、变更、注销与撤销等管理事项。省级绿色食品工作机构（以下简称“省级工作机构”）负责证书转发、核查，报请中心核准证书注销、撤销等管理工作。证书内容包括产品名称、商标名称、生产单位及其信息编码、核准产量、产品编号、标志使用许可期限、颁证机构、颁证日期等。证书分中文、英文两种版式，具有同等效力。绿色食品评审委员会在收到认证材料、认证处审核意见后 10 个工作日内进行全面评审，并做出认证终审结论。

认证终审结论分为两种情况：认证合格和认证不合格。结论为“认证不合格”时，评审委员会秘书处在做出终审结论 2 个工作日内将认证结论通知单发送申请人，并抄送省绿办。本生产周期不再受理其申请。结论为“认证合格”时，中心在5个工作日内将办证的有关文件寄送申请人，并抄送省绿办。申请人在60个工作日内与中心签订绿色食品标志商标使用许可合同，由中心主任签发证书。

绿色食品标志初次申请审查程序（微课）

领取绿色食品标志使用证书时，需同时办理如下手续：

①缴纳标志服务费；②如不是法人代表本人办理，需出示法人代表的委托书；③定制绿色食品标志防伪标签；④与中心签订绿色食品标志商标使用许可合同。

绿色食品初次申请材料如图2-2所示。

- 申请人填写并提供
  - 1.《绿色食品标志使用申请书》和《产品调查表》
  - 2.质量控制规范
  - 3.生产规程
  - 4.基地位置图和地块分布图
  - 5.基地来源及相关权属证明，基地（农户）清单
  - 6.预包装食品标签设计样张（仅预包装产品提供）
  - 7.中国绿色食品发展中心要求提供的其他相关文件
  - 8.国家农产品质量安全追溯管理信息平台注册证明
- 检测机构出具
  - 9.环境质量检测报告
  - 10.产品检验报告及产品抽样单

图2-2 绿色食品初次申请材料清单

中国绿色食品发展中心将对履行了上述手续的产品实行统一编号，颁发绿色食品使用证书，并向社会发布通告。绿色食品证书有效期为三年，期满后仍需使用绿色食品标志的，需要提出续展申请并接受检查和审查。

四、绿色食品续展认证

绿色食品标志使用证书有效期为三年，自中心与标志使用人签订绿色食品标志使用合同之日起生效。在此期间，绿色食品生产企业须接受中国绿色食品发展中心委托的监测机构对其产品进行抽检，并履行“绿色食品标志使用协议”。期满时，如果继续使用绿色食品标志，须于期满前90天办理重新申请手续。经审查合格，准予续展的，证书有效期自上期证书有效期期满次日计算。

（一）续展认证需要的材料（图2-3）

（1）《绿色食品续展认证申请书》；

（2）法定资质文件复印件（包括营业执照、商标注册证、国家强制要求办理的有关证书等）；

（3）经核准的绿色食品证书复印件；

（4）续展期原料购销合同及批次购买票据复印件（包括公司与基地的协议或

合同、基地清单）；

（5）自有基地证明材料；

（6）预包装产品包装标签或设计样；

（7）要求提供的其他材料。

申请人填写并提供：
1.《绿色食品标志使用申请书》和《产品调查表》
2. 生产记录
3.基地位置图和地块分布图
4.基地来源及相关权属证明，基地（农户）清单
5.预包装食品标签设计样张（仅预包装产品提供）
6.上一用标周期绿色食品证书复印件
7.中国绿色食品发展中心要求提供的其他相关文件

检测机构出具：
8.产品检验（或抽检）报告及产品抽样单

图 2-3　绿色食品续展认证申请材料清单

（二）续展基本程序

提出续展申请→受理、文审→现场检查、产品抽样→环境监测→产品检测→认证审核→颁证

1. 提出申请

标志使用人应当在证书有效期满 3 个月前向省级工作机构提出续展申请。提交《绿色食品标志使用申请书》和《产品调查表》，并按清单要求准备相关材料。逾期未提出续展申请，或者申请续展未获通过的，不得继续使用绿色食品标志；再行申请时，执行“初次申请”程序。

2. 环境检测

产地环境未发生变化，省级工作机构需出具是否免测的意见。

3. 产品检测

上一用标周期第三年度抽检报告可以作为续展产品质量证明材料。

五、绿色食品标志使用人的权利和义务

绿色食品标志使用人在证书有效期内享有下列权利：在获证产品及其包装、标签、说明书上使用绿色食品标志。在获证产品的广告宣传、展览展销等市场营销活动中使用绿色食品标志。在农产品生产基地建设、农业标准化生产、产业化经营、农产品市场营销等方面优先享受相关扶持政策。

绿色食品标志使用人在证书有效期内应当履行下列义务：严格执行绿色食品标准，保持绿色食品产地环境和产品质量稳定可靠。遵守标志使用合同及相关规定，规范使用绿色食品标志。积极配合县级以上人民政府农业行政主管部门的监督检查及其所属绿色食品工作机构的跟踪检查。

任务实施

1. 小组代表汇报“帮助A品牌绿豆申报绿色食品标志使用权”的方案及填写的申请书。

2. 请同学们在课堂上探讨，分析，交流，教师指导。

3. 建立模拟公司，每人填写一份《绿色食品标志使用申请书》。

任务作业

1. 申请绿色食品标志的单位（以下简称申请人）需要具备的条件。

2. 简单叙述绿色食品标志初次申请审查程序。

3. 绿色食品标志监督管理的具体内容有哪些？

4. 假冒绿色食品标志应怎样处理？

任务考核

一、填空题

1. 绿色食品认证管理机构是（　　），是绿色食品证书唯一的颁证机构。

2. 绿色食品标志图形由三部分构成，即上方的（　　）、下方的（　　）和中心的（　　）。

3. 消费者在市场上选购绿色食品时，应该选择产品包装上同时具备（　　）、（　　）、（　　）及（　　）的食品。

4. 获得绿色食品标志使用权的企业，当企业名称、产品名称或商标发生变化时，应办理（　　）手续。

5. 绿色食品标志使用证书有效期为（　　）年，自中心与标志使用人签订绿色食品标志使用合同之日起生效。期满时，如果继续使用绿色食品标志，须于期满前（　　）天办理重新申请手续。

二、判断题

1. 绿色食品标志图形为圆形，意为保护、安全。（　　）

2. 绿色食品标志商标和企业注册商标可以同时在产品包装上使用。（　　）

3. 绿色食品产品编号用于绿色食品证书，形式为 LB-××-×× ×× ×× ××××。其含义顺序是：“绿标”汉语拼音缩写、产品分类、批准年度、批准月份、省份（国别）、产品序号、产品分级。（　　）

4. 转基因大豆可以申请绿色食品标志使用。（　　）

5. 绿色食品企业可在自愿互利的条件下，将绿色食品标志转让或许可给第三者使用。（　　）

申请绿色食品标志使用权任务考核答案

知识链接

申请人材料要求

申请使用绿色食品标志上报的材料及填写规范

绿色食品认证文审要点及评判标准

模拟企业申报绿色食品标志使用相关资料

新版绿色食品标志使用申请书

绿色食品续展申请审查

资料卡

申诉申请　申请人如对受理、现场检查、初审、审查等意见结果或颁证决定有异议，应于收到上述意见决定通知后10个工作日内向中心提出申诉。申诉方需提交书面申请并说明对处理意见提出异议的理由，同时应尽可能提交相关证据。申诉一定要申请人提出正式申请，不同于补充材料。

任务二　创建绿色食品生产基地

任务导入

××有限公司的绿豆获得绿色食品标志使用权后，为减少成本，扩大生产规模，想将自己原有的种植基地申请为绿色食品生产基地，应如何申请？请你帮助指导他们创建全国绿色食品原料标准化生产基地。

任务要求

素质目标

1. 通过小组成员间的分工合作，树立团结合作和勇于创新的意识。
2. 通过学习绿色食品相关文件，形成自律、自强的优良品格。

知识目标

1. 了解绿色食品原料生产基地的标准。
2. 掌握创建全国绿色食品原料标准化生产基地的程序。

能力目标

1. 能够随时关注有关绿色食品文件的更新。
2. 具备良好获取信息、使用信息的能力。

任务准备

1. 每组查阅一份有关创建全国绿色食品原料标准化生产基地的学习资料。
2. 每组做一份创建全国绿色食品原料标准化生产基地的工作实施方案。
3. 每组将负责的学习内容编制成5道测试题（附答案及解析）。

相关知识

一、绿色食品基地概述

（一）绿色食品生产基地

中国绿色食品发展中心根据一定标准认定具有一定生产规模、生产设施条件及技术保证措施的食品生产企业或行政区域为绿色食品生产基地。

根据产品类别不同，绿色食品生产基地分为绿色食品原料生产基地、绿色食品加工品生产基地和绿色食品综合生产基地三类。

绿色食品生产企业按规定的有关程序提出申请，经中国绿色食品发展中心批准后，方可成为绿色食品生产基地。

（二）绿色食品原料生产基地标准

绿色食品原料标准化生产基地是确保农产品有效供给、提高农产品质量安全水平的重要手段，是推进现代农业规模化、标准化和品牌化的有效途径，是促进区域经济发展、增加农民收入的重要举措。同时还对推进现代化农业建设和农业生产方式转变发挥着重要的作用。

绿色食品原料生产基地必须同时符合下列条件。

（1）绿色食品须为该企业的主导产品，其产值或种养规模应占企业农业产值或总种养规模的60%以上。

（2）必须具备完善的绿色食品生产管理机构，并制定出相应的管理技术措施和规章制度。

①种植类企业必须制定作物病虫害防治措施、杂草防治措施、轮作计划、施肥计划、农药使用计划、仓库卫生措施。

②养殖类企业须制定疫病防治措施、饲料检验措施（含饮用水）、畜舍清洁措施。

③以上两类企业还必须建立严格的档案制度（详细记录绿色食品生产情况、生产资料购买使用情况、病虫害发生处置情况等）、检查制度。

（3）一种或一种以上的绿色食品产品必须达到的生产规模如表2-1所示。

表2-1　绿色食品原料生产基地必须达到的产品生产规模

产品类别	生产规模	说明
粮食、大豆类	年产1万t（或20000亩以上）	因地域、品质差异、此栏中三类产品规模可适当调整
蔬菜	大田1000亩以上（或保护地200亩以上）	
水果	年产3000t以上（或5000亩以上）	
茶叶	年产干毛茶300t以上（或5000亩以上）	
杂粮	年产250t以上（或5000亩以上）	
蛋鸡	年存栏15万只以上	
蛋鸭	年存栏5万只以上	
肉鸡	年屠宰加工150万只以上	
肉鸭	年屠宰加工50万只以上	
乳牛	成乳牛存栏数400头以上	单产奶4000kg/年以上为成乳牛
肉牛	年出栏数2000头以上	
猪	年出栏数5000头以上	
羊	年存栏1万只以上	
淡水养殖	养殖面积5万亩以上或精养鱼塘500亩以上	养池塘面积包括鱼池、种池

注：1亩=666.6m^2。

（4）接受绿色食品知识培训的专业技术人员应占职工人数的5%以上。

（5）必须具备相对独立的生态环境，并采取行之有效的环境保护措施，使该环境保持在持续稳定的良好状态下。

（6）必须具备完善配套的生产设施和机械，保证稳定的生产规模，有抵御一般自然灾害的能力。

（三）绿色食品加工品生产基地的标准

绿色食品加工品生产基地必须同时符合下列条件。

（1）绿色食品加工品必须为该企业的主导产品，其产量或产值占该加工企业总产量或总产值的60%以上。

（2）达到大中型企业规模（以资产衡量）。

（四）绿色食品综合生产基地的标准

（1）绿色食品综合生产基地应同时具有绿色食品原料产品及绿色食品加工产品。

（2）同时符合绿色食品原料生产基地及绿色食品加工品生产基地的标准。

二、绿色食品生产基地选择的原则

边远省区、农村农业生态环境相对良好是绿色食品产地的首要选择。城市郊区受城市污染较轻或未受污染，农业生态环境现状较好，也是绿色食品产地选择的理想区域。

（一）大气要求

要求产地及产地周围不得有大气污染源，特别是上风口不得有污染源，如化工厂、钢铁厂、水泥厂等，不得有有毒、有害气体排放，也不得有烟尘和粉尘。生产生活用的燃煤锅炉是大气中二氧化硫和飘尘的重要来源，燃煤锅炉需要装置设备除尘、硫。

（二）用水要求

必须满足绿色食品生产过程中用水的需要。除了对水数量有一定要求外，如地面水的多少、分布、地下水资源的多少及降水的多少，更重要的是对水环境质量的要求，生产用水不能含有污染物，特别不能含有是重金属和有毒有害物质，如汞、铅、铬、镉、酚、苯、氰等。如果是食品加工厂，加工水质量将直接影响到产品质量。绿色食品生产基地要选择在地表水、地下水水质清洁无污染的地区，要远离对水造成污染的工厂、矿山，产地应位于水源的上游。对于某些因地质原因而致使水中有害物质（如氟）超标的地区，应尽量避开。

（三）土壤要求

要求绿色食品生产基地位于土壤元素背景值正常区域，产地及产地周围没有金属或非金属矿山，并未受到人为污染。土壤中无农药残留。在选择绿色食品产地时考虑土壤肥力指标，选择土壤有机质含量较高的地区。对于土壤中某些元素自然本底高，如放射性元素高本底、重金属元素高本底等的地区，不宜作绿色食品产地。

（四）生态多样性及环境要求

绿色食品生产基地选择要考虑生物多样性、生态环境的基础建设，为了保证绿色食品产地整体处于健全的生态环境之中，保证绿色食品生产能持续、稳定发展，还应考虑产地生物多样性、生态环境的基础建设。在区域内建立生态环境保护区，植树造林、退耕还林、退耕还草、宜林则林，宜牧则牧，防止土壤沙化、盐渍化和水土流失，培肥地力，搞好农田水利建设，发展生态农业，保持区域内生态环境的稳定和可持续发展，以保证原料生长和产品生产有一个良好环境。

三、绿色食品生产基地管理

为加强全国绿色食品原料标准化生产基地的监督管理，根据《关于创建全国绿色食品原料标准化生产基地的意见》和《全国绿色食品原料标准化生产基地验收办法》的有关规定，中国绿色食品发展中心制定并颁布了《全国绿色食品原料标准化生产基地监督管理办法》(以下简称《办法》)。

该《办法》明确了基地管理工作由农业部绿色食品管理办公室和中国绿色食品发展中心及省级绿色食品办公室负责组织实施，同时明确了各级管理机构的监督管理工作职责；确定了年度检查由基地建设单位自查，省绿办实地检查，农业部绿色食品管理办公室和中心备案审查的基地监督管理方式。《办法》对基地监督管理工作年度考核与奖惩办法也作了规定。

在绿色食品生产基地的管理上还有以下要求：

(1) 绿色食品标志只能使用在被认定的生产地块、按绿色食品生产操作规程生产出的产品上，未认定的地块、按其他方式生产的产品，不得使用绿色食品标志。

(2) 绿色食品标志还可以使用在以下方面：建筑物内外挂贴性装潢；广告、宣传品、办公用品、运输工具、小礼物等。

(3) 绿色食品生产基地自批准之日起六年内有效。到期要求继续作为绿色食品生产基地的，需要在有效期满前的半年内提出续报。否则，视为自动放弃。

(4) 基地生产者在绿色食品地块要设置展板，记载如下事项：绿色食品××基地生产地块；作物名称；产地编号；种植面积；负责人；时间。

(5) 基地生产者田间档案记录在收获后由专门机构统一保存六年。

(6) 基地必须使用经绿色食品发展中心推荐的绿色食品肥料、农药、添加剂等生产资料。

四、全国绿色食品原料标准化生产基地建设

(一) 总则

1. 绿色食品原料标准化生产基地定义

符合绿色食品产地环境质量标准、绿色食品技术标准，按全程质量控制体系等要求实施生产与管理，建立健全并有效运行基地管理体系，具有一定规模的，经中国绿色食品发展中心审核批准的种植区域或养殖场所。

2. 基地建设与管理工作职责划分

中国绿色食品发展中心：负责基地的审核认定、基地监管工作的督导。

省级工作机构：负责本行政区域内基地创建、验收、续报申请的受理、初审，并负责基地建设指导和监督管理工作。

基地建设单位：负责基地建设和日常管理工作，按照国家法律法规及绿色食品基地建设相关制度规范基地生产行为，接受省级工作机构监督管理，保证基地产品质量安全，并对基地原料产品质量及信誉负责。

3. 基地建设要求

基地建设七大体系：组织管理体系、技术服务体系、生产管理体系、基础设

施体系、农业投入品管理体系、产业化经营体系、监督管理体系。

（二）基地创建

1. 创建基地关键点

基本结束小规模农户分散生产经营模式，初步具备产业化对接企业或农民专业合作社参与基地日常生产管理、监督与营销的条件。创建材料无须提供大量合同复印件。

2. 基地验收条件

对接企业获得绿色食品证书产品产量所对应的原料量和覆盖面积不得低于基地总产量和总面积的30%。具备一定的绿色食品工作基础，包括已有绿色食品管理人员、具有绿色食品产品申报及管理经验。基地试验示范田应组织开展绿色食品生产资料、绿色防控技术等大田试验、数据分析等，推广病虫害统防统治及绿色防控技术。对创建蔬菜和水果基地，要求“基地原料产品已有对接加工企业收购并已开发出绿色食品产品，或属于供港澳蔬菜种植基地、备案的出口蔬菜种植基地”。明确基地建设小组成员单位职责、基地单元负责人、技术服务、综合管理人员名单、农户联系方式、管理体系架构等。要有绿色食品专项培训制度（全员培训）。在基地各生产单元的农户生产、生活区设置绿色食品生产技术宣传栏（形式不限），向基地内农户普及绿色食品标准和相关生产技术。宣传栏必须覆盖全部基地单元。

3. 投入品管理

投入品监管具体要求：每年至少完成4次对县域内投入品流通渠道、基地绿色食品生产用投入品专供点以及基地内投入品使用情况进行的专项监督检查。

4. 申请创建基地需提交的材料

创建申请表、基地地图生产单元分布图、两项证明材料、组织管理体系文件6个、基地建设管理制度6项、企业与农户对接监管模式、试验田相关文件、购销协议复印件。

证明材料：县级环保部门出具的基地环境现状证明材料及创建基地建设规划、措施和经费保障等相关证明材料。

基地建设组织管理体系文件有成立基地建设领导小组文件、成立基地建设办公室文件、基地具体工作人员名单、各基地单元全部农户档案（以电子表格形式提交）和县、乡、村监督管理队伍体系架构图及县、乡、村农业技术推广服务体系架构图。

基地建设管理制度包括基地环境保护制度、生产技术指导和推广制度、绿色食品专项培训制度、生产档案管理和质量可追溯制度、农业投入品管理制度、综合监督管理及检验检测制度。

基地试验田相关文件包括拟设基地试验田位置图、管理人员名单及职责分工、运行管理制度、试验成果推广制度、布点科学合理、辐射覆盖全部基地生产单元。

（三）创建基地申请程序

（1）由县级人民政府向省级工作机构提出创建基地申请，提交第七条要求的全部材料（按所列顺序编制成册）。

（2）省级工作机构根据对申请材料进行初审，对初审合格者进行现场检查，出具报告，并对现场检查合格者，委托符合《绿色食品标志管理办法》第七条规定的检测机构进行基地环境质量监测，并由其出具环境质量监测报告。

（3）省级工作机构将申请材料、环境质量监测报告、现场检查报告、现场检查照片和《创建全国绿色食品原料标准化生产基地省级工作机构初审报告》一并报中心。

（4）中心对省级工作机构递交的材料进行审核。通过审核的单位，由中心批准进入创建期。获批单位与省级工作机构签订《基地创建责任书》，并报中心备案。

（5）自批准创建之日起计算，基地创建期为两年。创建期满，创建单位可根据实际情况提出验收申请或创建延期申请。延期申请经省级工作机构报中心批准后，创建期可延长1年。对逾期未提出任何申请的单位，取消其创建资格。

创建流程图如图2-4所示，续报流程如图2-5所示。

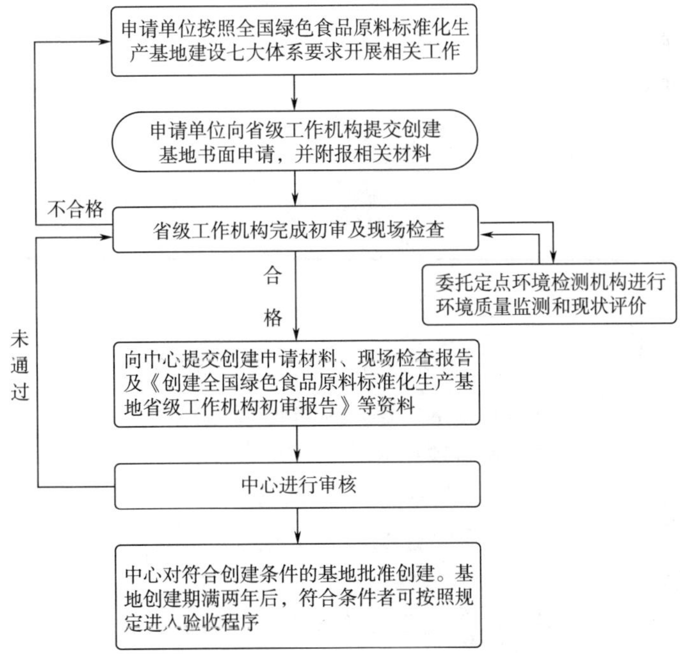

图2-4　全国绿色食品原料标准化生产基地创建流程

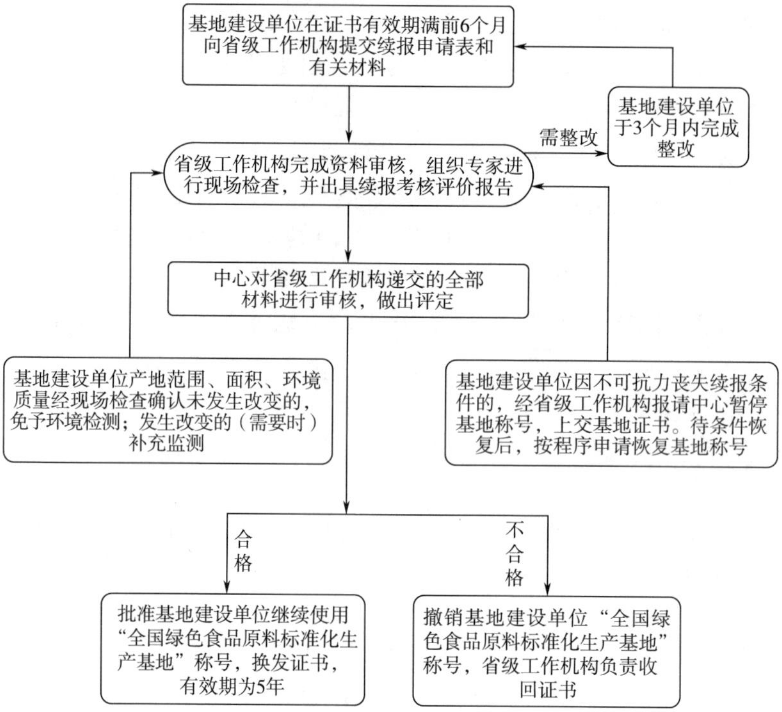

图 2-5　全国绿色食品原料标准化生产基地续报流程

任务实施

1. 各小组互评分析申报方案，教师指导，找出不当之处，使所出具的方案切实可行。

2. 完善申报方案。

3. 用自编试题考核。

任务作业

1. 简述全国绿色食品原料标准化生产基地的申请程序。

2. 绿色食品原料生产基地必须同时符合哪些条件？

任务考核

一、填空题

1. 根据产品类别不同，绿色食品生产基地分为以下三类：（　　）生产基地；（　　）生产基地；（　　）生产基地。

2. 养殖类企业须制定（　　）措施、（　　）措施（含饮用水）、（　　）

措施。

二、判断题

1. 创建绿色食品原料标准化生产基地是扩大绿色食品生产规模的有效途径。(　　)

2. 申请绿色食品认证的产品，虽然其原料产地环境达不到绿色食品质量要求，但其产品质量达到了相应的绿色食品产品标准要求，可以获得绿色食品认证证书。(　　)

绿色食品生产基地申报与认证任务考核答案

知识链接

创建全国绿色食品原料标准化生产基地申报材料清单

全国绿色食品原料标准化生产基地建设与管理办法

任务三　绿色食品生产资料申报与认证

任务导入

李先生是做农资生意的，一次李先生在参加农资博览会时发现其他公司与自己相同类别的产品售价比自己高出很多，并且销售情况很好。李先生经过咨询发现这些公司是卖绿色生产资料的，专门用来生产绿色食品。李先生也想从事这类产品的生意，但是不知怎样办理资格申报和认证，想请你帮忙解释一下绿色食品生产资料申报与认证的流程及要求。

任务要求

素质目标

1. 通过小组成员间的分工合作，树立团结合作意识。
2. 通过学习绿色食品生产资料申报与认证，树立规范操作意识。

知识目标

1. 了解绿色食品生产资料申报要求。
2. 了解绿色食品生产资料认证的流程。
3. 熟悉绿色食品生产资料与常规食品生产资料的区别。
4. 掌握绿色食品生产资料的概念、特征及分类。

5. 掌握绿色食品生产资料申报与认证的要求及申报流程。

能力目标

1. 能够随时关注有关绿色食品生产资料申报与认证文件的更新。
2. 具备独立申报与认证绿色食品生产资料的能力。
3. 通过自编试题、制定方案，提升自主学习能力及知识应用能力。

任务准备

1. 查阅有关绿色食品生产资料的相关文献与资料。
2. 制定一个绿色食品生产资料企业申报资格方案。
3. 拟定一个绿色食品生产资料认证流程方案。
4. 每组将负责的学习内容编制成5道测试题（附答案及解析）。

相关知识

一、绿色食品生产资料概述

1. 什么是绿色生产资料

绿色食品生产资料，是指获得国家法定部门许可、登记，符合绿色食品生产要求以及《绿色食品生产资料标志管理办法》规定，经中国绿色食品协会核准，许可使用特定绿色生资标志的生产投入品。绿色生资标志是在国家商标局注册的证明商标，绿色食品协会是绿色生资商标的注册人，其专用权受《中华人民共和国商标法》保护。绿色生资标志用以标识和证明适用于绿色食品生产的生产资料。

绿色生资管理实行证明商标使用许可制度。绿色食品生产协会按照本办法规定对符合条件的生资企业及其产品实施标志使用许可。未经协会审核许可，任何单位和个人无权使用绿色生资标志。绿色生资标志使用许可的范围包括肥料、农药、饲料及饲料添加剂、兽药、食品添加剂以及其他与绿色食品生产相关的生产投入品。协会负责制定绿色生资标志使用管理规则，组织开展标志使用许可的审核和管理工作。省级绿色食品工作机构负责受理所辖区域内使用绿色生资标志的申请、现场检查、材料审核和监督管理工作。

与普通农业生产资料相比，绿色生资最显著的特点是安全、有效、环保。绿色生资的优越性体现在：绿色生资在产地环境、产品质量、包装标识、标志使用等方面实施监督管理。绿色生资的生产和加工过程中严格按照绿色食品生产技术规程及生资使用准则的要求，建立严格的质量管理体系和生产过程控制体系。此外，绿色生资的证后监管体系以年检、抽检和退出公告等制约机制为手段，进一步保证了产品的质量安全。

2. 绿色生产资料分类

在绿色食品生产过程中参与其中的所有相关商品，包括种植业所包含的种子、肥料、农药；畜牧养殖业的饲料、兽药；食品加工生产中所用的添加剂类商品。具体种类如下：

（1）肥料产品　包括化学肥料、有机肥料、微生物肥料、有机无机复混肥料、微量元素水溶肥料、含腐植酸水溶肥料、含氨基酸水溶肥料、中量元素水溶肥料、土壤调理剂，以及农业部登记管理的、适用于绿色食品生产的其他肥料。

（2）农药产品　包括低毒的生物农药、微生物制剂农药、矿物源农药及部分低毒、低残留有机合成农药等符合 NY/T 393-2020《绿色食品　农药使用准则》的农药产品。

（3）种子产品　自然界中存在的人工驯化品种的种子、常规手段培育的高产品。

（4）饲料及饲料添加剂产品　包括供各种动物食用的单一饲料（包括牧草）、饲料添加剂及添加剂预混合饲料、浓缩饲料、配合饲料和精料补充料。

（5）兽药产品　包括国家兽医行政管理部门批准的微生态制剂和中药制剂；高效、低毒和低环境污染的消毒剂；无最高残留限量规定、无停药期规定的兽药产品。

（6）食品添加剂产品　符合 GB 2760-2014、GB 14880-2012 规定的品种及使用范围，符合《绿色食品　食品添加剂使用准则》。

3. 绿色生产资料标识含义

绿色外圆，代表安全、有效、环保，象征绿色生资保障绿色食品产品质量、保护农业生态环境的理念；中间向上的三片绿叶，代表绿色食品种植业、养殖业、加工业，象征绿色食品产业蓬勃发展；基部橘黄色实心圆点为图标的核心，代表绿色食品生产资料，象征绿色食品发展的物质技术条件（图 2-6）。

图 2-6　绿色食品生产资料标识

二、绿色食品生产资料的申报

1. 绿色食品生产资料申报资格

（1）申请人条件　凡具有法人资格，并获得相关行政许可的生产资料企业，可作为绿色生资标志使用的申请人。申请人应当具备以下资质条件。

①能够独立承担民事责任；

②具有稳定的生产场所及厂房设备等必要的生产条件，或依法委托其他企业生产绿色生资申请产品；

③具有绿色生资生产的环境条件和技术条件；

④具有完善的质量管理体系，并至少稳定运营一年；

⑤具有与生产规模相适应的生产技术人员和质量控制人员。

绿色食品类产品生产厂家的总经销者也可以代表生产企业，代理申报手续。

申报产品必须同时具备下列条件：已在国家有关部门检验，登记，允许生产、销售的产品；有利于保护或促进使用对象的生长，或有利于保护或提高产品的品质；不造成使用对象产生和积累有害物质，不影响人体健康；对生态环境无不良影响。

（2）申请产品条件　申请使用绿色生资标志的产品（以下简称用标产品）必须同时符合下列条件。

①经国家法定部门许可；

②质量符合企业明示的执行标准（包括相关的国家、行业、地方标准及备案的企业标准），符合绿色食品投入品使用准则，不造成使用对象产生和积累有害物质，不影响人体健康；

③有利于保护或促进使用对象的生长，或有利于保护或提高使用对象的品质；

④在合理使用的条件下，对生态环境无不良影响；

⑤非转基因产品和以非转基因原料加工的产品。

2. 绿色食品生产资料申请和审核程序

（1）提出申请　申请人向省级绿色食品工作机构提出申请，并提交《绿色食品生产资料标志使用申请书》及相关材料（一式两份）。有关申请资料可通过协会网站（www. greenfood. org. cn/sites/cgfa）或中国绿色食品发展中心网站（http：//www. greenfood. org. cn/）下载。

（2）初审　省级工作机构在 15 个工作日内完成对申请材料的初审。初审符合要求的，组织至少 2 名有资质的绿色生资管理员在 30 个工作日内对申请用标企业及产品的原料来源、投入品使用和质量管理体系等进行现场检查，并提出初审意见。初审合格的，将初审意见及申请材料报送协会。初审和现场检查不符合要求的，做出整改或暂停审核决定。省级工作机构应当对初审结果负责。

（3）复审　协会在 20 个工作日内完成对省级工作机构提交的初审合格材料和现场检查情况的复审。在复审过程中，协会可根据有关生产资料行业风险预警情况，委托省级工作机构和具有法定资质的监测机构对申请用标产品组织开展常规检项之外的专项检测，检测费用由申请使用绿色生资标志的企业（以下简称申请用标企业）承担。必要时，协会可进行现场核查。复审合格的，协会组织绿色生资专家评审委员会在 15 个工作日内完成对申请用标产品的评审。复审不合格的，协会在 10 个工作日内书面通知申请用标企业，并说明理由。

（4）审核结论　协会依据绿色生资专家评审委员会的评审意见，在 15 个工作日内做出审核结论。审核结论合格的，申请用标企业与协会签订《绿色食品生产资料标志商标使用许可合同》（以下简称《合同》）。审核结论不合格的，协会在 10 个工作日内书面通知申请企业，并说明理由。按照《合同》约定，申请用标企业须向协会分别缴纳绿色生资标志使用许可审核费和管理费。

（5）颁证　完成上述事项后，由协会颁发《绿色食品生产资料标志使用证》（以下简称《使用证》）。

协会对获得绿色生资标志使用许可的产品（以下简称获证产品）予以公告。公告内容包括：企业名称、获证产品名称、编号、商标、核准产量和标志使用有效期等内容。

初审、现场检查和综合审核中任何一项不合格者，本年度不再受理其申请，申请流程如图 2-7 所示。

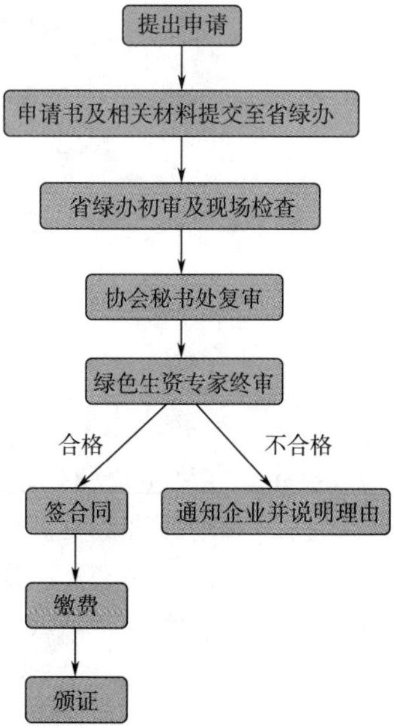

图 2-7　绿色食品生产资料申请流程图

三、绿色生产资料标志使用

获证产品应在其包装上使用绿色生资标志和绿色生资产品编号。具体使用式样参照《绿色食品生产资料证明商标设计使用规范》执行。

（1）绿色生资标志产品编号形式及含义如下：

LSSZ———	××———	××	××	××	××××
绿色生资	产品类别	核准年份	核准月份	省份（国别）	产品序号

省份代码按全国行政区划的序号编码；国外产品，从51号开始，按各国第一个产品获证的先后顺序依次编码。产品编号在绿色生资标志连续许可使用期间不变。

（2）获得绿色生资标志许可使用的企业（以下简称获证企业）可在其获证产品的包装、标签、广告、说明书上使用绿色生资标志及产品编号。标志和产品编号使用范围仅限于核准使用的产品和数量，不得擅自扩大使用范围，不得将绿色生资标志及产品编号转让或许可他人使用，不得进行导致他人产生误解的宣传。

（3）获证产品的包装标签必须符合国家相关标准和规定。

（4）绿色生资标志许可使用权自核准之日起三年内有效，到期愿意继续使用的，须在有效期满前90天提出续展申请。逾期视为放弃续展，不得继续使用绿色生资标志。

（5）《使用证》所载产品名称、商标名称、单位名称和核准产量等内容发生变化，获证企业应及时向协会申请办理变更手续。

（6）获证企业如丧失绿色生资生产条件，应在一个月内向协会报告，办理停止使用绿色生资标志的有关手续。

四、绿色食品生产资料的市场监督管理

由省级绿色食品工作机构开展企业年度检查和标志使用监察等监管工作。

（1）省级绿色食品工作机构按照属地管理原则，负责本地区的绿色生资企业年度检查、标志使用监察和产品质量监督管理工作，定期对所辖区域内获证的企业和产品质量、标志使用等情况进行监督检查。

（2）获证企业有下列情况之一的，由省级绿色食品工作机构做出整改决定。

①获证产品未按规定使用绿色生资标志、产品编号的；

②获证产品的产量（指实际销售量）超过核准产量的；

③违反《合同》有关约定的。

整改期限为一个月，整改合格的，准予继续使用绿色生资标志；整改不合格的，由省级绿色食品工作机构报请绿色食品生产协会取消相关产品绿色生资标志使用权。

（3）对发生下列情况之一的获证企业，由协会对其做出取消绿色生资标志使

用权的决定，并予以公告。

①许可使用绿色生资标志产品不能持续符合绿色生资技术规范要求的；

②违规添加绿色生资禁用品的；

③擅自全部或部分采用未经协会核准的原料或擅自改变产品配方的；

④未在规定期限内整改合格的；

⑤丧失有关法定资质的；

⑥将绿色生资标志用于其他未经核准的产品或擅自转让、许可他人使用的；

⑦违反《合同》有关约定的。

（4）获证企业自动放弃或被取消绿色生资标志使用权后，由协会收回。

（5）获证企业应当严格遵守绿色生资标志许可条件和监管制度，建立健全质量控制追溯体系，对其生产和销售的获证产品的质量负责。

（6）任何单位和个人不得伪造、冒用、转让、买卖绿色生资标志和《使用证》。

（7）从事绿色生资标志管理的工作人员应严格依据绿色生资许可条件和管理制度，客观、公正、规范地开展工作。凡因未履行职责导致发生重大质量安全事件的，依据国家相关规定追究其相应的责任。

任务实施

1. 各小组互评分析申报方案，教师指导，找出不当之处，使所出具的方案切实可行。

2. 完善申报方案。

3. 用自编试题考核。

任务作业

1. 简述绿色食品生产资料的申报资格及申报程序。

2. 简述绿色食品生产资料的市场监督管理。

任务考核

一、填空题

1. 绿色生资标志是在国家知识产权局商标局注册的（　　），（　　）是绿色生资商标的注册人，其专用权受（　　）保护。绿色生资标志用以标识和证明适用于（　　）的生产资料。

2. 绿色生资标志许可使用权自核准之日起（　　）年内有效，到期愿意继续使用的，须在有效期满前（　　）天提出续展申请。逾期视为放弃续展，不得继续使用绿色生资标志。

二、判断题

1. 获得绿色生资标志许可使用的企业如丧失绿色生资生产条件，应在一个月

内向协会报告，办理停止使用绿色生资标志的有关手续。(　　)

2. 绿色食品生产资料，是指获得国家法定部门许可、登记，符合绿色食品生产要求以及《绿色食品生产资料标志管理办法》规定，经中国绿色食品发展中心核准，许可使用特定绿色生资标志的生产投入品。(　　)

绿色食品生产资料申报与认证任务考核答案

知识链接

绿色食品生产资料申请材料清单

绿色食品生产资料标志管理办法

绿色食品生产资料工作机构及管理人员工作考评办法（试行）

绿色食品生产资料标志使用许可续展程序

绿色食品生产资料六问六答

绿色食品生产资料标志境外产品使用许可程序

绿色食品生产资料申报指南

任务四 有机产品的认证与管理

任务导入

××种植合作社想从事有机产品的种植，但是不知如何办理有机产品的申报和认证，想请你帮忙解释一下有机产品申报与认证的流程及要求。

任务要求

素质目标

1. 通过小组成员间的分工合作，树立团结合作意识。
2. 通过学习有机产品申报与认证，树立诚实、守信等基本价值观。
3. 通过学习有机产品相关文件，树立环保节能意识。

知识目标

1. 了解有机产品的申报要求。
2. 熟悉有机产品的管理办法。
3. 掌握有机产品认证的流程。

能力目标

1. 具备独立申报与认证有机产品的能力。
2. 具备获取信息、使用信息的能力。

任务准备

1. 查阅有关有机产品认证及管理的文件（中国绿色食品发展中心网：http：//www. greenfood. org. cn/）。
2. 每组做一份帮助此种植合作社认证有机产品的方案。
3. 每组准备一套考核试题。

相关知识

一、有机产品概述

（一）有机产品

“有机”是指一种农业生产方式。有机标准简单地说就是要求在动植物生产过程中不使用化学合成的农药、化肥、生长调节剂等物质和基因工程生物及其产物，而且遵循自然规律和生态学原理，采取一系列可持续发展的农业技术，协调种植业和养殖业的平衡，维持农业生态系统良性循环；对于加工、贮藏、运输、包装、标识、销售等过程，也有一整套严格规范的管理要求。有机产品是指生产、加工和销售符合中国有机产品国家标准的供人类消费、动物食用的产品。有机食品是有机产品的一类。目前我国有机食品主要包括：谷物、蔬菜、水果、食用菌、茶叶、肉及肉制品、乳制品、食用油、酒类、饮料。有机产品还包括棉、麻、竹、服装、饲料、中药等“非食品”。

（二）有机产品的鉴别

1. 看标志

有机产品包装上都有有机产品认证标志；有机产品认证机构（以下简称认证机构）名称或标识；有机码。

有机码由17位数字组成，其中认证机构代码3位、认证标志发放年份代码2位、认证标志发放随机码12位，认证标志编码前应注明“有机码”三个字（图2-8）。

图 2-8 有机产品有机码的含义

2. 查网站或公众号

登录国家认证认可监督管理委员会（以下简称国家认监委）“中国食品农产品认证信息系统”（网址 food. cnca. cn）或认监委公众号核实生产加工企业是否已经获得认证以及证书是否已经过期等信息。

3. 看包装

有机产品的包装通常使用由木、竹、植物茎叶和纸等制成的可生物降解和可回收利用的包装材料。

二、有机产品认证

（一）认证机构要求

（1）认证机构应具备《中华人民共和国认证认可条例》规定的条件和从事有机产品认证的技术能力，并获得认监委的批准。

（2）认证机构应建立内部制约、监督和责任机制，使受理、培训（包括相关增值服务）、检查和认证决定等环节相互分开、相互制约和相互监督。

（3）认证机构不得将认证结果与参与认证检查的检查员及其他人员的薪酬挂钩。

（二）认证人员要求

（1）从事认证活动的人员应具有相关专业教育和工作经历，接受过有机产品生产、加工、经营、食品安全和认证技术等方面的培训，具备相应的知识和技能。

（2）有机产品认证检查员应取得中国认证认可协会的执业注册资质。

（3）认证机构应对本机构的各类认证人员的能力做出评价，以满足实施相应认证范围的有机产品认证活动的需要。

（三）认证依据

GB/T 19630-2019《有机产品　生产、加工、标识与管理体系要求》

（四）认证程序

1. 认证机构受理认证申请应公开的信息

（1）认证资质范围及有效期。

（2）认证程序和认证要求。

（3）认证依据。

（4）认证收费标准。

（5）认证机构和认证委托人的权利与义务。

（6）认证机构处理申诉、投诉和争议的程序。

（7）批准、注销、变更、暂停、恢复和撤销认证证书的规定与程序。

（8）对获证组织正确使用中国有机产品认证标志、有机码、认证证书、销售证和认证机构标识（或名称）的要求。

（9）对获证组织正确宣传有机生产、加工过程及认证产品的要求。

2. 认证机构受理认证申请的条件

（1）认证委托人及其相关方应取得相关法律法规规定的行政许可（适用时），其生产、加工或经营的产品应符合相关法律法规、标准及规范的要求，并应拥有产品的所有权（产品的所有权是指认证委托人对产品有占有、使用、收益和处置的权利）。

（2）认证委托人建立并实施了有机产品生产、加工和经营管理体系，并有效运行三个月以上。

（3）申请认证的产品应在认监委公布的《有机产品认证目录》内。枸杞产品还应符合“有机枸杞认证补充要求”。

（4）认证委托人及其相关方在五年内未因以下情形被撤销有机产品认证证书。

①提供虚假信息。

②使用禁用物质。

③超范围使用有机认证标志；范围是指认证范围，包括产品范围、场所范围和过程（生产、加工、经营）范围。其中产品范围是指有机认证涉及的产品名称和数量；场所范围是指认证的所有生产场所、加工场所、经营场所（含办公地、仓储），包括生产基地和加工场所名称、地址和面积或养殖基地规模，以及加工、仓储和经营等场所；过程（生产、加工、经营）范围是指有机生产、加工、经营涉及的生产、收获、加工、运输、贮藏等过程。

④出现产品质量安全重大事故。

（5）认证委托人及其相关方一年内未因除（4）所列情形之外其他情形被认证机构撤销有机产品认证证书。

（6）认证委托人未列入国家信用信息严重失信主体相关名录。

3. 认证申请

有机产品生产者、加工者（以下简称认证委托人），可自愿委托认证机构进行有机产品认证。

（1）认证委托人合法经营资质文件的复印件。

（2）认证委托人及其有机生产、加工、经营的基本情况。

①认证委托人名称、地址、联系方式；不是直接从事有机产品生产、加工的认证委托人，应同时提交与直接从事有机产品的生产、加工者签订的书面合同的复印件及具体从事有机产品生产、加工者的名称、地址、联系方式。

②生产单元/加工/经营场所概况。

③申请认证的产品名称、品种、生产规模，包括面积、产量、数量、加工量等；同一生产单元内非申请认证产品和非有机方式生产产品的基本信息。

④过去三年间的生产历史情况说明材料，如植物生产的病虫草害防治、投入品使用及收获等农事活动描述；野生采集情况的描述；畜禽养殖、水产养殖的饲养方法、疾病防治、投入品使用、动物运输和屠宰等情况的描述。

⑤申请和获得其他认证的情况。

（3）产地（基地）区域范围描述，包括地理位置坐标、地块分布、缓冲带及产地周围临近地块的使用情况；加工场所周边环境描述、厂区平面图、工艺流程图等。

（4）管理手册和操作规程。

（5）本年度有机产品生产、加工、经营计划，上一年度有机产品销售量与销售额（适用时）等。

（6）承诺守法诚信，接受认证机构、认证监管等行政执法部门的监督和检查，保证提供材料真实、执行有机产品标准和有机产品认证实施规则相关要求的声明。

（7）有机转换计划（适用时）。

（8）其他。

4. 文审

认证机构进行文件审核、评审合格受理申请材料的审查，对符合认证申请条件的认证委托人，认证机构应根据有机产品认证依据、程序等要求，在 10 个工作日内对提交的申请文件和资料进行审查并作出是否受理的决定，保存审查记录。

审查要求如下：认证要求规定明确，并形成文件和得到理解；认证机构和认证委托人之间在理解上的差异得到解决；对于申请的认证范围，认证委托人的工作场所和任何特殊要求，认证机构均有能力开展认证服务。申请材料齐全、符合要求的，予以受理认证申请；对不予受理的，应书面通知认证委托人，并说明理由。认证机构可采取必要措施帮助认证委托人及直接进行有机产品生产、加工、经营者进行技术标准培训，使其正确理解和执行标准要求。

5. 现场检查

认证检查员进行生产基地（养殖场）/加工现场/经营场所检查，形成检查报告。根据所申请产品对应的认证范围，认证机构应委派具有相应资质和能力的检查员组成检查组。每个检查组应至少有一名认证范围注册资质的专职检查员。对同一认证委托人的同一生产单元，认证机构不能连续 3 年以上（含 3 年）委派同一检查员实施检查。

认证机构在现场检查前应向检查组下达检查任务书，认证机构可向认证委托人出具现场检查通知书，将检查内容告知认证委托人。检查组应制定书面的检查计划，经认证机构审定后交认证委托人并获得确认。现场检查时间应安排在申请认证产品的生产、加工、经营过程或易发生质量安全风险的阶段。因生产季等原因，认证周期内首次现场检查不能覆盖所有申请认证产品的，应在认证证书有效期内实施现场补充检查。

认证机构应在现场检查前至少提前5日将认证委托人及生产单元、检查安排等基本信息报送到认监委网站“中国食品农产品认证信息系统”。地方认证监管部门对认证机构提交的检查方案和计划等基本信息有异议的应至少在现场检查前2日提出；认证机构应及时与该部门进行沟通，协调一致后方可实施现场检查。

检查过程至少应包括以下内容：对生产、加工过程、产品和场所的检查，如生产单元有非有机生产、加工或经营时，也应关注其对有机生产、加工或经营的可能影响及控制措施。对生产、加工、经营管理人员、内部检查员、操作者进行访谈。对GB/T 19630-2019所规定的管理体系文件与记录进行审核。对认证产品的产量与销售量进行衡算。对产品追溯体系、认证标识和销售证的使用管理进行验证。对内部检查和持续改进进行评估。对产地和生产加工环境质量状况进行确认，评估对有机生产、加工的潜在污染风险。采集必要的样品。对上一年度提出的不符合项采取的纠正和纠正措施进行验证（适用时）。检查组在结束检查前，应对检查情况进行总结，向受检查方和认证委托人确认检查发现的不符合项。

6. 认证决定

认证机构作出认证决定。认证机构应在现场检查、产地环境质量和产品检测结果综合评估的基础上作出认证决定，同时考虑产品生产、加工、经营特点，认证委托人及其相关方管理体系的有效性，当地农兽药使用、环境保护、区域性社会或认证委托人质量诚信状况等情况。

7. 颁发证书

对符合以下要求的认证委托人，认证机构应颁发认证证书。

（1）生产、加工或经营活动、管理体系及其他检查证据符合本规则和认证标准的要求。

（2）生产、加工或经营活动、管理体系及其他检查证据虽不完全符合本规则和认证依据标准的要求，但认证委托人已经在规定的期限内完成了不符合项纠正和/或纠正措施，并通过认证机构验证。

认证委托人的生产、加工或经营活动存在以下情况之一，认证机构不应批准认证。

（1）提供虚假信息，不诚信的。

（2）未建立管理体系或建立的管理体系未有效实施的。

（3）列入国家信用信息严重失信主体相关名录。

（4）生产、加工或经营过程使用了禁用物质或者受到禁用物质污染的。

（5）产品检测发现存在禁用物质的。

（6）申请认证的产品质量不符合国家相关法律法规和（或）技术标准强制要求的。

（7）存在认证现场检查场所外进行再次加工、分装、分割情况的。

（8）一年内出现重大产品质量安全问题，或因产品质量安全问题被撤销有机产品认证证书的。

（9）未在规定的期限完成不符合项纠正和/或纠正措施，或提交的纠正和/或纠正措施未满足认证要求的。

（10）经检测（监测）机构检测（监测）证明产地环境受到污染的。

（11）其他不符合本规则和（或）有机产品标准要求，且无法纠正的。

认证委托人如对认证决定结果有异议，可在10日内向认证机构申诉，认证机构自收到申诉之日起，应在30日内处理并将处理结果书面通知认证委托人。

认证委托人如认为认证机构的行为严重侵害了自身合法权益，可以直接向各级认证监管部门申诉。

8. 证后跟踪管理

认证机构应每年对获证组织至少安排一次获证后的现场检查。认证机构应根据获证产品种类和风险、生产企业管理体系的有效性、当地质量安全诚信水平总体情况等，科学确定现场检查频次及项目。同一认证的品种在证书有效期内如有多个生产季的，则至少需要安排一次获证后的现场检查。

认证机构应在风险评估的基础上每年至少对5%的获证组织实施一次不通知检查，实施不通知检查时应在现场检查前48小时内通知获证组织。

认证机构应及时了解和掌握获证组织变更信息，对获证组织实施有效跟踪，以保证其持续符合认证的要求。

认证机构在与认证委托人签订的合同中，应明确约定获证组织需建立信息通报制度，及时向认证机构通报以下信息：

（1）法律地位、经营状况、组织状态或所有权变更的信息。

（2）获证组织管理层、联系地址变更的信息。

（3）有机产品管理体系、生产、加工、经营状况、过程或生产加工场所变更的信息。

（4）获证产品的生产、加工、经营场所周围发生重大动植物疫情、环境污染的信息。

（5）生产、加工、经营及销售中发生的产品质量安全重要信息，如相关部门抽查发现存在严重质量安全问题或消费者重大投诉等。

（6）获证组织因违反国家农产品、食品安全管理相关法律法规而受到处罚。

（7）采购的配料或产品存在不符合认证依据要求的情况。

（8）不合格品撤回及处理的信息。

（9）销售证的使用情况。

（10）其他重要信息。

销售证是获证产品所有人提供给买方的交易证明。认证机构应制定销售证的申请和办理程序，在获证组织销售获证产品过程中（前）向认证机构申请销售证，以保证有机产品销售过程数量可控、可追溯。对于使用了有机码的产品，认证机构可不颁发销售证。

认证机构应对获证组织与购买方签订的供货协议的认证产品范围和数量、发票、发货凭证（适用时）等进行审核。对符合要求的颁发有机产品销售证；对不符合要求的应监督其整改，否则不能颁发销售证。

销售证由获证组织交给购买方。获证组织应保存已颁发的销售证的复印件，以备认证机构审核。

认证机构可按照有机配料的可获得性，核定使用外购有机配料的加工认证证书有效期内的产量，但应按外购有机配料批次与实际加工的产品数量发放有机码或颁发销售证。

认证机构应按照编号规则，对有机码进行编号，并采取有效防伪、追溯技术，确保发放的每个有机码能够溯源到其对应的认证证书和获证产品及其生产、加工单位。认证机构不得向仅获得有机产品经营认证的认证委托人发放有机码。认证机构对其颁发的销售证和有机码的正确使用负有监督管理的责任。

9. 再认证

获证组织应至少在认证证书有效期结束前 3 个月向认证机构提出再认证申请。

获证组织的有机产品管理体系和生产、加工过程未发生变更时，认证机构可适当简化申请评审和文件评审程序。认证机构应在认证证书有效期内进行再认证检查。因生产季或重大自然灾害的原因，不能在认证证书有效期内安排再认证检查的，获证组织应在证书有效期内向认证机构提出书面申请说明原因。经认证机构确认，再认证可在认证证书有效期后的 3 个月内实施，但不得超过 3 个月，在此期间内生产的产品不得作为有机产品进行销售。对超过 3 个月仍不能再认证的生产单元，应按初次认证实施。

三、有机产品的管理体系

1. 基本要求

有机产品生产者、有机产品加工者、有机产品经营者（简称有机产品生产、加工、经营者）应有合法的土地使用权和/或合法的经营证明文件。

管理体系的文件应包括：生产单元或加工、经营等场所的位置图，管理手册，操作规程，系统记录。

2. 文件要求

生产单元或加工、经营等场所的位置图至少标明以下内容：种植区域的地块分布，野生采集区域、水产养殖区域、蜂场及蜂箱的分布，畜禽养殖场及其牧草场、自由活动区、自由放牧区、粪便处理场所的分布，加工、经营区的分布；河流、水井和其他水源；相邻土地及边界土地的利用情况；畜禽检疫隔离区域；加工、包装车间、仓库及相关设备的分布；生产单元内能够表明该单元特征的主要标示物。

管理手册至少应包括以下内容：有机产品生产、加工、经营者的简介；有机产品生产、加工、经营者的管理方针和目标；管理组织机构图及其相关岗位的责任和权限；有机标识的管理；可追溯体系与产品召回；内部检查；文件和记录管理；客户投诉的处理；持续改进体系。

应制定并实施操作规程，操作规程中至少应包括：作物种植、食用菌栽培、野生采集、畜禽养殖、水产养殖/捕捞、蜜蜂养殖、产品加工等技术规程；防止有机产品受禁用物质污染所采取的预防措施；防止有机产品与常规产品混杂所采取的措施（必要时）；植物产品、食用菌收获规程及收获、采集后运输、贮藏等环节的操作规程；动物产品的屠宰、捕捞、提取、运输及贮藏等环节的操作规程；加工产品的运输、贮藏等各道工序的操作规程；运输工具、机械设备及仓储设施的维护、清洁规程；加工厂卫生管理与有害生物控制规程；标签及生产批号的管理规程；员工福利和劳动保护规程。

有机产品生产、加工、经营者应建立并保持记录。记录应清晰准确，为有机生产、有机加工、经营活动提供有效证据。

系统记录至少保存 5 年并应包括但不限于以下内容：生产单元的历史记录、使用禁用物质的时间及使用量；种子、种苗、种畜禽等繁殖材料的使用记录（品种、来源、时间、数量等）；自制堆肥记录（必要时）；土壤培肥物质的使用记录（名称、时间、数量等）；病、虫、草害控制物质的使用记录（名称、成分、时间、数量等）；动物养殖场所有引入、离开该单元动物的记录（品种、时间、数量等）；动物养殖场所有药物的使用记录（名称、成分、时间、数量等）；动物养殖场所有饲料和饲料添加剂的使用记录（种类、成分、时间、数量等）；所有生产投入品的台账记录（来源、数量、去向、库存等）及购买单据；植物收获记录（品种、时间、数量等）；动物（蜂）产品的屠宰、捕捞、提取记录；加工记录，包括原料购买、入库、加工过程、包装、标识、贮藏、出库、运输记录等；加工厂有害生物防治记录和加工、贮存、运输设施清洁记录；销售记录及有机标识的使用管理记录；培训记录；内部检查记录。

3. 资源管理

有机产品生产、加工、经营者应具备与其规模和技术相适应的资源。

应配备有机生产、加工、经营的管理者并具备以下条件：本单位的主要负责人之一；了解国家相关的法律、法规及相关要求；了解本标准要求；具备农业生产和/或加工、经营的技术知识或经验；熟悉本单位的管理体系及生产和/或加工、经营过程。

应配备内部检查员并具备以下条件：了解国家相关的法律、法规及相关要求；相对独立于被检查对象；熟悉并掌握本标准的要求；具备农业生产和/或加工、经营的技术知识或经验；熟悉本单位的管理体系及生产和/或加工、经营过程。

4. 内部检查

应建立内部检查制度，以保证管理体系及有机生产、有机加工过程符合本标准的要求。内部检查应由内部检查员来承担，每年至少进行一次内部检查。内部检查员的职责是：按照本标准对本企业的管理体系进行检查，并对违反本标准的内容提出修改意见；按照本标准的要求，对本企业生产、加工过程实施内部检查，并形成记录；配合认证机构的检查和认证。

5. 可追溯体系与产品召回

有机产品生产、加工、经营者应建立完善的可追溯体系，保持可追溯的生产全过程的详细记录（如地块图、农事活动记录、加工记录、仓储记录、出入库记录、销售记录等）以及可跟踪的生产批号系统。

有机产品生产、加工、经营者应建立和保持有效的产品召回制度，包括产品召回的条件、召回产品的处理、采取的纠正措施、产品召回的演练等，并保留产品召回过程中的全部记录，包括召回、通知、补救、原因、处理等。

6. 投诉

有机产品生产、加工、经营者应建立和保持有效的处理客户投诉的程序，并保留投诉处理全过程的记录，包括投诉的接受、登记、确认、调查、跟踪、反馈。

7. 持续改进

有机产品生产、加工、经营者应持续改进其管理体系的有效性，促进有机生产、加工和经营的健康发展，以消除不符合或潜在不符合有机生产、有机加工和经营的因素。有机生产、加工和经营者应：确定不符合的原因；评价确保不符合不再发生的措施的需求；确定和实施所需的措施；记录所采取措施的结果；评审所采取的纠正或预防措施。

认识有机食品
（微课）

任务实施

1. 汇报有机产品的认证方案。
2. 课堂分析、交流、讨论相关知识，教师指导，完善认证方案。
3. 用编写测试题进行考核。

任务作业

1. 如何鉴别有机产品？
2. 简述有机产品的认证程序。

3. 有机产品管理体系包括哪些内容？

任务考核

1. 有机产品的管理体系包括（　　）。

A. 基本要求、文件要求、资源管理、内部检查、可追溯体系与产品召回、投诉、持续改进

B. 管理机构、人员管理、法制管理、资源管理、内部检查

C. 北京中绿华夏有机产品认证中心有限责任公司（China Organic Food Certification Center，简称 COFCC）、农业部、中国绿色食品发展中心

D. 资源管理、法制管理、内部检查、持续改进

2. 有机产品的认证依据是（　　）。

A. GB/T 19630-2019《有机产品　生产、加工、标识与管理体系要求》

B.《认证证书和认证标志管理规则》

C.《有机产品认证实施规则》

D.《有机产品认证管理办法》

3. 有机产品获证组织应至少在认证证书有效期结束前（　　）向认证机构提出再认证申请。

A. 1 个月　　B. 3 个月　　C. 6 个月　　D. 一年

4. 有机产品认证机构应每年对获证组织至少安排（　　）次获证后的现场检查。

A. 1　　B. 2　　C. 3　　D. 4

5. 有机产品的包装通常使用由木、竹、植物茎叶和纸等制成的可生物降解和（　　）的包装材料。

A. 节能　　B. 可食用　　C. 安全　　D. 可回收利用

6. 有机产品认证机构应具备《中华人民共和国认证认可条例》规定的条件和从事有机产品认证的技术能力，并获得（　　）的批准。

A. 认监委　　B. 中绿华夏有机产品认证中心

C. 国家质量监督检验检疫总局　　D. 中国绿色食品发展中心

7. 有机产品认证检查员应取得（　　）执业注册资质。

A. 中国绿色食品协会　　B. 农业部

C. 中国认证认可协会　　D. 中绿华夏有机产品认证中心

8. 有机产品认证委托人如对认证决定结果有异议，可在（　　）日内向认证机构申诉，认证机构自收到申诉之日起，应在 30 日内处理并将处理结果书面通知认证委托人。

A. 5　　B. 10　　C. 15　　D. 20

9. 有机产品认证机构应在风险评估的基础上每年至少对（　　）的获证组

织实施一次不通知检查，实施不通知检查时应在现场检查前48小时内通知获证组织。

A. 5%　　B. 10%　　C. 15%　　D. 20%

10. （　　）是有机产品获证产品所有人提供给买方的交易证明。

A. 有机码　　B. 获证证书　　C. 销售证　　D. 资质证明

有机产品的认证与管理任务考核答案

知识链接

有机产品认证实施规则

有机产品认证目录

有机食品梨生产技术规程

常见害虫的有机防治技术

资料卡

有机生产遵照特定的生产原则，在生产中不采用基因工程获得的生物及其产物，不使用化学合成的农药、化肥、生长调节剂、饲料添加剂等物质，遵循自然规律和生态学原理，协调种植业和养殖业的平衡，保持生产体系持续稳定的一种农业生产方式。

有机加工主要使用有机配料，加工过程中不采用基因工程获得的生物及其产物，尽可能减少使用化学合成的添加剂、加工助剂、染料等投入品，最大程度地保持产品的营养成分和/或原有属性的一种加工方式。

资料卡

有机产品认证机构　国家认监委负责全国有机产品认证的统一管理、监督和综合协调工作。认证机构应当经国家认监委批准，并依法取得法人资格后，方可从事有机产品认证活动。截至2020年有机产品认证机构已达84家。

项目三

绿色食品产地的选择与建设

任务一 绿色食品产地的环境调查与选择

任务导入

省绿办收到××有限公司绿色食品申请材料后，已完成对申请认证材料的审查工作，并向申请人发出《文审意见通知单》，省绿办《文审意见通知单》中明确现场检查计划，计划得到申请人确认，现委派你们进行现场检查。

任务要求

素质目标

1. 通过小组成员间的分工合作，树立团结合作意识。
2. 通过学习绿色食品相关文件，树立诚实规则意识。
3. 通过学习选择绿色食品产地，树立环保节能意识。

知识目标

1. 了解食品污染的现状及危害。
2. 熟悉绿色食品产地调查与选择的主要内容。
3. 掌握绿色食品产地的环境监测内容及质量现状评价的方法。

能力目标

1. 能够选择合适的绿色食品产地。
2. 能够随时关注有关绿色食品文件的更新。
3. 具备获取信息、使用信息的能力。

任务准备

1. 建立模拟绿色食品办公室。
2. 查阅有关绿色食品产地环境标准、产地环境调查、产地环境监测的资料。
3. 每个模拟公司做一份指导企业选择绿色食品产地的方案。
4. 每组准备一套考核试题。

相关知识

一、绿色食品产地环境评价任务及标准

认真地做好产地选择工作，既可以为环境监测与评价做好准备，提高工作效率，减少企业负担，又可以正确判断产地开发绿色食品的前景，为保护产地环境、改善产地环境质量提供资料，为产地的生态环境建设指出方向。

（一）绿色食品产地环境评价的任务

绿色食品产地是绿色食品初级产品或产品原料的生长地。产地的生态环境质量状况是影响绿色食品质量的基本因素之一，必须做好对绿色食品生产基地的选择。如果动植物的生存环境受到污染，污染物会通过水、土壤和空气等媒介转移或残留于动植物体内，直接对动植物生长发育产生影响，进而造成食物污染，最终危害人类。

在开发绿色食品之前，需要完成两项任务：一是为环境监测进行现场勘察，调查产地环境要素的质量状况，察看外源污染和内源污染的实际情况，在环境监测图上标出产地的区域点数和点位，方便全面地了解产地环境质量状况，为正确的布点采样做好准备；二是经过现场调查，了解产地及其周边的生态环境质量状况，初步评估产地的生态环境质量，为后继的生态环境建设提供依据。

（二）绿色食品产地的环境标准

1. 绿色食品产地一般要求

绿色食品标准规定产品或产品的原料产地必须符合绿色食品生态环境质量标准，中国绿色食品发展中心制定了NY/T 391-2021《绿色食品 产地环境质量》。

绿色食品生态环境主要包括大气、水、土壤等。绿色食品产地应选择空气清洁、水质纯净、土壤未受污染的净气、净水、净土，选择农业生态环境良好的地区，应尽量避开繁华都市、工业区和交通要道。

（1）绿色食品产地空气中总悬浮颗粒物（TSP）、二氧化硫（SO_2）、氮氧化物（NO_x）、氟化物（F^-）的浓度限值，必须符合《绿色食品 产地环境质量标准》的规定。

对大气的要求是产地及产地周围不得有大气污染源，特别是产地上风区不得

有污染源，如化工厂、水泥厂、钢铁厂、垃圾堆积场、工矿废渣场等，不能有有毒气体排放，也不能有烟尘及粉尘，应避开交通要道。要求大气环境质量稳定，符合大气质量标准。AA 级绿色食品要求为一级清洁标准，A 级则要求 1~2 级清洁标准。

（2）绿色食品加工用水必须符合国家饮用水标准，产地应选择在水源充足，而且地表水、地下水水质清洁、无污染的地区；水域及上游区没有污染源；要远离对水体容易造成污染的工矿企业。

（3）绿色食品产地农田灌溉水中的 pH、总汞、总镉、总砷、总铅、六价铬、氟化物、总大肠菌群的浓度限值，必须符合《绿色食品　产地环境质量》的规定。AA 级绿色食品要求污染指数 $P \leqslant 0.5$，A 级绿色食品要求 $P = 0.5 \sim 1.0$。

（4）绿色食品产地渔业用水中的色、臭、味、漂浮物质等 15 种污染物的浓度限值，必须符合《绿色食品　产地环境质量》的规定。

（5）绿色食品畜禽养殖基地的畜禽养殖用水中的色度、混浊度等 14 种污染物的浓度限值，必须符合《绿色食品　产地环境质量》的规定。

（6）绿色食品产地土壤中的镉、汞、铅、砷等 6 种污染物的含量限值，必须符合《绿色食品　产地环境质量》的规定。产地土壤位于元素背景值的正常区域，产地及产地周围没有金属或非金属矿山，未受到人为污染，土壤中没有农药残留。绿色食品按污染指数 $P \leqslant 0.7$ 标准执行。

2. AA 级绿色食品产地要求

AA 级绿色食品生产要选择产地周边没有任何污染源、生态环境良好，有隔离带，没有施用过或很少施用过化肥、农药，同时具有生物多样性的地块。

（1）根据地形选择产地地块

①坡地：坡地地块的选择，要能防止因降雨将其他地块的化肥、农药流渗到种植 AA 级绿色食品的地块。在坡地上，不同等级地块的排列顺序由上至下是：AA 级地块——A 级地块——普通地块。

②平地：要根据风向选择地块，防止农药等随风漂移而污染 AA 级绿色食品产地环境。不同等级地块的排列顺序按照常年主导风向是：AA 级地块——A 级地块——普通地块。

③水田：要根据水源选择地块，防止水源流经 A 级或普通地块后污染 AA 级地块。不同等级地块的排列顺序从水源方向排列：AA 级地块——A 级地块——普通地块。

（2）AA 级绿色食品产地隔离带　为保证 AA 级食品生产地块不受污染，要在 AA 级与常规作物之间设置足够的过渡地带作为隔离带。按有机食品生产要求，AA 级地块与周边非 AA 级地块之间至少要有 8m 以上的隔离带，以保证进行 AA 级生产不受任何污染。原则要求：隔离带要有高度 2m 以上的阔叶树带阻隔，防止污染物漂移。

绿色食品产地环境的优化选择（微课）

二、绿色食品产地的调查与选择

(一) 绿色食品产地调查与选择的意义

1. 绿色食品产地调查与选择的目的

产地的生态环境条件是影响绿色食品质量的主要因素之一。绿色食品产地选择是指在绿色食品产品开发之初，通过对产地环境条件（包括土壤、水质和大气）的调查研究和现场考察，并对产地环境状态做出合理判断和取舍的过程。

产地环境质量现状调查的目的是科学、准确地了解产地环境，为优化监测布点提供科学依据。调查的重点是产地环境质量现状、发展趋势及区域污染控制措施，兼顾产地自然环境、社会经济及工农业生产对产地环境的影响。

2. 绿色食品产地选择的指导思想

绿色食品生产基地考察选择的基本指导思想是：选择生态环境良好、空气清新、水质纯净、土壤未受污染的区域，并且尽量避开繁华的都市、工业区和交通要道。

我国现阶段绿色食品产地宜选择在边远地区和污染较轻或者未受污染的城市郊区。边远地区农村生态环境相对良好，是绿色食品产地的首选区域；污染较轻或者未受污染的城市郊区是农业生态环境的一个相对清洁区，也可作为绿色食品产地。

(二) 绿色食品产地环境质量现状调查

1. 调查方法

省级绿色食品委托管理机构首先对绿色食品产地进行初步考察，决定该地区是否适宜发展绿色食品。再根据省级绿色食品委托管理机构下达的任务书，由监测单位对申报的绿色食品生产基地的农业自然环境概况、社会经济概况和环境质量状况进行综合现状调查，并决定布点采样方案。

综合现状调查采取搜集资料和现场调查两种方法，即先通过搜集资料法获取有关资料，当这些资料不能满足要求时，再进行现场调查。

2. 调查内容

(1) 自然环境与资源概况

①自然地理：地理位置、地形地貌、地质条件等。

②气候与气象：所在区域的主要气候特点，年平均风速和主导风向，年平均气温、极端气温与月平均气温，年平均相对湿度，年平均降水量、降水天数，降水量极值，平均日照时数等。

③水文状况：该区域主要河流、水系、流域面积、水文特征、地下水资源总量及开发利用情况等。

④土地资源：土壤类型、土壤肥力、土地利用情况（耕地面积等）。

⑤植被及生物资源：植被覆盖率、植物资源、动物资源、鱼类资源等。

⑥自然灾害：旱、涝、风灾、冰雹、冰霜、低温、病虫草鼠害等。

（2）社会经济概况　包括行政区划及人口状况，工业布局和农田水利，农、林、牧、渔业发展情况和工农业产值；农村能源结构情况等。

（3）工业“三废”及农业污染物对产地环境的影响

①工业污染源及“三废”排放情况：包括工矿、乡镇企业污染源分布及废水、废气、废渣排放情况，地表水、地下水、农田土壤、大气质量现状。

②农业污染物情况：包括农药、化肥、地膜、植物生长调节剂等农用生产资料的使用情况及对农业环境的影响和危害。

③农业生态环境保护措施：包括污水处理、生态农业试点情况、农业自然资源合理利用及农业生产无公害控制情况。

调查结束后需出示调查分析报告，注明调查单位、调查时间，调查人应签名。

（三）产地环境质量现状初步分析

根据调查、了解的资料情况，对申报产品及其原料生产基地的环境质量状况进行初步分析，在此基础上进行优化布点监测。现状调查分析报告主要包括以下内容：产地基本情况；产地灌溉用水环境质量分析；区域环境空气质量分析；产地土壤环境质量分析；综合分析产地环境质量现状，确定优化布点监测方案。

绿色食品产地环境的调查（微课）

三、绿色食品产地的环境质量监测

（一）绿色食品产地环境质量监测概念及意义

绿色食品产地环境质量监测，就是用科学方法监视和检测代表绿色食品产地环境质量及发展变化趋势的各种数据的全过程。

绿色食品产地环境质量监测最直接的意义是提供代表环境质量的信息数据，为绿色食品生产者、管理者提供丰富的第一手资料。产地环境监测可以提供环境中各种污染因素在一定范围内的时空分布信息，为判断产地环境质量是否符合绿色食品产地环境质量标准提供可靠的量值，这是保证绿色食品产品质量的基本措施。

（二）绿色食品产地环境监测分类

（1）按监测对象分　大气监测、水环境监测和土壤监测等。

（2）按监测手段分　物理监测、化学监测和生物监测等。

（3）按监测目的和性质分　基础性监测，即在开发绿色食品之初，选择绿色食品产地时进行，为判断产地是否符合绿色食品环境质量标准提供基础数据；监视性监测，即在产品的绿色食品标志使用期内，为保证绿色食品产地的环境质量而作出的监督性抽检；仲裁监测，主要解决基础性监测与监视性监测中所发生的矛盾。

（三）水环境质量监测

1. 布点原则

坚持样点的代表性、准确性、合理性和科学性的原则。坚持从水污染对产地环境质量的影响和危害出发，突出重点，照顾一般的原则。即优先布点监测代表性强、最有可能对产地环境造成污染的方位水源（系）或产品生产过程中对其质量有直接影响的水源。

（1）对于水资源丰富、水质相对稳定的同一水源（系），样点布设1~3个；若不同水源（系）则依次叠加。

（2）水资源相对贫乏、水质稳定性较差的水源，则根据实际情况适当增设采样点数。

（3）生产过程中对水质要求较高或直接食用的产品（如生食蔬菜），采样点数适当增加。

（4）对水质要求较低的粮油作物、禾本科植物等，采样点数可适当减少，同一水源（系）的采样点数，一般1~2个。

（5）对于农田灌溉水系天然降雨的地区，不采农田灌溉水样。

（6）矿泉水环境监测，只要求对产地水源进行水质监测。属地表水源（系）的采样点数一般布设1~3个，属地下水源的采1个水样。

（7）深海养殖用水不必监测，只对加工水进行采样监测；近海（滩涂）渔业养殖用水布设1~3个采样点；淡水养殖用水，集中养殖区如水源（系）单一，布设1~3个采样点；分散养殖区不同水源（系）分别布设1个采样点。

（8）畜禽养殖用水，属圈养且相对集中的，每个水源（系）布设1个采样点；反之，适当增加采样点数。

（9）加工用水按国家GB 5749-2006《生活饮用水卫生标准》中有关规定执行，每个水源（系）布设1个采样点。

（10）食用菌生产用水，每个水源（系）各布设1个采样点。

2. 布点方法

引用地下水进行灌溉的，在地下水取水井处设置采样点。

用地表水进行灌溉的，根据不同情况采用不同的布点方法。

直接引用大江大河水进行灌溉的，应在灌溉水进入农田前的灌溉渠首附近的河流断面设置采样点。

以小型河流为灌溉水源的，应根据用水情况分段设置监测断面。

（1）灌溉水系监测断面设置方法　①对于常年宽度大于30m，水深大于5m的河流，应在所定监测断面上分左、中、右三处设置采样点，采样时应在水面下0.3~0.5m处和距河底1m处各采分样一个，分样混匀后作为一个水样测定；②对于一般河流，一般可在确定的采样断面的中点处，在水面下 0.3~0.5m 处采一个水样即可。

（2）湖、库、塘、洼的布点方法　①$10hm^2$ 以下的小型水面，一般在水面中心处设置一个取水断面，在水面下 0.3~0.5m 处采样即可；②$10hm^2$ 以上的大中型水面，可根据水面功能实际情况，划分为若干片，按上述方法设置采样点。

3. 采样时间与频率

（1）种植业用水　在农作物生长过程中灌溉用水的主要灌期采样 1 次。

（2）水产养殖业用水　在其生长期采样 1 次。

（3）畜禽养殖业　可与原料产地灌溉用水同步采集饮用水质 1 次。

（4）矿泉水水源的样品采集，参照 GB 8537-2018《食品安全国家标准　饮用天然矿泉水》和 GB 8538-2016《食品安全国家标准　饮用天然矿泉水检验方法》中有关规定执行。

（5）绿色食品生产（加工）用水，采样参照 GB 5749-2006《生活饮用水卫生标准》中有关规定执行。

4. 样品采集

（1）采样方法　水样一般瞬时采样，灌渠采样可在渠边向渠中心采集，较浅的渠道和小河以及靠近岸边水浅的采样点可涉水采样；一般河流、湖泊、水库可借助船只采样。

（2）采样量　水样所需数量由监测项目而定，并适当增加 2~3 倍的余量。

（3）采样注意事项

①采样时不得搅动底部沉积物。

②采样时应保证采样点位置准确。

③洁净的容器在装入水样前，应先用采样点的水冲洗 3 次，然后装入水样，再按有关规定加入相应的固定剂，填写好标签和《水质采样记录表》。

④采样结束前，应仔细检查采样记录和水样，若有漏采或不符合规定者，应立即补采或重采。

⑤对于需在现场进行监测的项目，需尽快现场监测分析。

（4）样品的保存及运输　水样采完后，必须采取避免水样发生变化的相应措施，再按《农业环境监测技术规范》和《环境监测技术规范》的有关规定，由专人送回实验室待测。

5. 监测项目和分析方法

各类监测项目和分析方法详见表 3-1、表 3-2、表 3-3、表 3-4。

表 3-1 农田灌溉水水质监测项目与分析方法

序号	项目	分析方法	执行标准
1	pH	玻璃电极法	GB/T 6920-1986
2	总汞	1. 冷原子吸收法 2. 原子荧光光度法	HJ 597-2011
3	总镉	无火焰原子吸收法	GB/T 7475-1987
4	总砷	1. 二乙基二硫代氨基甲酸银法 2. 原子荧光光度法	GB/T 7485-1987
5	总铅	无火焰原子吸收法	GB/T 7485-1987
6	六价铬	二苯碳酰二肼比色法	GB/T 7467-1987
7	氟化物	离子选择电极法	GB/T 7484-1987
8	粪大肠菌群	多管发酵法	GB/T 5750. 12-2006

表 3-2 渔业用水水质监测项目与分析方法

序号	项目	分析方法	执行标准
1	色、臭、味	文字描述法	GB/T 5750. 4-2016
2	漂浮物质	文字描述法	HJ/T 49-1999
3	悬浮物	滤膜法	HJ/T 49-1999
4	pH	玻璃电极法	GB/T 6920-1986
5	溶解氧	碘量法	HJ 505-2009
6	生化需氧量	20℃，5 天培养、稀释与接种法	HJ 505-2009
7	总大肠菌群	多管发酵法	HJ/T 49-1999
8	总汞	1. 冷原子吸收法 2. 原子荧光光度法	HJ 597-2011
9	总镉	无火焰原子吸收法	GB/T 7475-1987
10	总铅	无火焰原子吸收法	GB/T 7475-1987
11	总铜	无火焰原子吸收法	GB/T 7475-1987
12	总砷	1. 二乙基二硫代氨基甲酸银法 2. 原子荧光光度法	GB/T 7485-1987
13	六价铬	二苯碳酰二肼比色法	GB/T 7467-1987
14	挥发酚	4-氨基安替比林比色法	HJ 503-2009
15	石油类	1. 重量法 2. 红外分光光度法	HJ 637-2012

表 3-3　　畜禽养殖用水水质监测项目与分析

序号	项目	分析方法	执行标准
1	色度	1. 稀释倍数法 2 铂钴标准比色法	GB/T 5750. 4-2006
2	浑浊度	1. 目视比浊法 2. 分光光度法	GB/T 5750. 4-2006
3	臭和味	文字描述法	GB/T 5750. 4-2006
4	肉眼可见物	文字描述法	GB/T 5750. 4-2006
5	pH	玻璃电极法	GB/T 5750. 4-2006
6	氟化物	离子选择电极法	GB/T 5750. 5-2006
7	氰化物	异烟酸-吡唑啉酮比色法	GB/T 5750. 5-2006
8	总砷	1. 二乙基二硫代氨基甲酸银法 2. 原子荧光光度法	GB/T 5750. 6-2006
9	总汞	1. 冷原子吸收法 2. 原子荧光光度法	GB/T 5750. 6-2006
10	总镉	无火焰原子吸收法	GB/T 5750. 6-2006
11	总铅	无火焰原子吸收法	GB/T 5750. 6-2006
12	六价铬	二苯碳酰二肼比色法	GB/T 5750. 6-2006
13	细菌总数	平板法	GB/T 5750. 12-2006
14	总大肠菌群	多管发酵法	GB/T 5750. 12-2006

表 3-4　　加工用水水质监测项目与分析方法

序号	项目	分析方法	执行标准
1	pH	玻璃电极法	GB/T 5750. 4-2006
2	镉	无火焰原子吸收法	GB/T 5750. 6-2006
3	铅	无火焰原子吸收法	GB/T 5750. 6-2006
4	汞	1. 冷原子吸收法 2. 原子荧光光度法	GB/T 5750. 6-2006
5	砷	1. 二乙基二硫代氨基甲酸银法 2. 原子荧光光度法	GB/T 5750. 6-2006
6	六价铬	二苯碳酰二肼比色法	GB/T 5750. 6-2006
7	氟化物	离子选择电极法	GB/T 5750. 5-2006
8	氯化物	滴定法	GB/T 5750. 5-2006

续表

序号	项目	分析方法	执行标准
9	氰化物	异烟酸-吡唑啉酮比色法	GB/T 5750. 5-2006
10	总大肠菌群	多管发酵法	GB/T 5750. 12-2006
11	细菌总数	营养琼脂平皿培养法	GB/T 5750. 12-2006

（四）土壤环境质量监测

1. 布点原则

绿色食品产地土壤监测点布设，以能代表整个产地监测区域为原则。不同的功能区采取不同的布点原则。坚持最优监测原则，优先监测代表性强、有可能造成污染的最不利的方位、地块。

（1）布点方法　在环境因素分布较均匀的监测区域，采用网格法或梅花法布点。在环境因素分布较复杂的监测区域，采用随机法布点。在可能受污染源影响的监测区域，采用放射法布点。

（2）样点数量　监测区域的采样点数根据监测的目的要求、土壤污染分布、面积大小及数理统计、土壤环境评价要求而定。

①大田种植区：对于集中连片的大田种植区，产地面积在 $2000hm^2$ 以内，布设 3~5 个采样点；面积在 $2000hm^2$ 以上，面积每增加 $1000hm^2$，增加 1 个采样点。如果大田种植区相对分散，则应适当增加采样点数。

设施农业种植区：a. 保护地栽培。产地面积在 $300hm^2$ 以内，布设 3~5 个采样点；面积在 $300hm^2$ 以上，面积每增加 $300hm^2$，增加 1~2 个采样点。如果栽培品种较多，管理措施和水平差异较大，应适当增加采样点数。b. 食用菌栽培。只测基质，按土壤样品分析测定、评价，一般 1 种基质采集 1 个混合样。

②野生产品生产区：a. 对于土壤地形变化不大、土质均一、面积在 $2000hm^2$ 以内的产区，一般布设 3 个采样点。面积在 $2000hm^2$ 以上的，根据增加的面积，适当增加采样点数。b. 对于土壤本底元素含量较高、土壤差异大、特殊地质的区域可因地制宜地酌情布点。

③近海（滩涂）养殖区：底泥采样点布设与水质采样点相同。

④深海和网箱养殖区：深海和网箱养殖区免测底泥。

⑤特殊产品生产区：依据其产品工艺特点，某些环境因子（如水、土、气）可不进行采样监测。矿泉水、纯净水、太空水等，可免测土壤。

2. 样品的采集

（1）采样时间　原则上土壤样品要求安排在作物生长期内采集。

（2）采集层次　①一年生植物，土壤采样深度为 0~20cm；②多年生植物（如果树），土壤采样深度为 0~40cm；③水产养殖区，底泥采样深度为 0~20cm。

（3）采样方法　土壤样品是指在采样点周围采集的若干点的均匀混合样。组成混合样的点数要根据采样方法、采样面积、地形条件和土壤差异性大小而定，一般分点数要在5~10个。混合样采集方法主要有以下几种（图3-1）：①梅花点法：适宜面积较小、地势平坦、土壤比较均匀的田块，设分点5个左右。②棋盘式法：适宜中等面积、地势平坦、土壤不够均匀的地块，设分点6~10个。③蛇形法：适宜面积较大、土壤不够均匀且地势不平坦的田块，设分点11~15个。

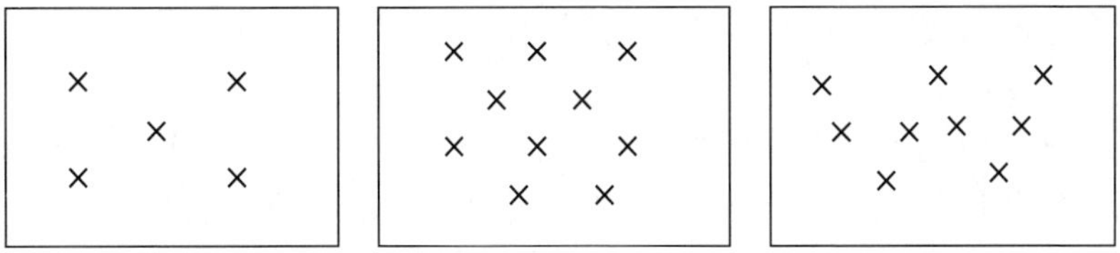

（1）梅花点法　（2）棋盘式法　（3）蛇形法

图3-1　混合样采集方法

（4）采样量　土壤样品一般采集1kg左右的混合样。

（5）样品的处理与保存　为保证土样的代表性，样品的风干、研磨、过筛、装瓶等各道工序必须严格执行有关规定。标签填写必须完整、准确，便于保存和取用。

3. 监测项目与分析方法

监测项目与分析方法如表3-5所示。

表3-5　土壤监测项目与分析方法

序号	项目	分析方法	执行标准
1	pH	1. 电位法 2. 比色法	—
2	铅	无火焰原子吸收法	GB/T 17141-1997
3	镉	无火焰原子吸收法	GB/T 17141-1997
4	砷	1. 二乙基二硫代氨基甲酸银比色法 2. 原子荧光光度法	GB/T 17134-1997
5	汞	1. 冷原子吸收法 2. 原子荧光光度法	GB/T 17136-1997
6	铬	二苯碳酰二肼比色法	HJ 491-2009
7	铜	1. 火焰原子吸收法 2. 铜试剂法	HJ 491-2009

申报 AA 级绿色食品时，一般需加测土壤肥力；但对一些不需要人工耕作和施肥的产品，可不测土壤肥力，如山野菜等。

（五）空气环境质量监测

1. 空气污染的时空分布

空气监测中常会出现同一地点、不同时刻，或同一时刻、不同空间位置所测定的污染物浓度不相同，这种不同时间、不同空间的污染物浓度变化，称为空气污染物浓度时空分布。由于空气污染物在时间、空间上分布不均匀，空气质量监测中要十分注意监测（采样）地点和时间的选择。

2. 布点原则

依据产地环境现状调查分析结论和产品工艺特点，确定是否进行空气质量监测。进行产地环境空气质量监测的区域，可根据当地生物生长期内的主导风向，重点监测可能对产地空气环境造成污染的污染源的下风向。

（1）点位设置

①空气监测点设置在沿主导风走向 45°~90°夹角内，各监测点间距一般不超过 5km。

②监测点应选择在远离林木、城镇建筑物及公路、铁路的开阔地带。

③各监测点之间的设置条件相对一致，保证各监测点所获的数据具有可比性。

（2）免测空气的区域

①种植业：产地周围 5km，主导风向 20km 以内没有工矿企业污染源的区域。

②渔业养殖区：只测养殖原料（饲料）生产区域的空气。

③畜禽养殖区：只测养殖原料（饲料）生产区域的空气。

④矿泉水、纯净水、太空水等水源地。

⑤保护地栽培及食用菌生产区：只测保护地温室大棚外空气。

3. 采样点数

产地布局相对集中，面积较小，无工矿污染源的区域，布设 1~3 个采样点；产地布局较为分散，面积较大，无工矿污染源的区域，布设 3~4 个采样点，对有工矿污染源的区域，适当增加采样点数；样点的设置数量还应根据空气质量稳定性以及污染物对原料生长的影响程度适当增减。

4. 采样时间及频率

在采样时间安排上，应选择在空气污染对原料生产质量影响较大时期进行，一般安排在作物生长期进行。每天 4 次，上午、下午各 2 次，连采 2 天。

上午时间为：8：00~9：00（晨起），11：00~12：00（午前）；

下午时间为：14：00~15：00（午后），17：00~18：00（黄昏）。

5. 监测项目及采样分析方法

监测项目及采样分析方法如表 3-6 所示。

表 3-6 空气监测项目与采样分析方法

序号	监测项目	采样方法	分析方法	备注
1	氮氧化物	盐酸萘乙二胺吸收法	盐酸萘乙二胺光度法	动力采样
2	二氧化硫	甲醛吸收法	盐酸副玫瑰苯胺光度法	动力采样
3	总悬浮物	1. 滤膜法（中流量） 2. 滤膜法（大流量）	重量法	动力采样
4	氟化物	滤膜法	氟离子电极法	动力采样

根据《环境监测技术规范》的有关规定，结合产地空气监测的实际，建议每次采集时间、采集流量、采样量如表 3-7 所示。

表 3-7 空气采样各项目指标

监测项目	采集流量	采集时间/min	采集量/L	备注
氮氧化物	0.3	60	18	盐酸萘乙二胺吸收法
二氧化硫	0.5	60	30	甲醛吸收法
总悬浮物	120	60	7200	滤膜法（中流量）
氟化物	120	60	7200	连续 7 日采样，石灰滤纸法（中流量）

四、绿色食品产地环境质量现状评价

绿色食品产地环境的监测（微课）

（一）评价基本工作程序

1. 环境质量现状评价概述

环境质量是影响绿色食品产品质量的基础因素之一。研究环境质量变化规律，评价环境质量的水平，探讨改善环境质量的途径和措施，是绿色食品产地环境监测工作的最终目的。环境质量现状评价是根据环境（包括污染源）调查与监测资料，应用环境质量指数系统进行综合处理，然后对这一区域的环境质量作出定量描述，并提出该区域环境污染综合防治措施。

2. 评价原则

在区域性环境初步优化的基础上进行评价，同时不应忽视农业生产过程中的自身污染。各项环境质量标准（空气、水质、土壤）是评价产地环境质量合格与否的依据，要从严掌握。在全面反映产地环境质量现状的前提下，突出对产品生产危害较大的环境因素（严控指标）和高浓度污染物对环境质量的影响。

（二）绿色食品产地环境质量评价指标体系

在开展环境质量评价时，一般根据评价对象和评价目的不同，选取不同的评价指标体系。

1. 评价指标的初选

典型的农业生态系统是一个能量、物质、信息输入输出的系统，它包括自然环境因素和社会环境因素。

2. 评价指标的筛选及参数确定

绿色食品产地也属于农业生态系统，耕作、栽培、植保和施肥等属于生产技术的范围，在绿色食品生产操作规程中已有一定的标准和准则。气候及气象因子（降水、光照、热量及温度）属于较大范围内有差异的因子，不宜将其列入绿色食品产地评价因子的范畴。大气、水、土壤是影响农作物产量和质量的重要环境因子，绿色食品产地环境质量评价指标体系包括大气、水和土壤等体系。

评价参数是指进行评价时所采用的对环境有主要影响的污染因子。一般选择相对浓度较高、毒性强、难于在环境中降解，对动、植物生产影响较大，对人体健康和生态系统危害较大的污染物，能反映环境要素基本性质的因子。

（三）评价标准

环境质量评价标准是环境质量评价的依据。绿色食品产地环境质量现行标准——中华人民共和国农业行业标准 NY/T 391-2021《绿色食品　产地环境质量》，包括空气质量要求，农田灌溉水水质要求、渔业用水水质要求、畜禽养殖用水水质要求、加工用水水质、食用盐原料水水质要求、土壤环境质量要求、食用菌栽培基质质量要求和环境可持续发展要求。

1. 空气质量要求

除畜禽养殖业外，空气质量要求应符合表 3-8 要求。

表 3-8　空气质量要求（标准状态）

项目	浓度限值/（mg/m^3，标准状态）		检测方法
	日平均[a]	1 小时[b]	
总悬浮颗粒物	≤0.30	—	GB/T 15432-1995/XG 1-2008
二氧化硫	≤0.15	≤0.50	HJ 482-2009
二氧化氮	≤0.08	≤0.20	HJ 479-2009
氟化物	≤7	≤20	HJ 480-2009

注：a 日平均指任何一日的平均指标；

b1 小时指任何 1 小时的指标。

畜禽养殖业空气质量应符合表 3-9 的要求。

表 3-9　　畜禽养殖业空气质量要求（标准状态）　　单位：mg/m^3

项目	畜禽（日平均）		禽舍区（日平均）	检测方法
	雏	成		
总悬浮颗粒物		≤8	≤3	GB/T 15432-1995/ XG 1-2008
二氧化硫		≤1500	≤1500	HJ 870-2017
硫化氢	≤2	10	≤8	GB/T 14678-1993
氨气	≤10	15	≤20	HJ 533-2009
恶臭（稀释倍数，无量纲）		≤70	≤70	GB/T 14675-1993

2. 农田灌溉水水质要求

农田灌溉包括用于农田灌溉的地表水、地下水、水培蔬菜和水生植物生产用水以及食用菌生产用水等，应符合表 3-10 的要求。

表 3-10　　农田灌溉水水质要求

项目	指标	检测方法
pH	5.5~8.5	HJ 1147-2020
总汞/（mg/L）	≤0.001	HJ 694-2014
总镉/（mg/L）	≤0.005	HJ 700-2014
总砷/（mg/L）	≤0.05	HJ 694-2014
总铅/（mg/L）	≤0.1	HJ 700-2014
六价铬/（mg/L）	≤0.1	GB/T 7467-1987
氟化物/（mg/L）	≤2.0	GB/T 7484-1987
化学需氧量（CODcr）/（mg/L）	≤60	HJ 828-2017
石油类/（mg/L）	≤1.0	HJ 970-2018
粪大肠菌群[a]/（MPN/L）	≤10000	SL 355-2006

注：a 仅适用于灌溉蔬菜、瓜类和草本水果的地表水。

3. 渔业用水水质要求应符合表 3-11 的要求。

表 3-11　　渔业用水水质要求

项目	指标		检测方法
	淡水	海水	
色、臭、味	不应有异色、异臭、异味		GB/T 5750.4-2006
pH	6.5~9.0		HJ 1147-2020

续表

项目	指标		检测方法
	淡水	海水	
生化需氧量（BOD_5）/(mg/L)	≤5	≤3	HJ 505-2009
总大肠菌群/(MPN/100mL)	≤500（贝类 50）		GB/T 5750. 12-2006
总汞/(mg/L)	≤0. 0005	≤0. 0002	HJ 694-2014
总镉/(mg/L)	≤0. 005		HJ 700-2014
总铅/(mg/L)	≤0. 05	≤0. 005	HJ 700-2014
总铜/(mg/L)	≤0. 01		HJ 700-2014
总砷/(mg/L)	≤0. 05	≤0. 03	HJ 694-2014
六价铬/(mg/L)	≤0. 1	≤0. 01	GB/T 7467-1987
挥发酚/(mg/L)	≤0. 005		HJ 503-2009
石油类/(mg/L)	≤0. 05		HJ 970-2014
活性磷酸盐（以 P 计）/(mg/L)	—	≤0. 03	GB/T 12763. 4-2007
高锰酸钾指数/(mg/L)	≤6	—	GB/T 11892-1989
氨氮（NH_3-N）/(mg/L)	≤1. 0	—	HJ 536-2009
漂浮物质需要满足水面不应出现油膜或浮沫要求			

4. 畜禽养殖用水水质要求

畜禽养殖用水包括养蜂用水，应符合表 3-12 的要求。

表 3-12　　畜禽养殖用水要求

项目	指标	检测方法
色度[a]/(度)	≤15，并不应呈现其他异色	GB/T 5750. 4-2006
浑浊度[a]（散射浑浊度单位），NTU	≤3	GB/T 5750. 4-2006
臭和味	不应有异臭、异味	GB/T 5750. 4-2006
肉眼可见物[a]	不应含有	GB/T 5750. 4-2006
pH	6. 5~8. 5	GB/T 5750. 4-2006
氟化物/(mg/L)	≤1. 0	GB/T 5750. 5-2006
氰化物/(mg/L)	≤0. 05	GB/T 5750. 5-2006
总砷/(mg/L)	≤0. 05	GB/T 5750. 6-2006
总汞/(mg/L)	≤0. 001	GB/T 5750. 6-2006
总镉/(mg/L)	≤0. 01	GB/T 5750. 6-2006
六价铬/(mg/L)	≤0. 05	GB/T 5750. 6-2006

续表

项目	指标	检测方法
总铅/(mg/L)	≤0.05	GB/T 5750.6-2006
菌落总数[a]/(CFU/mL)	≤100	GB/T 5750.12-2006
总大肠菌群/(MPN/100mL)	不得检出	GB/T 5750.12-2006

注：a 散养模式免测该指标。

5. 加工用水质量标准

加工用水（包括食用菌生产用水、食用盐生产用水等）应符合表 3-13 的要求。

表 3-13　加工用水水质要求

项目	指标	检测方法
pH	6.5~8.5	GB/T 5750.4-2006
总汞/(mg/L)	≤0.001	GB/T 5750.6-2006
总砷/(mg/L)	≤0.01	GB/T 5750.6-2006
总镉/(mg/L)	≤0.005	GB/T 5750.6-2006
总铅/(mg/L)	≤0.01	GB/T 5750.6-2006
六价铬/(mg/L)	≤0.05	GB/T 5750.6-2006
氰化物/(mg/L)	≤0.05	GB/T 5750.5-2006
氟化物/(mg/L)	≤1.0	GB/T 5750.5-2006
菌落总数/(CFU/mL)	≤100	GB/T 5750.12-2006
总大肠菌群/(MPN/100mL)	不得检出	GB/T 5750.12-2006

6. 食用盐原料水水质要求

食用盐原料水包括海水、湖盐或井矿盐天然卤水，应符合表 3-14 的要求。

表 3-14　食用盐原料水水质要求　　单位：mg/L

项目	指标	检测方法
总汞	≤0.001	GB/T 5750.6-2006
总砷	≤0.03	GB/T 5750.6-2006
总镉	≤0.005	GB/T 5750.6-2006
总铅	≤0.01	GB/T 5750.6-2006

7. 土壤环境质量要求

7.1　土壤环境质量符合表 3-15 要求

土壤环境质量按土壤耕作方式的不同分为旱田和水田两大类，每类又根据土壤 pH 的高低分为三种情况，即 pH<6.5，6.5≤pH≤7.5，pH>7.5。应符合表 3-15 的要求。

表 3-15　　土壤环境质量要求　　单位：mg/kg

项目	旱田			水田			检测方法
	pH<6.5	6.5≤pH≤7.5	pH>7.5	pH<6.5	6.5≤pH≤7.5	pH>7.5	NY/T 1377-2007
总镉	≤0.30	≤0.30	≤0.40	≤0.30	≤0.30	≤0.40	GB/T 17141-1997
总汞	≤0.25	≤0.30	≤0.35	≤0.30	≤0.40	≤0.40	GB/T 22105.1-2008
总砷	≤25	≤20	≤20	≤20	≤20	≤15	GB/T 22105.2-2008
总铅	≤50	≤50	≤50	≤50	≤50	≤50	GB/T 17141-1997
总铬	≤120	≤120	≤120	≤120	≤120	≤120	HJ 491-2019
总铜	≤50	≤60	≤60	≤50	≤60	≤60	HJ 491-2019

注：果园土壤中铜限量值为旱田中铜限量值的 2 倍；水旱轮作的标准值取严不取宽；底泥按照水田标准值执行。

7.2　食用菌栽培基质质量要求

栽培基质符合表 3-16 要求，栽培过程中使用的土壤应符合土壤环境质量要求。

表 3-16　　食用菌栽培基质质量要求　　单位：mg/kg

项目	指标	检验方法
总汞	≤0.1	GB/T 22105.1-2008
总砷	≤0.8	GB/T 22105.2-2008
总镉	≤0.3	GB/T 17141-1997
总铅	≤35	GB/T 17141-1997

8. 环境可持续发展要求

8.1　应持续保持土壤地力水平，土壤肥力应维持在同一等级或不断提升。土壤肥力分级参考指标如表 3-17 所示。

表 3-17　　土壤肥力分级参考指标

项目	级别	旱地	水田	菜地	园地	牧地	检测方法
有机质/(g/kg)	Ⅰ	>15	>25	>30	>20	>20	NY/T 1121.6-2006
	Ⅱ	10~15	20~25	20~30	15~20	15~20	
	Ⅲ	<10	<20	<20	<15	<15	

续表

项目	级别	旱地	水田	菜地	园地	牧地	检测方法
全氮/(g/kg)	Ⅰ	>1.0	>1.2	>1.2	>1.0	—	HJ 717-2014
	Ⅱ	0.8~1.0	1.0~1.2	1.0~1.2	0.8~1.0	—	
	Ⅲ	<0.8	<1.0	<1.0	<0.8	—	
有效磷/(mg/kg)	Ⅰ	>10	>15	>40	>10	>10	LY/T 1232-2015
	Ⅱ	5~10	10~15	20~40	5~10	5~10	
	Ⅲ	<5	<10	<20	<5	<5	
速效钾/(mg/kg)	Ⅰ	>120	>100	>150	>100	—	LY/T 1234-2015
	Ⅱ	80~120	50~100	100~150	50~100	—	
	Ⅲ	<80	<50	<100	<50	—	

注：底泥、食用菌栽培基质不做土壤肥力检测。

8.2 应通过合理施用投入品和环境保护措施，保持产地环境指标在同等水平或逐步递减。

(四) 评价方法

评价指标分类：绿色食品产地环境质量评价中，一般应以单项指数评价为主，以综合指数评价为辅。而且，应根据污染因子的毒理学特征和农作物吸收、富集能力分为两类加以控制，如表 3-18 所示。

表 3-18　评价指标分类表

评价类别		第一类：严控环境指标	第二类：一般控制环境指标
水质	农田灌溉水	Pb、Cd、Hg、As、Cr^{6+}	F^-、类大肠菌群、pH
	渔业用水	Pb、Cd、Hg、As、Cr^{6+}、挥发酚	BOD_5、DO、总大肠菌群、石油类、pH、色臭味、漂浮物质、悬浮物
	畜禽养殖用水	Pb、Cd、Hg、As、Cr^{6+}、CN^-	F^-、细菌总数、总大肠菌群、pH、色度、浑浊度、臭和味、肉眼可见
	加工用水	Pb、Cd、Hg、As、Cr^{6+}、CN^-	pH、F^-、细菌总数、总大肠菌群
土壤		Cd、Hg、As、Cr	Cu、Pb、pH
空气		SO_2、NO_x、F^-	TSP

(1) 严控环境指标　第一类为严格控制的环境指标，该严控指标如有一项超标，就应视为该产地环境质量不符合要求，不适宜发展绿色食品。

(2) 一般控制环境指标　第二类为一般控制的环境指标，对于一般指标，如有一项或一项以上超标，则该基地不适宜发展 AA 级绿色食品，但可从实际出发，根据超标物的性质、程度等具体情况及综合污染指数全面衡量，然后确定是否符合发展 A 级绿色食品要求。

评价方法：依据简明、可比、可综合的原则，绿色食品产地环境质量评价一般多采用指数法。指数法分单项指数法和综合指数法。

（1）AA 级绿色食品产地环境质量评价方法　AA 级绿色食品产地大气、水、土壤的各项检测数据均不得超过绿色食品产地环境质量标准。评价方法采用单项污染指数法。

单项污染指数公式为：　　　　$P_i = C_i / S_i$

式中　P——环境中污染物 i 的单项污染指数；

C_i——环境中污染物 i 的实测数据；

S_i——污染物 i 的评价标准。

$P_i<1$，未污染，判定为合格，适宜发展 AA 级绿色食品；

$P_i>1$，污染，判定为不合格，不适宜发展 AA 级绿色食品。

（2）A 级绿色食品产地环境质量评价方法　A 级绿色食品产地环境质量现状评价采用单项污染指数法与综合污染指数法相结合的方法。在评价中，尽管某种一般控制环境污染物超标会造成危害，而平均状况却不超标。考虑这一效应，水质、土壤采用分指数平均值和最大值相结合的 Nemerow 指数法。空气质量评价采用既考虑空气平均值，也适当兼顾最高值的空气质量指数法。根据绿色食品产地环境质量标准，A 级绿色食品产地空气、水、土壤的各项严控指标的检测结果的单项污染指数不得超过 1；同时，综合污染指数也不得超过 1。

A 级评价采用三步评价法，即：

①严控环境指标的评价：严控环境指标的评价采用单项污染指数法（同上）。

$P_i>1$，严控环境指标超标，判定为不合格，则不再进行一般控制环境指标评价；

$P_i<1$，严控环境指标未超标，继续进行一般控制环境指标评价。

②一般控制环境指标评价：一般控制环境指标评价首先采用单项污染指数法（同上）。

$P_i<1$，未污染，判定为合格，不再采用综合污染指数法评价；

$P_i>1$，污染，则需继续采用综合污染指数法评价。

③综合污染指数法：Ⅰ 土壤（水）Nemerow 综合污染指数法；Ⅱ 大气质量指数法。

（五）评价报告的基本内容

绿色食品产地环境质量现状评价报告是绿色食品申报材料中十分重要的基础材料之一，绿色食品产地环境监测评价单位应按 NY/T 1054-2021《绿色食品　产地环境调查、监测与评价规范》中的有关要求及格式认真编写。编写内容及格式如下。

评价报告应包括以下 6 部分内容：①前言：包括评价任务的来源、区域基本情况和产品概述；②产地环境状况：包括自然状况、农业生产方式、污染源分布和生态环境保护措施等；③产地环境质量监测：包括布点原则、分析项目、分析方法和测定结果；④产地环境评价：包括评价方法、评价标准、评价结果与分析；⑤结论；⑥附件：包括产地方位图和采样点分布图等。

具体编写内容及格式如下。

1. 前言

（1）评价任务来源　内容包括省（自治区、直辖市）绿色食品发展中心（或管理办公室）下发的环境监测委托书。

（2）绿色食品申报企业基本情况概述

（3）产品及原料基本情况概述　产品的特点，原料的生产规模（面积、单产、总产量、总产值等）及发展计划、规划等。

2. 绿色食品产地环境质量现状调查

（1）自然环境状况　包括基地的地理位置、地形地貌、土壤类型、土壤质地及气候气象条件、生物多样性及水系分布情况等。

（2）主要工业污染源　包括乡镇、村办工矿企业的“三废”排放情况等。

（3）生产过程中质量控制措施　包括绿色食品原料生产基地的产品或原料。生产过程中农药、化肥的使用（品种、使用量、使用次数、使用时间及有机肥的来源），品种的选择及农田管理措施等。

（4）绿色食品产地环境现状初步分析　根据实地调查及收集的有关基础资料、监测资料等，对产地环境质量状况作出初步分析。

3. 绿色食品产地环境质量监测

（1）布点的原则和方法

①水质监测布点原则和方法。

②土壤质量监测布点原则和方法。

③空气质量监测布点原则和方法。

基地地理位置及布点图：布点图是环境监测布点的真实反映，评价报告中要附产地环境水、土、气布点采样图。布点图应反映布点的代表性和合理性，应标明村庄、公路、工矿等可能造成污染的场所所在地点，并标明主要方向。布点图应采用当地最新的行政区划图为底图，并根据产地面积及地形复杂程度，采用合适的比例绘制。如条件许可，应尽可能用计算机绘制彩图。

（2）采样方法

①水质采样方法：包括农田灌溉水、畜禽养殖水、渔业水和加工用水。

②土壤采样方法。

③大气采样方法。

（3）样品处理原则和方法

①水质样品处理的原则及方法。

②土壤样品处理的原则及方法。

③大气样品处理的原则及方法。

（4）分析项目和分析方法

①水质样品的分析项目和分析方法。

②土壤样品的分析项目和分析方法。

③大气样品的分析项目和分析方法。

（5）分析测定结果　水质、土壤、大气分析测定结果，要求以表格的形式报告。

4. 绿色食品产地环境质量现状评价

（1）水质现状评价

①评价所采用的模式及评价标准。

②评价结果与分析。

（2）土壤质量现状评价

①评价所采用的模式及评价标准。

②评价结果与分析。

（3）大气质量现状评价

①评价所采用的模式及评价标准。

②评价结果与分析。

（4）产地环境质量综合评价

5. 评价结论

应作出适宜 A 级或 AA 级绿色食品产品开发的结论。

6. 综合防治对策及建议

绿色食品产地的环境现状质量评价（微课）

任务实施

1. 模拟绿色食品工作人员对申请绿色食品标志使用权的企业进行绿色食品产地选择、产地调查、产地环境监测的指导工作。

2. 课堂分析、交流、讨论相关知识、完善方案。

3. 用编写习题进行考核。

任务作业

1. 绿色食品产地环境调查内容有哪些？

2. 绿色食品产地环境质量的现场调查内容是什么？

3. 绿色食品生产基地对大气、土壤的要求是什么？

4. 绿色食品产地空气监测布点原则是什么？监测项目有哪些？

5. 绿色食品产地环境质量现状评价程序是什么？评价标准是什么？

任务考核

1. 绿色食品产地调查首先通过搜集法获取有关资料，当这些资料不能满足要求时，再进行（　　）。

A. 汇报　　B. 问卷调查　　C. 市场调查　　D. 现场调查

2. 在绿色食品生产之前，通过（　　）对产地环境质量现状作出合理判断。

A. 调查研究和现场考察　　B. 大气监测

C. 水质检测　　D. 土壤检测

3. 绿色食品产地的环境监测主要分为：（　　）。

A. 基础性监测和仲裁监测

B. 监视性监测和仲裁监测

C. 基础性监测和监视性监测

D. 基础性监测、监视性监测和仲裁监测

4. 土壤污染主要有：（　　）。

A. 化学污染、生物污染、物理污染

B. 化学污染、重金属污染

C. 生物污染、农用塑料膜污染

D. 生物污染、物理污染

5. AA 级绿色食品进行环境评价采用：（　　）。

A. 双项指数法　　B. 混合指数法

C. 单项指数法　　D. 综合指数法

6. 绿色食品产地对大气的要求是产地及产地周围不得有大气污染，特别是（　　）地方没有污染源。

A. 上风口　　B. 下风口

C. 产地内　　D. 水源无污染

7. 绿色食品产地选择任务是为其产地的（　　）作技术准备。

A. 环境质量监测和质量评价　　B. 环境质量监测

C. 质量评价　　D. 绿色食品的生产

8. 进行绿色食品产地环境空气质量监测的地区，可根据当地生物生长期内的主导风向，重点（　　）。

A. 监测可能对产地环境造成污染的污染源的下风向

B. 监测“工业三废”

C. 监测可能对产地环境造成污染的污染源的上风向

D. 监测农药可能造成的污染

9. 绿色食品产地空气监测主要项目为二氧化硫、总悬浮物和氟化物和（　　）等共 4 个。

A. 氮氧化物　　B. 二氧化碳
C. 一氧化碳　　D. DDT

10. 绿色食品产地综合现状调查采取（　　）方法。
A. 搜集资料和现场调查两种方法
B. 搜集资料法
C. 现场调查法
D. 汇报法和调查法

绿色食品生产的环境调查与选择任务考核答案

知识链接

绿色食品　产地环境调查、监测与评价规范

资料卡

环境空气标准状态指温度为273K，压力为101.325kPa时的环境空气状态。

任务二　绿色食品生产的污染控制

任务导入

绿色食品是出自纯净、良好生态环境的安全、无污染食品。现在请你为××有限公司的员工讲解如何保护绿色食品产地环境。

任务要求

素质目标

1. 通过小组成员间的分工合作，树立团结合作和创新意识。
2. 通过学习绿色食品相关文件，形成自律、自强的优良品格。
3. 通过学习绿色食品污染控制，树立环保节能意识。

知识目标

1. 了解食品污染的现状及危害。
2. 熟悉绿色食品产地生态农业建设的目标。
3. 掌握产地环境污染的控制与治理途径。

能力目标

1. 能够选择合适的绿色食品产地，并能对其进行适当的控制与建设。
2. 具备良好获取信息、使用信息的能力及知识应用能力。

任务准备

1. 查阅有关绿色食品产地环境建设的内容。
2. 以组为单位准备培训的材料。
3. 每组准备一套考核试题。

相关知识

一、农产品产地的环境污染

（一）农产品产地环境污染来源

农产品产地污染来源主要有：

1. 工业生产产生的污染

工业废弃物污染农田、水源和大气。

2. 农业生产产生的污染

随着农业生产中化学肥料、化学农药等化学产品使用量的增加，一些有害的化学物质残留在土壤中。农业生产过程中，石油燃料燃烧废气的排放，农业废弃物的不当处理，导致土壤、大气和水质污染。

3. 现代生活方式产生的污染

城市和乡村的生活垃圾、汽车尾气、有害包装物以及医疗垃圾等，未经无害化处理，直接排放到环境中，污染土地、水源、大气。

（二）产地环境污染对绿色食品生产的影响

1. 大气污染对绿色食品生产的影响

大气污染物种类繁多，在我国的大气环境中，对环境质量影响较多的污染物有总悬浮微粒（TSP）、二氧化硫（SO_2）、氮氧化物（NO_x）、氟化物、一氧化碳（CO）和光化学氧化剂（例如 O_3）等。

如果大气环境受到污染，就会对农业和绿色食品产生影响和危害。大气污染物可使植物抗病力下降、影响生长发育、叶面产生伤斑或枯萎死亡。植物受大气污染影响后，会使植物的细胞和组织受到伤害，生理功能和生长发育受阻，产量下降，产品品质变坏。例如，水果蔬菜失去固有的色泽，口感变劣，营养价值降低。动物因吸入污染空气或吃含污染物的食物而发病或死亡。有害重金属积累过多，如饲料牧草的含氟量过高，不仅对畜禽造成危害，还导致土壤污染。大气污染会使绿色食品的品质、安全和营养降低乃至失去绿色食品的本质属性和价值。

大气污染，还会通过酸雨、臭氧空洞、减弱太阳辐射、大气变暖等方式，导致气候异常、气象灾害增多，对农业、林业、淡水养殖业等产生不利影响。

2. 土壤污染对绿色食品生产的影响

土壤是绿色植物的基体，土壤受到污染就会对绿色植物的生长繁殖带来影响，影响农作物的产量和质量；通过食物链，还会影响到养殖业和畜牧业，危及人类的身体健康。

土壤污染主要有：化学污染、生物污染、物理污染3个方面。

（1）土壤的化学污染　化学肥料对土壤污染主要是磷肥和氮肥等。农药、石油燃料以及来源于垃圾、污泥、污水的重金属污染，使被污染土地生长的作物植株及果实中重金属超标。

（2）土壤的生物污染　主要是城市垃圾，特别是人畜粪和医疗单位的废弃物中含有大量病原体，它们若不经过无害化处理，必然会导致土壤严重污染。据有关资料表明，有些病原体在土壤中能存活相当长时间，对蔬菜的危害最大，如痢疾杆菌可存活22~142天，沙门菌为35~70天，结核杆菌为1年左右，蛔虫卵为315~420天。

（3）土壤的物理污染　主要是施入土壤中的有机物料，如未经过清理的碎玻璃、旧金属片、煤渣等，大量使用这些物料会使土壤渣砾化，降低土壤的保水保肥能力。近年来城市垃圾中聚乙烯薄膜袋、破碎塑料等数量日渐增加，在连续使用农用薄膜的地区，土壤中大量残留塑料碎片，使土壤水分运动受阻，作物根系生长不良。

3. 水质污染对绿色食品生产的影响

水质污染对农作物会产生直接影响，使作物减产、品质降低。主要表现在以下几方面：①作物叶片或其他器官受害，导致生长发育障碍，产量降低；②产品中有毒物质积累使品质下降，不能食用；③农产品质劣价低，市场滞销没有竞争力。

水质污染对养殖业的影响主要表现在以下几方面：①水中大量的溶解性有机物分解时消耗溶解氧，由于富营养化造成水中溶解氧不足，使水生生物和鱼类缺氧死亡；②重金属直接危害水生生物或通过富集作用使水生生物体内重金属含量倍增；③农药和其他有毒化学品使鱼类中毒。

二、产地环境污染的控制

在农业生产活动中，氮和磷等营养物质、农药、重金属以及其他有机污染物质、土壤颗粒等沉积物，以不同的形式对大气、土壤和水体等环境形成污染，尤其是通过农田的地表径流和地下渗漏造成了水域环境污染。由于农业生产活动的广泛性和普遍性，加上农业污染涉及范围广、随机性大、隐蔽性强、不易监测、难以量化、控制难度大，其发展趋势令人担忧。

1. 大气污染对农业危害的控制与治理

大气污染物对作物的影响程度除了与有害气体的种类、浓度、作用时间有关外，还受作物的种类、发育时期及当时的气象条件、土壤、地形条件等因素的影响。另外，多种气体的复合污染与单一气体污染产生的效应也不同。

根据大气污染的特点，可采取以下控制与治理措施。

（1）根治污染源　控制农田大气污染的关键是对大气污染源进行有效的治理，如改进生产工艺，减排或不排废气，加强设备维修管理，防止跑、冒、漏废气等。对于必须排放的废气，必须进行回收净化。但鉴于目前的技术水平，对各种污染物还不能达到零排放的要求，因此就必须加强生产管理，控制排气时间。根据作物对大气污染物有一定的敏感期这一特点，在工厂排空废气时，要避开附近作物的敏感期，还要避开高温、高湿和无风等不利于废气扩散的气象条件，以减轻对植物的毒害作用。

（2）合理布局工厂　在农牧区内及其上风向位置，不宜兴建大气污染严重的工厂，特别是工艺落后、处理设施不完善的小型企业。在选址时，必须先做好环境质量影响评价，评价内容一定要说明该项目建成投产后可能对周围环境造成的污染程度，包括污染物可能对附近农作物造成的影响。环境管理部门根据影响程度和范围，决定是否批准建厂。

（3）制定农田大气质量标准　农田大气质量标准，指以保证对各种作物不产生有害影响为目标，而确定的各种污染物在大气中的允许含量。制定这个标准，可以为评价农田大气质量以及为环境管理部门对大气进行监督提供依据。按照这个标准，加强大气污染监测，可以及时发现污染问题，以便采取措施，把危害减至最低限度，特别是对慢性危害和不可见危害更有意义。

（4）造林绿化，净化空气　许多树种对大气污染物具有吸收、净化作用，在大气污染区的农田周围大量种植抗毒、吸毒树木，建防污林带，可以大大改善农田及周围的大气环境质量。

（5）筛选耐性、抗性作物品种　搞好污染区的作物种植区划，在有氨气污染的地方（氨气厂、化肥厂附近）选择抗氨气毒害的品种，以减少因氮气危害受到的损失。对于氟污染区，应不种或少种蔬菜等食用作物，多种棉、麻和观赏植物，以防氟化物通过食物链进入人体。

2. 农田水污染的控制与治理

防治水体污染，应从整体出发，采用综合防治的措施。综合防治就是以一个水域、水系或城市水环境作为污染防治对象，运用行政管理、法律、经济和工程技术等多种措施进行防治，使其恢复和保持良好的水质及正常使用价值。

受污染的水体通过灌溉对土壤造成污染，污染物又通过植物根系的吸收、转化、积累等进入植株的茎、叶、果实、种子，再经食物链对人体健康产生危害。

所以控制和解决因农田用水造成的污染危害应从以下几个方面考虑。

（1）减少污水灌溉面积，不用污染水灌溉农田　农田一经灌溉造成污染，尤其是对土壤造成污染，就很难消除。而有的危害不是马上就可以显示出来，要经过 10 年、20 年，甚至更长的时间。如土壤镉污染通常是由含镉工业废水污染灌溉农田引起的，人们食用含镉食物，镉进入人体后在肾脏和骨骼中积累，慢性中毒而引起“骨痛病”，抑制再吸收机能，造成失钙，从而使骨骼软化、萎缩，严重者自然骨折，疼痛至死。再如，用含有汞及甲基汞的污水灌溉农田，植株从被污染的土壤中通过吸收、转化、积累汞，汞及其化合物被人长期食用后，能引起严重的公害病——水俣病。因此，减少对农田的污染应不用已受污染的水体灌溉农田。

（2）改良土壤　改良土壤的措施，主要为增施有机肥、客土改良等。具体应用时必须根据当地的土壤性质加以实施。如酸性土壤施用碱性物质，碱性土壤施用酸性物质。由于改良土壤消耗的人力、财力都相当大，除特殊情况外，一般不宜采用这类方法。

（3）重新规划用地　对已受到严重污染的地块，应重新规划，可用作兴建厂房、建造住宅等。还可种植净化能力强的花、草、苗木等，待达到一定净化程度时再做农田用地。

（4）合理种植　种植吸收污染物低的作物，以防止可食部位污染；种植吸收力强的植物，尽快消除污染。从农业上说，合理种植非常有意义。例如，不同的蔬菜种类，对金属镉的吸收就有很大差异，在生产中则可按当地蔬菜生产特点，通过轮作试验，选择若干组对镉富集较弱的蔬菜，以显著降低蔬菜中的含镉量。

3. 化肥、农药对农产品污染的控制与治理

（1）化肥对农产品污染的控制与治理　我国人多地少，土地资源的利用已接近极限，化肥的施用成为提高土地产出水平的重要途径，加上蔬菜生产发展迅猛，使得我国已成为世界上使用化肥数量最大的国家。在化肥施用中还存在结构不合理等现象，化肥利用率低、流失率高，不仅导致农田土壤污染，还通过农田径流造成了对水体的有机污染、地下水污染和空气污染。

为了达到减少用量、增加肥效、防止污染的目的，在农业生产上，施用铵态氮肥后，应立即耙田和松土，把肥料施入。或者采用深施，可收到减少氮肥的硝化，提高氮肥的肥效，降低土壤中硝酸盐的含量的效果。

在通常情况下，硝态氮肥不应与新鲜厩肥等碳氮比大的有机物同时施用，以防止反硝化作用的产生。对于旱田，还应采用土壤耕作措施，调节土壤中的空气、水分，使其保持良好的通气性能。

在防止硝态氮肥的污染时，对磷肥的施用量也不宜过多，因为磷肥中含有相当于土壤自然含量数十倍至数百倍的镉，土壤中镉的含量增加，再被蔬菜等农作物吸收后，对人体健康产生危害。

（2）农药对农产品污染的控制与治理　目前农田施入的农药只有约 1/3 能被

作物吸收利用，大部分进入了水体、土壤及农产品中，使全国耕地遭受了不同程度的污染，并直接威胁到人体健康。这类污染在很多地区还直接破坏农业伴随型生态系统，对鱼类、两栖类、水禽、兽类的生存造成巨大的威胁。农药在防治病、虫、草害，保障农业丰收中起着重要的作用，但如果方法不当，就会造成不良的后果，如伤害农作物，残留量升高引起人、畜中毒等，因此，必须科学合理地使用农药。

①预防为主，综合防治。

a. 预防为主。所谓预防为主，就是做好病虫害的预测预报工作，准确掌握病情虫情，合理安排用药次数和用药量，并通过农业技术措施，控制病虫害滋生和繁殖的条件，培育和使用抵抗病虫害能力强的品种，防止病虫害的侵入和蔓延。

b. 综合防治。从农业生产的总体规划和保护农业生态系统出发，有组织地、协调地运用农业、生物、化学、物理等多种防治措施，这就是综合防治。采用综合防治可控制在经济危害容许水平以下，同时也把有可能产生的有害副作用减少到最低限度。如生物防治，利用瓢虫、蜘蛛来捕食蜡虫，利用姬蜂、草蛉来防治棉铃虫，利用金小蜂防治越冬棉花红铃虫，利用赤眼蜂防治水稻纵卷叶螟、玉米螟、甘蔗螟等。

②合理选用农药：根据作物的种类和生长情况，在防治病虫害时选择不同类型的农药。防治经济作物，如棉花等耐药性较强的作物的病虫害，选用农药种类可适当放宽些。但防治瓜果、蔬菜上的病虫害就要特别慎重地选用农药，严禁使用剧毒、高残毒和有刺激性气味的农药。

③根据季节合理使用农药：作物生长前期对农药的选择可以适当放宽，而到了收获期就必须选择毒性低和半衰期短的农药。

④控制用药浓度和用药量：在防治病虫害时，应严格按照使用说明配药和施用，不能任意加大农药使用浓度和用药量，以避免农作物产生药害，害虫产生抗药性和引起人畜中毒。

⑤严格遵守农药的安全间隔期：农药安全间隔期，即最后一次施药与作物收获期的间隔天数。严格按照规定药量和浓度施药，遵守安全等待期后采摘，可以使作物中农药的残留量不超过一般规定的容许残留标准。

目前，我国农药生产品种已逐步转向高效、低毒、无污染和残留期短的方向发展，杀灭菊酯、辛硫磷、乙酰甲胺磷等农药，都属于低毒低残留农药，可以用于蔬菜、水果等作物上，对于高残留的六六六、DDT 等严禁使用。另外，昆虫变态激素已成为继化学农药和生物农药之后的第三代杀虫剂。

4. 畜禽产品污染的控制与治理

畜牧业是依赖于植物生产的第二性生产，它依靠第一性生产来提供饲料资源，如能量、蛋白质和维生素等。

畜禽的污染与环境质量状况有密切的关系。尽管有的畜禽在饲养过程中不直接接触农药等有害物质，但农田中使用的农药、化肥和工业生产排放的有害物质等都会以在作物和饲料中的残留形式，通过食物链间接地对畜禽产生危害。

为了防止畜禽产品污染，必须注意做好以下几点。

（1）贯彻“预防为主”的方针　有计划地调查环境污染物对畜禽的危害，在调查研究的基础上，因地制宜地制定全面规划，控制环境污染。

（2）做好环境监测　建立畜牧环境保护监测机构，定期对大气、水体、饲料及土壤中的有害物质进行监测，监测畜产品中的残留物，并做到及时查清污染源和污染物质；做到防患于未然，但关键还是控制污染源。

（3）加强畜禽管理　畜禽进入农药、化肥、工业“三废”等污染过的地块吃草、吃虫或饮水时，就有可能引起中毒，所以必须严加管理。

（4）注意饲料的卫生管理　饲料不要和农药等有毒物质混合装运，严禁用装过有毒物质的容器存放饲料。此外，还应管理、存放好农药和灭虫、毒鼠的食饵，以防畜禽舔、啄食。

绿色食品产地的污染控制（微课）

三、绿色食品产地的生态建设

（一）生态农业及其特点

1. 生态农业的概念

生态农业是从系统理论出发，按照生态学和经济学原理，运用现代科学技术成果、现代管理手段及传统农业的有效经验建立起来，以期获得较高的经济效益、社会效益和生态效益的现代化的农业发展模式。生态农业要求在宏观上协调生态经济系统结构，协调生态-经济-技术的关系，促进生态经济系统的稳定、有序、协调发展，建立宏观的生态经济平衡；在微观上做到多层次物质循环和综合利用，提高能量转换与物质循环效率，建立微观的生态经济平衡。一方面，要以较少的投入为社会提供数量大、品种多、质量好的农林牧渔产品；另一方面，要能节约资源和保护环境，提高生态环境质量，为人类提供良好的生活环境，为农业的绿色发展创造条件。生态农业必须维护和提高其整个系统的生态平衡，这种生态平衡是扩大意义上的生态平衡，既包含个体生态平衡或微观生态平衡，又包含总体生态平衡或宏观生态平衡。

2. 生态农业的特点

生态农业理论是运用生态学和经济学理论，通过多学科综合，用系统的观点建立起来的一整套理论。

（1）生态农业理论强调农业生产必须因地制宜　无论是自然条件和经济社会条件都存在地域和地区差别，对条件不同的地区不能强求生态农业建设内容的同一。只有对一个地区的各种条件进行全面调查和分析后，才能最佳地进行该地区生态农业发展决策，切实做到因地制宜。

（2）生态农业理论强调农业是一个开放系统，并且是非常平衡的系统　必须打破传统的农业观念，从封闭式的自给自足的小农经济中解放出来，由温饱型农业逐步发展到商品农业。

（3）生态农业理论强调要对农业实行集约经营　长期以来，大多数地区农业是粗放经营道路，实行广种薄收。到目前为止，还有部分地区仍采用违反生态的生产方式，造成水土流失、土壤盐碱化、沙化及草原盐碱化、沙化，农业资源衰竭，自然灾害连年发生，农业生态环境严重恶化。

（4）生态农业理论强调农业的商品化生产　我国农业农产品商品率较低，农业系统处于低水平生产状态，农业结构的功能效率很低。生态农业理论要求从事农业生产必须充分考虑农业系统内外环境的生态条件和经济条件，通过农业系统结构的设计和调控，增加物质和能量投入，实行集约经营，改善农业生态环境，形成一个有利于农业生产的稳定的生态基础和资源基础，使农业系统和外部环境取得最佳统一。

（5）生态农业理论强调农业生态环境质量的保持和提高，创造无污染农业。

（6）生态农业理论强调农业经营的综合性特征　一是农业是一个多因子、多层次的综合性事物，其结构和功能都十分复杂，因此必须把生态农业建设当作一个整体来看，综合分析各种因素，全面考虑，采取一系列有关措施；二是生产、建设必须采取综合措施；三是在生产发展和生态状况的改善问题上，也要综合考虑，生产的发展绝不能建立在对自然资源的过度利用和破坏生态平衡的基础上，不能单纯为了追求经济效益而忽视了生态效益；四是生态农业的建设，决不能只从农业一个部门来考虑，而必须联系加工工业、交通运输、市场流通等方面。

（二）生态农业建设的模式

生态农业建设模式的类型很多，主要有以下三个类型。

1. 时空结构型

这是一种根据生物种群的生物学、生态学特征和生物之间的互利共生关系合理组建的农业生态系统，使处于不同生态位置的生物种群在系统中各得其所，相得益彰，更加充分地利用太阳能、水分和矿物质元素，是在时间上多序列、空间上多层次的三维结构，其经济效益和生态效益俱佳。如果林地立体间套模式、农田立体间套模式、水域立体养殖模式、农户庭院立体种养模式等。

2. 食物链型

这是一种按照农业生态系统的能量流动和物质环规律而设计的一种良性循环的农业生态系统。系统中一个生产环节的产出是另一个生产环节的投入，使得系统中的废弃物多次循环利用，从而提高能量的转换率和资源利用率，获得较大的经济效益，并有效地防止农业废弃物对生态环境的污染。如种植业内部物质循环利用模式、养殖业内部物质循环利用模式、种养加三结合的物质循环利用模式等。

3. 时空食物链综合型

这是一种时空结构型和食物链型的有机结合，使系统中的物质得以高效生产和多次利用，是一种适度投入、高产出、少废物、无污染、高效益的模式类型。如：北方“四位一体”生态模式及配套技术；南方“猪-沼-果”生态模式及配套技术；平原农林牧复合生态模式及配套技术；草地生态恢复与持续利用生态模式及配套技术；生态种植模式及配套技术；生态畜牧业生产模式及配套技术；生态渔业模式及配套技术；丘陵山区小流域综合治理模式及配套技术；设施生态农业模式及配套技术；观光生态农业模式及配套技术。

（三）生态农业建设的技术原理和内容

1. 原理

首先，通过生态环境的治理及农村能源综合建设，使生态环境从恶性循环向良性循环转变，绿色植被覆盖率及土壤理化性能、有机质含量得以提高，进一步增强生态经济系统的生产能力；其次，以农业废弃物资源化为中心的物质多层次循环利用，提高资源利用率，并保护环境；再次，采取农牧结合或农林复合系统的形式，提高系统自我维持能力及生态稳定性。

2. 内容

（1）生态-经济-社会复合系统中，实现种植业、养殖业及工商业之间生产、流通与生态良性循环的综合技术。

（2）系统内各生产组分，子系统内各种组分的优化组合技术。

（3）农副产品废弃物资源化技术。

（4）以提高农业生态系统生产力及系统稳定性为目的的生物种群调整、引进与重组技术。

（5）农林能源综合建设技术。

（6）以系统内生物种群、时空有序性及景观生态系统为中心的立体种、养技术，或称农业生态结构工程。

（7）环境生态工程技术。

（8）生态农业系统的调控技术。

（四）产地环境生态建设的意义

生态农业的基本理论和特点顺应了农业持续稳定协调发展战略的要求，会取得明显的经济效益、生态效益及社会效益，产地环境生态建设具有深远意义。

（1）促进了绿色食品生产和农村经济的发展，人民生活水平显著提高。

（2）有利于农业持续稳定协调发展。

（3）农村能源、环境得到改善。

（4）抗自然灾害能力显著提高。

（5）生态农业是实现我国农业持续、高效发展的有效途径。

（6）生态农业是解决我国当前存在的人口、粮食、资源、能源不相协调的诸多矛盾的战略措施。

当前我国农业随着人口的不断增加和消费者对农、副产品的需求不断提高，而我国拥有的资源、财力条件以及生态环境，严重地制约着农业发展。从目前研究和实践的情况来看，解决这个矛盾比较可行的方案是走生态农业之路。因为生态农业所要解决的中心问题，就是农业持续发展，解决这个问题的办法不是单纯地依赖于物质、资金及技术的高投入，而是在合理投入的前提下，首先是通过农、林、牧、渔产业的有机结合，食物链的合理配置，物质和能量的多级传递，物质的多层次循环利用，实现生态良性循环与协调发展；其次通过治理与改善生态环境，发挥自然生态系统的自我平衡能力，提高系统的稳定性；再次是通过种植业、养殖业及加工业的综合发展，实现产品增值与高效的良性循环。

此外，生态农业建设还有三方面的功效：一是减轻了化肥、农药、有机粪便对产品、水体、大气的污染；二是实现了秸秆及有机粪便饲（饵）料化、肥料化，缓解了丘陵山地、草场地力的过度消耗及粪便的不合理使用，使系统向低污染、残余物合理利用与良性循环的方向发展；三是由于进行了粪便饲料化、肥料化、沼气池料化及沼渣综合利用和发展无公害蔬菜等技术措施，使生活环境有较大改善，保障了人体健康。

（五）生态农业建设的技术工艺

1. 立体种养业网络技术

生态农业是农业经济系统、技术系统和生态系统交织而成的立体网络系统，其中生态系统是骨架。农业生态系统具有明显的层次结构特征，第一层由农、林、牧、副、渔等产业构成，即生产布局结构；第二层由农、林、牧、副、渔各业自身的内部构成；第三层由同一田块中的多种群构成或单个种群的结构。

生态农业建设的目的就是把上述三个层次理顺，使其总体结构合理，整体功能协调有序，实现良性循环。

（1）生产布局　农业生产的合理结构，就是要解决农、林、牧、副、渔、工、商、建、运、服 10 个方面产业的全面发展问题。在农业布局上，主要表现为农、林、牧、副、渔等的土地利用和农业生物占地面积的比重结构。农业生产结构，一般表现为 10 方面的产值构成、劳动时间、分配构成、农业劳动力分工构成等。布局和结构要结合当地自然条件和社会经济文化条件，进行因地制宜的资源配置。

（2）各产业内部构成　各产业内部结构是生产布局的基础，也存在生产合理结构的问题，如种植业的粮食作物、经济作物、饲料作物等之间应有合理的比例关系。

（3）同一田块内的种群或群落结构　种群结构是指各种生物种群在系统内从

空间到时间上的分布规律。要处理好平面结构工程、垂直结构工程和时间结构工程。

①平面结构工程：要实现种植业平面结构优化，必须打破单一种植粮食作物的小农观念，要从生产结构上进行全面合理的土地利用。在某些地区还要适当退耕还林还草或粮草间套作，实现“草、畜、肥、粮"的良性循环。

将发展林草业与种植业结构结合。如在平原地区，针对风、沙、旱、涝、盐碱等限制农业生产力的环境条件，要营造以农田防护林为主体的农田林网，在荒地、坡地要营造水土保护林，要多林种搭配，乔、灌、草结合，实行点、带、片间多种形式结合。

②垂直结构工程：种植业的垂直结构，是指农田中各作物种群在立体上的组合分布状况，即立体种植。

③时间结构工程：它是指在生态区域内各种群生长发育，与当地季节、昼夜等自然节律，即与当地自然资源的协调吻合状况。时间结构设计主要包括两个方面：一是建立合理的轮作套种制度，在时间、空间上合理配置绿色植物，延长光、热、水资源的利用时间；二是通过技术的措施改变某些限制因子，提高系统的输出，如温室育苗、温室栽培瓜菜、覆膜栽培技术是在接茬演替的时间结构设计中常用的配套技术。它们不仅能直接防止地面蒸发造成水分损失，而且能使土壤中的水、肥、气、热诸因素互相协调，较好地解决了作物生长发育与环境条件的某些矛盾。对于早春低温、有效积温少或高寒的干旱半干旱地区，能在一定程度上弥补水、热资源的不足。

2. 生物物质的多层次利用技术

(1) 生物物质多层次利用的主要形式　生物物质多层次利用是建立在生态学食物链原理的基础上。生态农业建设中通过巧接食物链，将各营养及生物因食物选择所废弃的或排泄的生物物质作为其他生物的食物加以利用和转化，进而提高生物能的转化率及资源的利用率，这是生物多层次利用的主要方式之一。沼气发酵技术不仅能改善农村生态环境，开发出农村新能源，还能使农、林、牧、渔有机地结合起来，实现生态农业系统良性循环，成为物质和能量的多层次利用的重要实用技术。

(2) 秸秆资源的多途径综合利用　玉米秸秆和麦秸氨化后喂牛效果好，既节省了部分精饲料，又有利于牛的生长发育。利用秸秆、棉籽壳可栽培食用菌，促进了秸秆的多层次循环利用。如农作物秸秆及其他农业废物可养菇，菇还可出口销售，菌糖加入配合饲料喂畜禽，畜禽粪便在沼气池发酵，沼气做农家生活能源，沼水养鱼，沼渣还田，如此循环下去，可使同一产品增值几倍或几十倍。

3. 相互促进物种共生系统在生态农业中的应用

根据生态环境条件，选择多种个体大小和取食习性等方面不相同的畜、禽混养，在与之相配合的多种结构的综合群体中，可使这些生长在混杂群体中的动、植物都能持续地获得最大限度的生物产量。

（1）牛、羊混牧　牛吃高草，羊吃低草，可提高草场利用率和载畜量。

（2）鱼、鹅混养　鹅在水中活动，能促进空气氧对水体的复氧过程，且将表层饱和溶氧水搅入下层，利于改善鱼塘环境；鹅粪也是鱼的好饵料。

（3）鱼、鳖混养　鳖是用肺呼吸的爬行动物，常由水底到水面交换气体，其上下往返运动，使水体不同深处的溶氧得以交流，利于鱼生长和浮游生物及水生植物繁殖。鳖在池底活动，能促进塘底腐殖质分解还原，加速物质的循环及能量多级利用。鱼鳖混养，投饵量的重点对象是鳖，其次是草鱼，鳖和草鱼排泄的粪可培肥水质，繁殖较多的浮游生物供鱼食用。鳖又能吃掉行动迟缓的病鱼及死鱼，起到防止病原体传播、减少鱼病的作用。

（4）藕、鱼、萍共生　藕池养萍，萍富集水体中的氮、磷等营养物质，防止水体的富营养化，改善水质，同时还给鱼类提供新鲜饵料。鱼吃幼虫，减轻藕的病虫危害。莲叶出水挺立，为鱼遮阴，既直接改善了水温状况，又间接增高了水质溶氧量，均利于鱼类生息。

（5）稻田养鱼　大体近似藕、鱼、萍共生系统。不同点在于要在田头一隅挖一稍深坑池，为稻晒田时及夜里供鱼栖身。

（6）菌、菜共生　把食用菌引入大田和温室，与作物或蔬菜共生，以作物或蔬菜行间的生态条件替代食用菌所需的人工设施，可以显著改善田间或温室小气候，创建菌菜共生系统和新的生态平衡，大幅度提高系统生产力。菌菜共生增产原理是菌类呼吸放出的二氧化碳促进了蔬菜的光合作用。如香菇、黄瓜共生，使净光合产物增加。这是因为在早春夜间低温和夏季高温时，灌水可使土温激变，进而影响黄瓜根系及地上部的生长，而菇床能稳定土温，大大缓解温差对黄瓜的伤害。同时，菌丝体分泌物能促进黄瓜根系发育，增强其对营养的吸收能力。同时菌菜共生能降低黄瓜发病率20%左右。

4. 生态优化的病虫害综合防治技术

常规农业生产，由于过分依赖化学农药防治病虫草害，给农业生态系统带来一系列严重影响，如对农药产生抗性的害虫、病菌及杂草日益增加；增施农药造成害虫天敌的大量死亡；土壤、大气、水体被污染，进而导致有毒物质在农作物中残留量上升。

为减少对农药的依赖，生产出更多更清洁的食品必须改变常规农业生产方式，采用生态优化的植保技术等。

（1）生态优化的植保技术要点　防治病虫害的生态优化植保技术，包括种植作物的种类和时间变化、增加天敌、耕作方式变化等多方面。

①通过作物种植的时间及空间上的变化，来防治或减少病虫的危害。

②利用轮作、间作与种植方式的改变来限制病虫危害作物的能力。

③利用农田周围的野生植被来增加天敌的丰度及扑杀害虫的能力。

④种植诱集植物。

⑤利用耕作方式及栽培技术来影响农业生态系统内部及周围的存活病虫。

（2）害虫的生物防治　生物防治是生物种群间相互制约关系在农业生产上的应用。生物防治可达到少用农药、减少污染、保护好农业生态环境的效果，主要措施有：

①调查当地主要害虫的关键天敌。

②准确测报，合理使用农药，协调化学防治和生物防治的矛盾。

③推广综合防治，合理调整防治指标。

④创造适宜天敌生活的生态条件。

绿色食品产地的生态建设（微课）

任务实施

1. 培训小组派代表进行培训讲解。
2. 课堂分析、交流、讨论相关知识，教师点评。
3. 用自编习题进行培训考核。

任务作业

如何控制绿色食品产地的大气污染、农田水污染、化学农药污染、化肥污染？

任务考核

一、单选题

1. 生态农业建设模式的类型很多，主要有（　　）。

A. 时空结构型、食物链型和立体网络型

B. 食物链型和立体网络型

C. 时空结构型、食物链型和时空食物链综合型

D. 时空结构型、空间结构型和时空食物链综合型

2. 农产品产地污染来源主要有（　　）。

A. 工业生产产生的污染、农业生产产生的污染、现代生活方式产生的污染

B. 化工生产产生的污染、农业生产产生的污染、现代生活方式产生的污染

C. 生物生产产生的污染、农业生产产生的污染、现代生活方式产生的污染

D. 工业生产产生的污染、医药生产产生的污染、现代生活方式产生的污染

3. 土壤污染主要有：（　　）。

A. 药品污染、生物污染、物理污染

B. 化学污染、垃圾污染、物理污染

C. 化学污染、生物污染、农用膜污染

D. 化学污染、生物污染、物理污染

4. 控制和解决因农田用水造成的污染危害应从（　　）方面考虑。

A. 减少污水灌溉面积，不用污染水灌溉农田，增加水质检测项目

B. 改良土壤，施有机肥料

C. 重新规划用地，采用先进灌溉技术

D. 减少污水灌溉面积，不用污染水灌溉农田，改良土壤，重新规划用地，合理种植

5.（　　）是绿色食品开发的基础。

A. 有机工业　　B. 有机农业　　C. 订单农业　　D. 生态农业

二、判断题

1. 创建绿色食品原料标准化生产基地是扩大绿色食品生产规模的有效途径。（　　）

2. 未通过绿色食品认证审核的产品，本生产周期内不再受理其认证申请。（　　）

3. 绿色食品产地的土壤监测项目为 pH、铅、镉、砷、汞、铬和铜等共 7 个。（　　）

4. 绿色食品产品或产品原料的产地必须符合农业农村部制定的绿色食品产地环境质量标准。并有一套保证措施，确保该区域在今后的生产过程中环境质量不下降。（　　）

5. 有机肥的施用不会污染土壤。（　　）

绿色食品生产的污染控制任务考核答案

知识链接

环境保护

绿色食品产地环境质量

国家黑土地保护工程实施方案

绿水青山就是金山银山

资料卡

取之有度，用之有节

出自北宋司马光的《资治通鉴》第二百三十四卷《唐纪五十·德宗神武圣文皇帝十年》。当时的名臣陆贽对唐德宗提出了均节财赋的六条建议，其中第二条就提到了“夫地力之生物有大限，取之有度，用之有节，则常足。取之无度，用之无节，则常不足。”

这就明确提出了土地能够提供的资源是有限度的，所以人们对土地的索取也应该有一定的“度”，要有所节制。因为土地的肥沃与贫瘠、产出的多少，都是由自然规律决定的，是相对比较恒定、比较稳定的，而人们使用多少、耗费多少，关键在于人们自己的衡量和把握。

项目四

绿色食品生产过程控制

任务一 绿色食品种植业生产控制

任务导入

××种植养殖专业合作社欲为该社生产的白菜申请绿色食品标志，你作为该合作社的技术员，请制定绿色食品——白菜的生产操作规程。

任务要求

素质目标

1. 通过小组成员间的分工合作，树立团结合作意识。
2. 通过学习白菜的生产操作规程，激发创新精神及社会责任感。

知识目标

1. 了解绿色食品种子种苗的选择。
2. 熟悉1~2种绿色食品种植技术。
3. 掌握绿色食品种植产品生产操作规程的编写方法。
4. 掌握绿色食品种植业生产标准及关键技术。

能力目标

1. 能够查询到绿色食品——种植产品生产的相关标准并能正确引用。
2. 能够对绿色食品种植产品的生产进行质量控制。

任务准备

1. 查阅一份某地区的绿色食品——白菜生产技术操作规程。

2. 根据任务要求准备一套绿色食品——白菜种植技术培训资料。

3. 方案设计：选取一种适合自己家乡的绿色食品种植类产品，说明适合种植的原因及关键生产技术，并指出如何对其进行质量控制。

相关知识

一、绿色食品种植业生产准则

1. 逐步建立和实现农业生态系统的良性循环

农业生产包括植物生产、动物生产、微生物生产和环境四部分。植物生产是指作物通过光合作用，将太阳能转化为化学能并合成有机物质，为动物、微生物提供生存的能量来源；动物作为直接或间接食用植物的消费者，将植物生产的简单有机物质合成复杂的有机物质；微生物将动植物残体及其排泄物分解成无机物归还到环境中，供植物再次吸收利用；环境为生物提供营养物质和能量以及活动、生存的场所。四个组分通过食物链，即能量转化和物质循环紧密地结合成一个整体，系统内部具有自动调节能力，以保持自身的平衡和相对稳定性。

种植业，作为植物生产部分，是农业生产中的一环，如果种植业生产出现问题也会影响其他环节。因此，发展绿色食品应从农业生态系统的整体出发，因时、因地制宜地调整和优化产业结构，使系统中各个组分相互协调发展和实现良性循环。生态的良性循环将进一步促进绿色食品生产的发展。

2. 形成和保持综合可持续生产能力

为了满足当代人及其后代对绿色食品产品的需求，需要持续稳定地发展绿色食品并形成综合、可持续的生产能力。要求在绿色食品的生产产地合理地开发利用当地资源，达到种、养、加多业结合，协调发展，建立作物秸秆和其他副产物循环系统，使有机物质多层次循环利用，实行无废物生产和无污染生产。只有这样，才能形成和保持综合可持续生产能力。

3. 依靠先进的科学技术

绿色食品生产追求的目标是高效益和无污染，生产过程是在减少能源消耗、减少化学物质投入的前提下进行。为了保持和不断提高绿色食品生产水平，就必须在总结传统农业精耕细作、有利于保护生态环境的农艺技术基础上，更多地依靠先进的科学技术成果，运用营养诊断技术指导施肥，利用天敌及生物制剂防治病虫草害等，将它们有机结合成综合的农业技术系统，不断提高绿色食品生产水平。

4. 实行全程质量控制

绿色食品生产实行全程质量控制，即“产地环境、种植、加工、贮运、销售、食用”全过程的各个环节都要严格按照绿色食品标准，从管理和施加的技术措施等方面控制和防止污染，并将各项技术和管理措施落实到每个企业、每个产品、每个生产者，并加强对绿色食品从业人员的培训，不断提高生产者的质量意识和科技文化素质。

5. 力求实现经济效益、社会效益和生态效益的统一

绿色食品生产的目标不仅要获得无污染、高品质的产品，还力求以较少的生产投入，获得较大的经济效益，保持和逐步提高生态环境的质量。因此在绿色食品生产中每项措施的确定和实施都要围绕经济效益、社会效益和生态效益的协调和统一来进行，要考虑提高产量，改善品质，提高产品档次，以取得较好的经济效益。

6. 节约能源，保护资源和提高生态环境的质量

如果我们根据绿色食品的生产过程，将绿色食品——种植类产品分为生产前、生产中和生产后控制阶段。根据绿色食品的标准体系，生产前主要的控制因素有产地环境以及对产地环境的调查、监测与评价，生产中主要控制生产过程中的生产资料及生产技术，生产后主要控制产品的包装、质量。这些控制因素都应该遵守绿色食品生产的相关标准，如表 4-1 所示。

表 4-1　　种植类绿色食品应该遵守的生产标准

生产时期	控制因素	控制项目	执行标准
生产前	产地环境	产地环境质量	NY/T 391-2021《绿色食品　产地环境质量》
		产地环境调查、监测与评价规范	NY/T 1054-2021《绿色食品　产地环境调查、监测与评价规范》
生产中	种苗	种苗质量	无
	种植制度	种植制度的选择	无
	施肥	肥料适用	NY/T 394-2023《绿色食品　肥料使用准则》
	病虫草害防治	病虫草害防治措施及农药施用	NY/T 393-2020《绿色食品　农药使用准则》
	生产控制	生产技术规范	根据产品，标准不同
生产后	产品包装	产品包装	NY/T 1055-2015《绿色食品　产品检验规则》
	产品质量	产品质量指标	根据产品，标准不同
	产品抽样	产品抽样准则	NY/T 896-2015《绿色食品　产品抽样准则》

二、绿色食品种植业生产操作规程

（一）绿色食品种植业生产规程主要内容

绿色食品种植业生产操作规程是绿色食品在生产过程中涉及的各个生产环节中易产生污染的生产控制点的集合，如农业生产资料的使用（包括种子及种苗、肥料、农药的选择）、耕作制度、收获及晾晒等。主要有：

（1）品种选择方面　尽可能选择适应当地环境条件，易于栽培的、品质优、外观好，抗病性、抗逆性较强、耐贮运的品种，并经过省级品种鉴定委员审定的优良品种。

（2）施肥方面　在满足植物和土壤营养需求的同时，多施用符合规定的有机肥料，分期施用，提高肥料的利用率，降低施用的肥料对产地环境中土壤、大气及水环境的污染。

（3）病虫草害防治方面　多采用无污染的生物防治、物理机械及农业防治措施，减少化学性农药的施用。同时选用符合规定的农药，注意农药的种类、剂量、施用时间及残留上的污染问题。

（4）耕作制度方面　在合理应用生态学原理的基础上，种植制度中确定作物的结构与布局，耕种与休闲，种植方式（如间作、套作、单作、混作），种植顺序（如轮作、连作）；在技术措施中进行农田基本建设、土壤培肥、水分管理、土壤耕作、防止和消除病虫害和杂草等。建立合理的耕作制度，以期最大限度地保持生物多样性。

（二）绿色食品种植业生产操作规程的编写

种植规程是绿色食品申报审查中的核心部分，涉及的内容均应该按照绿色食品申请材料《种植产品调查表》中的相应内容进行设计和记录。

（1）应根据申报产品或产品原料的特点，因地制宜编制具备科学性、可操作性的种植规程。

（2）规程的编制应体现绿色食品的特点。病虫草害的防治应以生物、物理、机械防治为主；施肥应以有机肥为基础，以维持或增加土壤肥力为核心。

（3）规程编制的内容应包括：立地条件（环境质量、肥力水平等）、品种与茬口、育苗与移栽、栽培措施及土壤处理、种植密度、田间管理（包括施肥、灌溉等）、病虫草鼠害的防治、收获及收获后处理等。

（4）肥料使用情况，应根据作物单位产量需要的养分计算施肥量，尽量分期施用，采用多种施肥方式。肥料的使用应包括肥料名称、有效成分、施用方法、施用量、施用时期等内容。

（5）对病虫草鼠害的防治，应根据近三年的植保概况制定较全面的防治措施且均应全部体现。农药的使用应包括农药名称、登记证号、剂型规格、防治对象、使用方法及用量、使用时间、安全间隔期等内容。

（6）正式打印文本，并加盖种植单位或技术推广单位公章。

三、作物种子和种苗的选择

种子是农业生产中重要的生产资料，作物种子和种苗作为农业生产的起点，其质量是决定作物产量和品质的基础。由于绿色食品生产标准及生产规程的规定和要求，限制速效性化肥和化学农药等农业生产资料的使用，在这样的栽培条件下，不仅需要高产优质的优良品种，而且需要抗性强的优良品种，如抗病虫、抗旱、抗寒等。抗性强的品种在减轻自然灾害、降低污染、保证产量及品质方面起很大作用，如选用抗病虫或耐病虫的品种，可减少或避免一些病虫害的发生，也就能减少化学性农药的施用和污染。

首先我们需要明确种植类产品生产中，所谓的种子有哪些类型。

（一）种子和种苗类型

农业上的种子一般包括五大类。

1. 真种子

真种子即植物学上所指的种子。用作播种的部分刚好由胚珠发育而来。如农作物中的豆类、油菜、棉花、亚麻、烟草等；蔬菜作物中的茄子、番茄、辣椒、萝卜等；林木种子中的银杏、松柏类、苹果、梨、柑橘等。

2. 类似种子的果实

类似种子的果实即植物学上称为果实成熟后果皮不开裂，直接用果实作为播种材料。分为以下类别。

颖果：如禾本科的小麦和玉米（典型的颖果）、水稻（带有壳的颖果，即假果）；

瘦果：向日葵、荞麦、苎麻等（与颖果不同处是果种皮可以分开）；

分果：胡萝卜、芹菜等；

坚果：板栗、榛子、甜菜和菠菜等；

荚果：黄花、苜蓿等；

核果：核桃、桃、杏、梅、枣等。

3. 用于繁殖的营养器官

包括植物学上的各种无性繁殖器官，如：

块根：甘薯和山药等；

块茎：马铃薯和菊芋等；

球茎：芋、慈姑等；

鳞茎：洋葱、蒜、百合等；

地上茎：甘蔗等；

地下茎：藕等；

枝条：杨、柳等。

4. 繁殖孢子

均为低等植物，依靠菌丝或孢子繁殖，例如：蘑菇、香菇、猴头菌、木耳。

5. 植物人工种子

指通过组织培养技术，把植物组织的细胞培养成在形态及生理上与天然种子胚相似的体细胞胚（即胚状体），包埋在含有营养物质和具有保护功能的物质中形成的颗粒体，其能在适宜条件下发芽出苗，长成正常植株的颗粒体。如目前常规使用的无毒马铃薯、无毒草莓繁殖材料。

（二）绿色食品种植类生产对种苗的基本要求

目前绿色食品没有关于种苗的具体标准要求，但是需要在生产规程中加入此部分内容，根据绿色食品生产企业的生产经验及实践情况，绿色食品种植类产品的生产对种苗的要求主要体现在品种、引种、良种繁育、种子检验 4 个方面。

1. 对品种的要求

现代农业对作物品种的要求是高产、优质、稳产性、广适、生育期适宜、适应机械化。绿色食品生产所选用的种子更强调种子应具有高效、优质、抗性强等重要因素，此外还需要名、特、稀、缺、新品种满足绿色食品的经济效益及市场的需求。因此在选择和应用品种时要做到以下几个方面：

（1）在兼顾高产、优质优良性状的同时，要注意高光效及抗性强的品种的选用，以增强抗病虫和抗逆的能力，发挥品种的作用；

（2）在不断充实、更新品种的同时，要注意保存原有地方优良品种，保持遗传多样性；

（3）加速良种繁育，为扩大绿色食品再生产提供物质基础；

（4）绿色食品栽培的种子和种苗必须是无毒的，且来自绿色食品的生产系统。

2. 引种的要求

广义的引种，是指把外地或国外的新作物、新品种或品系，以及研究用的遗传材料引入当地。狭义的引种是指生产性引种，即引入能供生产上推广栽培的优良品种。从外国、外地引入优良品种，经在本地区试种成功后可直接用于生产，也可作为育种材料加以间接利用。大量引种只可解决品种缺乏时的急需，生产上主要仍以当地育种工作为主，要迅速培育适合当地的优良品种。

引种必须有明确的目标，需要根据当地生产急需解决的问题，如高产、品质提高、新品种、与当地环境适应等，有计划、有目的、有组织地引种；同时应该考虑品种的多样性问题。

引种时要注意品种的适应性，引种前应摸清对引入品种的各方面性状，看看这些性状是否与当地的生态环境相适应。

验证品种是否与当地的生态环境相适应，引种试验是引种时必须进行的工作，在引种试验中一定要做适应性观察、产量试验、栽培试验，并观察新品种在当地的生育期、产量性状，抗逆性、适应性等来确定新优良品种的栽培措施和推广应用范围；

严格做好引进品种的检疫工作。引种常是病虫害和杂草传播的重要途径。新引进的品种材料必须通过特设的检疫圃，隔离种植，若在鉴定过程中发现有新的危险性的病虫害，就要采取根除的措施，通过这样途径繁殖而得的种子，才能用于试验。

3. 良种繁育的要求

良种繁育是为作物生产培育大量纯正优质种苗的制度与方法。良种繁育是品种选育程序的一个组成部分，它的任务是提供符合国家标准的繁殖材料；提高种性，防止品种退化；加速繁殖，提高繁殖系数。良种应该是优良的品种，具备优良的品种特性，同时又应是优良的种子，是纯度高、杂质少、种粒饱满、生命力强的种子。优良种子才能使优良品种的性状充分表现，发挥其作用。在引种试验中掌握引入品种的栽培特点，以便在推广时提出适当的栽培技术。另外，还要配合推广，做好引入品种的繁殖工作，保证推广时有充足的、纯度较高的引入品种的种子。

4. 对种子检验的要求

为了保证为生产提供高纯度的优良种子，严防病虫害、杂草的传播，需要对种子进行检查。种子检验是利用规定的程序对种子样品的质量指标进行分析、鉴定，判断和评价种子利用价值的活动。种子检验以 GB/T 3543-1995《农作物种子检验规程　其他项目检验》为依据，主要检验种子纯度、净度、发芽率、水分、千粒重、病虫害等指标。

绿色食品生产种苗（微课）

四、绿色食品生产种植制度

种植制度也称耕作制度，是耕地上作物的种植制度及与之配套的技术措施的总称。其中作物种植制度是耕作制度的中心，主要是根据作物的生态适应性与生产条件，确定作物种植结构与布局，作物种植次数即复种与休闲，作物种植方式即间作、套种和单作、连作、轮作等。与作物相配套的技术措施是作物种植制度的基础与保证，包括农田基本建设、土壤培肥制度、灌溉水管理制度、土壤耕作制度、病虫害杂草防除制度以及农业服务制度等。

种植制度的制定，要结合国家下达的种植计划，根据现实的自然、经济条件，充分合理地利用农业资源，正确处理好作物与作物间、作物与土壤间的关系，采用先进技术，实行科学种田，用地养地紧密结合，保持良好的农业生态环境，达到稳产高产、生态良好的目的。

种植制度还需要根据作物的生态适应性，确定一年或几年内所采用的作物种植体系。包括多熟制、作物的结构与布局、复种与休闲、种植方式（包括间作、套作、单作、混作）、种植顺序（轮作、连作）。

（一）作物布局

作物布局是指农作物的地域分布，指农作物在一定的地区内及不同地区间的地域分布，也包括一个生产单位（如农场）种植作物的种类、面积与田块配置。各种作物都有其生态适应性和技术加工特性，对自然生态条件和技术经济条件有不同要求，作物布局必须综合考虑自然因素（如热量、水分、光照、土质、地貌等）、社会经济因素（如人口与劳动力、交通运输、技术加工、市场需要等）及技术进步因素（如品种改良和地膜覆盖推广等）对作物布局的影响。做到讲求经济实效，增产增收，并注意合理轮作，坚持用地与养地相结合，趋利避害，最终有利于农业生产的全面发展。合理的作物布局可充分发挥各地区自然资源和经济条件的优势，提高农作物的产量和质量，取得较好的经济效益、生态效益和社会效益。

作物布局应该以满足社会对农产品的需求为目的，如自给、市场、国家的战略性需求；作物布局应该以作物的生态适应性为依据，如因地种植；趋利避害，发挥优势；作物布局应与当地的社会经济和技术发展水平相适应，达到社会、经济、生态效益的统一，如利用比较效益原则、最低风险原则、等边际产量（产值）原则，达到多样性和专业性统一，稳定性和灵活性的统一。

作物布局设计的步骤为：①明确对产品的需要；②查清环境条件，包括自然条件和社会经济科学技术条件；③分析作物生态适应性；④划分作物生态区、种植适宜区；⑤确定作物组成；⑥确定作物种植区划（配制）；⑦可行性分析。如根据积温和无霜期天数进行的作物布局，如表 4-2 所示。

表 4-2　作物布局类型

>0℃，积温/℃	无霜期/天	类型	适宜作物组组合
1000~1500	<100	寒冷作物带	早熟春小麦、青稞、豌豆、小油菜、马铃薯、萝卜、芜菁
1500~2500	100~120	温寒作物带	亚麻、马铃薯、莜麦、大麦、春小麦、早谷子、甜菜、向日葵、水稻
2500~3500	120~150	温凉作物带	谷子、糜子、玉米、大豆、高粱、春小麦、甜菜、向日葵、水稻
3500~4500	140~180	温和作物带	冬小麦、玉米、高粱、大豆、早熟棉、水稻、糜谷、饲料绿肥
4500~5500	180~200	暖温带	冬小麦、棉花、花生、甘薯、水稻、小麦、玉米、大豆

续表

>0℃，积温/℃	无霜期/天	类型	适宜作物组组合
5500~7500	220~280	温寒作物带	茶、油茶、油桐、竹、柑橘、马尾松、麦－棉、麦（油、蚕豆）-稻-稻
7500~9500	280~360	温寒作物带	甘薯-稻、香蕉、甘蔗、橡胶、油棕、椰子、可可

（二）种植方式

1. 间作

间作是指将两种或两种以上生育季节相近的作物在同一块田地上同时或同季节成行或成带地相间种植方式；即一行 A 一行 B。间作方式有成行、成带、株间。

2. 套种

套作是指同一块田地上，在前季作物的生育后期，或在其株行间播种或移栽后一季作物的种植方式。常用模式：马铃薯套种玉米、果园套种中药材、西瓜套种草莓等

3. 间套作类型

（1）作物高矮搭配　如玉米与大豆或绿豆的间作，两者结合有利于通风透光，使太阳光能得以充分利用；

（2）作物对病虫害要能起到相互制约　如大蒜套种玉米，大蒜分泌的大蒜素能驱散玉米蚜虫，使玉米菌核病发病率下降；

（3）作物根系应深浅不一　即深根系作物与浅根系喜光作物搭配。如小麦和豆科绿肥作物的间作，小麦对土壤氮营养的需求高，豆科作物对土壤氮营养的需求低，在土壤中各取所需，可以充分利用土壤中的养分和水分，促进作物生长发育，达到降耗增产的目的；

（4）圆叶形作物宜与尖叶形作物套作　如玉米与花生的间作，玉米是尖叶形作物，花生圆叶形作物，叶片形状不同可避免互相挡风遮光，提高光能利用率；

（5）主副作物成熟时间要错开　如玉米间作红薯，主作物玉米先收，副作物红薯后收，晚收的作物能够在生长后期充分地吸收养分和光能，提高产量。同时错开收获期，可避免劳力紧张，又有利于套作下茬作物；

（6）作物枝叶类型宜一横一纵　如玉米和红薯的间作，玉米作物以枝叶横向发展为主，红薯作物以纵向发展为主，两者结合可充分利用土地的空间资源，生长空间互不干扰，形成通风透光的复合群体，提高土地的生产能力；

（7）作物品种双方要一互一利　既要利于双方发育生长、互利共生或有利于一方，又不损害另一方的生长。例如玉米套种大豆，大豆的根瘤菌可为玉米提供氮肥，玉米分泌的无氮酸类是大豆根瘤菌所喜欢的基质；

（8）耐阴作物宜与抗旱作物搭配　如玉米、高粱套种红薯，玉米、高粱耐旱，红薯耐阴，这样可充分发挥水肥作用，增强作物抗灾能力，有利于减轻旱涝

灾害；

(9) 作物结实部位以地上和地下相间为宜　就是茎秆上开花结实的作物与在地下结实的作物套作。这样不会形成授粉上的互相争斗，地上茎秆开花结实的作物可独享风、虫媒介体，有利于增产；

(10) 作物种植密度要一宽一窄　即一种作物种宽行，另一种作物种窄行。如玉米套种蚕豆，蚕豆窄行，玉米宽行，这样便于通风，保证增产优势；

(11) 缠绕型作物与秆型作物有机套作　如玉米和黄瓜间作，可用玉米秸秆替黄瓜架条，让黄瓜缠绕在玉米秸上，还能减轻或抑制黄瓜花叶病，能节约架条、省工省钱；

(12) 爬蔓型作物宜与直立型作物套作　如春玉米间作南瓜、晚玉米间作冬瓜，玉米往上长，南瓜、冬瓜横爬秧，互不影响。且南瓜花蜜能引诱玉米螟的天敌黑卵蜂寄生，可有效地减轻玉米螟危害。

4. 间套作搭配的注意事项

(1) 认识作物的相亲与相克，两种或两种以上作物种植在一起，双方分泌的杀菌素、生长素、有机酸、生物碱等化学物质直接或间接地影响对方生长的称为“相克”，促进双方正常生长的称为“相亲”；

(2) 生产地块内的所有间套作物种植，都需要按照指定的绿色食品生产的操作规程进行生产；

(3) 尽量利用空间和时间间隙，生产绿肥类作物，培肥地力。

(三) 种植顺序

1. 轮作

轮作是指同一块地有顺序轮种不同作物的种植方式。作物轮作有很多好处。

(1) 防治病害、虫害、草害　作物的许多病害如烟草的黑胫病、蚕豆根腐病、甜菜褐斑病等都能通过土壤侵染。如将感病的寄主作物与非寄主作物实行轮作，便可消灭或减少这种病菌在土壤中的数量，减轻病害。合理的轮作也是综合防除杂草的重要途径，因不同作物栽培过程中所运用的不同农业措施，所以对田间杂草有不同的抑制和防除作用。

(2) 均衡利用土壤养分　各种作物从土壤中吸收各种养分的数量和比例各不相同。如禾谷类作物对氮和硅的吸收量较多，而对钙的吸收量较少；豆科作物吸收大量的钙，而吸收硅的数量极少。因此两类作物轮换种植，可保证土壤养分的均衡利用，避免其片面消耗。

(3) 调节土壤肥力　谷类作物和多年生牧草有庞大根群，可疏松土壤、改善土壤结构；绿肥作物和油料作物，可直接增加土壤有机质来源。水旱轮作可改变土壤的生态环境，有利于土壤通气和有机质分解，消除土壤中的有毒物质，防止土壤次生潜育化过程，并可促进土壤有益微生物的繁殖。

常见的轮作模式有禾谷类轮作、禾豆轮作、粮食和经济作物轮作、水旱轮作、

草田轮作等，合理的轮作模式可以有效地提高经济效益和生态效益。如：

旱粮轮作：小麦/大豆-油菜

经济作物轮作：烟草-小麦-油菜；稻田轮作

季节性水旱轮作：油菜-早稻；小麦-早稻

周年性水旱轮作：稻豆轮作；稻棉轮作等

同时，轮作技术要点有：合理安排轮作中的作物组成；合理安排轮作顺序；确定适宜的轮作年限。

2. 连作

连作是指在同一块田地上连续种植相同作物的种植方式，又称重茬。在一定条件下有以下好处：扩大种植适于当地气候、土壤的作物，以满足社会需要或获得较多利润；专业化程度高，生产者较易掌握其高产栽培技术，也便于机械化等。但连作常会引起生育停滞、矮化、根腐，甚至死亡。

连作导致减产有多方面原因。①连作会使土壤养分失去平衡，不同种类的作物在生长过程中对养分的需求并不一致，因此对土壤中养分的吸收水平也不一致；②连作会加重土壤次生盐渍化，也就是我们常说的反碱，土壤由于矿物离子浓度过大会阻碍作物根系对水分的吸收，甚至会引起局部根茎部位中的水分外渗，从而影响蔬菜的正常生长；③连作程度高时，作物会产生自毒作用，这是因为作物根系分泌物或者植物残体分解会释放酚酸类化合物等有毒物质，这些物质会对根系生长起到抑制作用，表现为新根发芽差、生长缓慢等，而且这类物质不易分解，能够随着作物连作次数的增加在土壤中不断积累，从而给后茬作物的生长造成严重的影响；④连作会使作物病虫基数不断积累，这是因为每一种作物或同一类型的作物，在特定的生长环境中都会有特定的病菌和害虫，连作使得这些特定的病菌和害虫长期积累。

各种作物对连作的反应不同，大致可分为三类。

(1) 不耐连作的作物　如豌豆、蚕豆、花生、烟草、甜菜、亚麻、黄麻、向日葵等，这些作物连作，最易加重土壤感染的病害，引起明显减产。因此，此类在同一块田地上种一年后，宜隔 2~4 年或更长时间才可再种；

(2) 耐短期连作的作物　如豆科绿肥、薯类作物、大豆等，这些作物短期连作，土壤感染的病虫危害较轻或不明显，可在同一块田地上连作 1~2 年，间隔 1~2 年后，又可再种；

(3) 较耐长期连作的作物　如水稻、麦类、玉米、甘蔗等，可在同一块田地上连作 3~4 年，甚至更长年限。如果采取增肥灭草等措施，则连作受害轻或不明显。

根据不同作物对连作的反应特点，针对引发连作产生危害的原因，采取以下相应的措施，则可较好地发挥连作作用。

(1) 在充分施肥和改善土壤耕作的条件下，可在较长年限内连续种植稻、麦、玉米、棉花等耐连作的作物，或连续采用由它们组成的同一复种方式的连作，如麦-稻、麦-玉米、麦-稻-稻等长期在同一块田地上种植、其危害较轻或不明显，这种类型在中国占有很大面积；

（2）扩大上述作物在轮作组成中的比重，适当延长其在轮作周期中的连作年限；

（3）选用抗病品种；

（4）实行水旱轮作；

（5）在一年二熟三熟情况下，将其中一种或两种作物实行年间连作，而对另一种作物实行轮换种植。

五、施肥

肥料与农作物生产、饲料与动物饲养、食物与人类生存环境紧密相连，是自然生态良性循环中的基础环节。肥料对农作物、绿色食品生产有重要作用。正确选用肥料，可提高土壤肥力、改良土壤、提高作物品质、增加产量等；不正确选用肥料，可降低土壤肥力、降低作物品质和产量、可加速农业种植区域水体富营养化造成水质污染、可加速土壤污染物质富集造成土壤污染、可导致大量氨类气体挥发造成空气污染等。从上面看，选择和施用的肥料会直接影响绿色食品产地的环境质量、绿色食品的产量及质量，这是绿色食品种植业生产中不容忽视的环节。因此 A 级和 AA 级绿色食品生产所选用的肥料种类及施用要求要符合标准 NY/T 394-2023《绿色食品　肥料使用准则》中的规定。目前绿色食品生产优先选择农家肥，选择绿色食品生产肥料，要根据绿色食品特定的生产操作规程及产品质量的要求，以能促进作物生长、提高产量和品质、有利于改良土壤和提高土壤肥力、不造成对作物和环境的污染为目的。

根据 NY/T 394-2023《绿色食品　肥料使用准则》标准要求，绿色食品的施肥应满足以下要求。

（一）施肥原则

（1）肥料施用必须满足作物对营养元素的需要，使足够数量的营养物质返回土壤，同时增加有机质的使用，以保持或增加土壤肥力及土壤生物活性。即植物以不同的方式从土壤中吸收矿质养分，使土壤养分逐渐减少，连续种植会使土壤贫瘠，为了保持土壤肥力，就必须把植物带走的矿质养分以施肥的方式归还给土壤。而在绿色食品的生产过程中强调以施用有机肥的方式进行营养补充，而不是强调以矿物质的形式进行补充。

（2）以有机肥为主，辅以其他肥料；以多元复合肥为主，单质元素肥料为辅；以施用底肥为主，追肥为辅。

为了降低土壤污染，提高肥料的利用率，应该实施测土配方施肥，即根据作物需肥规律、土壤供肥性能和肥料效应，在合理施用有机肥料的基础上，提出氮、磷、钾及中、微量元素等肥料的施用数量、施肥时期和施用方法，从而调节和解决作物需肥与土壤供肥之间的供需关系。同时有针对性地补充作物所需的营养元素，作物缺什么元素就补充什么元素，需要多少补多少，实现各种养分平衡供应，满足作物的需要；达到提高肥料利用率和减少用量、提高作物产量、改善农产品品质、节省劳力、节支增收的目的。

（3）以底肥为主的原则　增加底肥比重，有助于培育壮苗，也可以减少追施氮肥的数量（尤其是速效性的氮肥造成的产地环境污染），进而提高产品的绿色化程度。生产中宜将有机肥料全部进行底肥施用，如将绝大比例的氮肥、磷肥、钾肥进行底肥施用（氮、磷、钾肥等化学性肥料应当是适用 A 级绿色食品的肥料且需注意施用量）。

（二）可以施用的肥料

绿色食品可以施用的肥料有农家肥料、有机肥料、微生物肥料、无机肥料、有机-无机复混肥料五类。

（1）农家肥料　指就地取材，主要由植物和（或）动物残体、排泄物等富含有机物的物料制作而成的肥料。包括秸秆肥、绿肥、厩肥、堆肥、沤肥、沼肥、饼肥等。

（2）有机肥料　指主要来源于植物和（或）动物，经过发酵腐熟的含碳有机物料，其功能是改善土壤肥力、提供植物营养、提高作物品质。常见的农家肥及有机肥如表 4-3 所示。

表 4-3　常见的农家肥及有机肥种类

肥料	说明
堆肥	秸秆、杂草、绿肥、泥炭、垃圾等与人畜粪尿在好气条件下堆腐而成的有机肥料。多强调植物源原料的加入
沤肥	物料与堆肥基本相同，只是在淹水条件下，经微生物嫌气发酵而成的一类有机肥
人粪尿	腐熟的人的粪便和尿液的混合物，是一种以氮为主的速效有机肥
厩肥	以家畜粪尿为主，加入作物秸秆、草炭或泥土等垫圈材料堆积并经微生物发酵而成的一类有机肥料。多强调动物源原料的加入
沼气肥	在密封的沼气池中或者淹水条件下，有机物在嫌气条件下经微生物发酵制取沼气后的副产物，主要由上部水肥和底部渣肥两部分组成
绿肥	以新鲜植物体就地翻压、异地使用或者经沤、堆后的肥料，主要分为豆科绿肥和非豆科绿肥两大类，如苕子、紫云英、田箐等
秸秆肥	以麦秸、稻草、玉米秸、豆秸、油菜秸等作物秸秆不经堆肥过程，在田间条件下直接腐解进行还田的肥料

续表

肥料	说明
饼肥	以各种含油分较多的种子经压榨去油后残渣制成的肥料，如菜籽饼、豆饼、花生饼等
腐殖酸类肥料	以含有腐殖酸类物质的泥炭（草炭）、褐煤、风化煤等经过加工制成的含有植物营养成分的肥料

（3）微生物肥料　含特定微生物活体，如根瘤菌、固氮菌、磷细菌、钾细菌肥料等，应用于农业生产，通过其中所含微生物的生命活动，增加植物养分的供应量或促进植物生长，提高产量，改善农产品品质及农业生态环境的肥料。

（4）无机肥料　主要以无机盐形式存在，能直接为植物提供矿质营养的肥料；如氮肥有尿素、硫酸铵、氯化铵等；磷肥有过磷酸钙、钙镁磷肥等；钾肥有氯化钾、硫酸钾等；还有各类中微量营养的无机肥料，如硫酸镁、硫酸锌、硫酸铁等。

（5）有机-无机复混肥料　由上面讲述的有机肥和无机肥料通过化学方法和（或）掺混方法制成的肥料。这类肥料的养分至少含有氮、磷、钾三种养分中两种养分。

（三）肥料施用规定

1. A 级绿色食品生产用肥料使用规定

（1）应选用农家肥、有机肥料、微生物肥料、有机无机复混肥和无机肥料。

（2）农家肥和堆肥应该符合 NY/T 3442 的要求，宜利用秸秆和绿肥，配合施用具有生物固氮、腐熟秸秆、促进生长等有益功效的微生物肥料。肥料的重金属限量指标、粪大肠菌群数、蛔虫卵死亡率应符合 GB/T 38400 要求。

（3）有机肥料应符合 NY/T 525 或 GB/T 17419 的要求，按照 NY/T 1868 的规定合理使用。根据肥料性质（养分含量、碳氮比、腐熟程度）、作物种类、土壤肥力水平和理化性质、气候条件等选择肥料品种，可配施农家肥、有机肥料、微生物肥料、有机无机复混肥和无机肥料。

（4）微生物肥料应符合 GB 20287、NY 884 或 NY/T 798 的要求，可配施农家肥、有机肥料、微生物肥料、有机无机复混肥和无机肥料。

（5）无机肥料、有机无机复混肥料、水溶肥料应符合 GB/T 15063、GB/T 18877、GB/T 23348、GB/T 34763、GB/T 35113、HG/T 5045、HG/T 5046、HG/T 5049、HG/T 5514、HG/T 5515、NY/T 1107 等要求。

2. AA 级绿色食品生产用肥料使用规定

（1）选用腐熟的农家肥、有机肥、微生物肥等，不应使用化学合成肥料。

（2）农家肥和堆肥应该符合 NY/T 3442 的要求，宜利用秸秆和绿肥，配合施用具有生物固氮、腐熟秸秆、促进生长等有益功效的微生物肥料。肥料的重金属限量指标、粪大肠菌群数、蛔虫卵死亡率应符合 GB/T 38400 要求。

（3）有机肥料应符合 NY/T 525 或 GB/T 17419 的要求，按照 NY/T 1868 的规定合理使用。根据肥料性质（养分含量、碳氮比、腐熟程度）、作物种类、土壤肥力水平和理化性质、气候条件等选择肥料品种，可配合施用腐熟农家肥和微生物肥料。

（4）微生物肥料应符合 GB 20287、NY 884 或 NY/T 798 的要求，可与农家肥、有机肥料和微生物肥料配合施用，用于拌种、基肥或追肥。

（5）无土栽培可使用农家肥料、有机肥料和微生物肥料，掺混在基质中使用。

3. 不应使用的肥料种类

（1）添加有稀土元素的肥料；

（2）成分不明确的、含有安全隐患成分的肥料；

（3）未经发酵腐熟的人畜粪尿；

（4）生活垃圾、污泥和含有有害物质（如毒气、病原微生物、重金属等）的工业垃圾；

（5）国家法律法规规定不得使用的肥料。

绿色食品生产肥料（微课）

资料卡

底肥、追肥与种肥

1. 底肥

底肥也叫作基肥，是指满足植物生长发育的养分，具有增强土壤肥力、改良土壤营养成分的作用，例如常见的厩肥、堆肥、家畜肥、氮磷钾复合肥等。底肥指在种植前充分混合在土壤中的肥料。

底肥使用场景一般是在播种或栽种前，掺杂在土壤中的有营养的天然肥料或化学肥料，根据不同的种植物以及不同的土壤肥力要求，添加合适的肥料，以增强土壤的基础肥力，满足植物生长所需。

2. 追肥

追肥是指在植物生长期间为补充和调节植物营养而施用的肥料。追肥的主要目的是补充底肥的不足和满足植物中后期的营养需求。追肥施用比较灵活，要根据作物生长的不同时期所表现出来的元素缺乏症，对症追肥。氮钾及微肥是最常见的追肥品种。追肥可以土施也可以喷施，土施容易造成机械伤害，而喷施适用于紧急缺素状况，供应养分快，但供应量不足，因此多用于需求量较少的微量元素的施用。

3. 种肥

种肥是指在播种或移栽时，将肥料施于种子附近或与种子混播供给作物生长初期所需的养料。由于肥料直接施于种子附近，要严格控制用量和选择肥料品种，以免引起烧种、烂种，造成缺苗断垄。

六、病虫草害防治

在农业生产中，绿色食品不仅要获取一定的生产经济效益，还要保障食品的安全性与质量。而农作物的病虫草害可直接影响绿色食品的产量，在绿色食品生产中采用有效的病虫草害防治技术，是获取经济效益的关键。但绿色食品的高效生产具有较多的局限性，并且环境等限制性因素较多，农作物自身抵抗病虫草鼠害的能力较弱。为此，提高绿色食品的生产质量，不仅要对以往的防治措施进行探索，还要不断优化与改进，采用科学、合理的防治手段提高绿色食品的产量。此外，绿色食品生产对防治技术的服务功能也有较高的标准与要求。

根据NY/T 393-2020《绿色食品　农药使用准则》标准要求，绿色食品病虫草害防治应满足以下要求。

（一）有害生物防治原则

（1）以保持和优化农业生态系统为基础　建立有利于各类天敌繁衍和不利于病虫草害滋生的环境条件，提高生物多样性，维持农业生态系统的平衡；

（2）优先采用农业措施　如选用抗病虫品种、实施种子种棉检疫、培育壮苗、加强栽培管理、中耕除草、耕翻晒垡、清洁田园、轮作倒茬、间作套种等；

（3）尽量利用物理和生物措施　如温汤浸种控制病虫害、机械捕捉害虫、机械或人工除草。用灯光、色板、性诱剂和食物诱杀害虫，释放害虫天敌和稻田养鸭控制害虫等；

（4）必要时，合理使用低风险农药　如没有足够有效的农业、物理和生物措施，在确保人员、产品和环境安全的前提下，按照规定要求选择和使用农药。

（二）综合防治手段

综合防治是对有害生物进行科学管理的体系，从农业生态系统总体出发，根据有害生物和环境之间的相互关系，充分发挥自然控制因素的作用，因地制宜地协调应用必要的措施，将有害生物控制在经济受害允许水平之下，以获得最佳的经济、生态和社会效益。这与国外提倡的“有害生物综合治理”（IPM）观念基本含义一致。

综合防治强调以生态系统为管理单位，允许有害生物在经济受害水平可承担水平下继续存在，充分利用自然控制因素，提倡多学科协作，充分利用自然控制因素，强调防治对象、防治措施的综合及有害生物综合防治体系的动态性。

除了综合防治，预防的作用也非常重要，尤其是对作物病害的预防。预防强调通过检疫措施预防危险性病害的传播和蔓延，用于国外或国内局部地区发生的危险性病害；强调在病害发生之前采取措施消灭在未发生前或初发阶段。

作物的综合治理措施具体可以归结为以下 5 个方面，即植物检疫、农业防治措施、生物防治措施、物理机械防治措施、化学防治措施。

1. 植物检疫

植物检疫是指由国家颁布条例和法令，对植物及其产品，特别是苗木、接穗、种子等繁殖材料进行管理和控制，防治危险性病虫草害的传播蔓延。植物检疫分为对外植株检疫和国内植物检疫。

植物检疫的主要任务是禁止有危险性有害生物随种子、苗木、无性繁殖材料及其载体（包装物、运输工具、植物产品）等由国外或境外传入，将国内局部地区已发生的危险性有害生物封锁在一定范围内。种植类检疫的部门有海关口岸、国家农业、林业部门。

2. 农业措施

农业防治是一种最基本的防治措施，具体包括以下几个方面：

（1）选用抗病品种　利用抗病品种来控制植物的病虫害是最为有效、经济和易行的措施之一。对于防治许多难以运用耕作措施控制，而又缺乏有效农药的病害，如土传病害、病毒病害、大面积气传病害显得尤为重要，而且可以有效解决化学农药导致的环境污染问题。

植物抗病性是一定的寄主与病原物组合在一定的环境条件下相互作用的表现，寄主或病原物发生变异，或者环境条件发生改变，都可能导致抗病性丧失。

为延长抗病品种的使用年限并合理利用抗病品种，需要注意以下措施：

①抗病育种尽量选用多种抗病基因不同的优良抗原；

②对所培育抗病品种进行多地区测试，使其经受尽可能多的选择压力；

③合理作物布局，不同流行地区种植含不同抗病基因的品种；

④轮换使用含不同抗病基因的品种。

（2）搞好田园卫生　是指在生长期将发病初期的病株、病叶、病果及时摘除或拔掉，并清理出园；采收后将遗留在田间的病残植物集中烧毁或深埋。通过这样的措施保持田园卫生可以把多种病害的初侵染和再侵染的病菌来源清除出园。

（3）合理轮作倒茬　具体内容参见种植制度部分。

（4）加强田间管理　主要措施有适当调整播期，促进作物健康生长，避开一些病虫的重要危害期；合理密植，使作物生长健壮整齐，通风透气，降低湿度，可抑制病虫发生并提高作物对病虫的抵抗力；加强肥水管理，合理整枝，修剪，适期采收，改变种植方式（如平畦变高畦，适当密植）、设置防虫网、覆盖地膜、深耕改土、垅土法、改进栽培设施、推广无土栽培等。加强田间管理的目的在于培育壮株，提高作物自身的抗性。

3. 生物防治措施

生物防治是利用有益生物及其代谢产物抑制病原物的生存或活动，从而减轻病虫害的发生防治方法。主要利用拮抗作用、竞争作用、重寄生作用、捕食作用、交互保护原理，采用“以虫治虫、以菌治虫、以菌治菌、引进天敌”的方法，达到防治的目的。

“以虫治虫”，指利用天敌昆虫进行捕食或者寄生害虫，达到防虫的目的，天敌昆虫分为捕食性天敌和寄生性天敌，捕食性天敌，如采用七星瓢虫捕食蚜虫，寄生性天敌分为寄生蜂和寄生蝇，如蚜茧蜂寄生蚜虫。可通过本地天敌及保护和引进移殖天敌昆虫的方式进行虫害的生物防治。

“以菌治虫”指利用各种微生物，如细菌类的芽孢杆菌、无芽孢杆菌、球杆菌等，真菌类的白僵菌和绿僵菌，病毒类的棉铃虫核型多角体病毒等，进行虫害的防治。如利用苏云金杆菌 BT 对鳞翅目昆虫有很强的毒杀作用。

“以菌治菌”，指利用微生物的抗生、竞争、重寄生、溶菌机制控制病害，如采用哈赤木霉菌防治作物白粉病、炭疽病病毒。

除此之外，还可以利用昆虫激素、昆虫生长调节剂有效杀死害虫。

生物防治方法因其无污染、安全有效方面的特征，正在成为绿色食品有效防除有害微生物的最主要的手段。

4. 物理机械措施

物理机械防治就是利用各种物理元素及机械设备或工具防治病虫草害。这种方法简单方便，经济有效，副作用少。

（1）机械防治　是指用人工或机械防治病虫草害。具体的方法有以下 4 种。

①清除法：利用人工或机械方式清除杂草，去除种子杂质和发病植株。

②捕杀法：利用人工或者机械进行捕杀害虫。

③诱杀法：可采用毒饵诱杀、潜所诱杀、植株诱杀等。

④隔离法：采用覆盖地膜、防虫网、盖草等方式防治病虫害。

（2）物理防治　是指利用病虫草害对物理因素，如光、热、色、射线、超声波等的反应来防治病虫草害。

①光的应用：如夜间利用害虫的趋光性采用黑光等进行诱杀，晒种或晒田进行杀虫、杀菌，夏天利用遮阳网进行遮光降温，促进作物生长，提高作物对病害的抵抗力等。

②颜色的应用：如在田间悬挂黄板诱蚜虫，利用黑色地膜提高地温除草，利用银灰色地膜进行驱避蚜虫等。

③热的应用：如采用温汤浸种提高发芽率，采用高温闷棚抑制病害发生等。

④新技术的应用：如采用红外线、紫外线杀菌，用超声波引诱雄虫，干扰害虫的正常繁殖等。

5. 化学防治措施

指利用化学药剂来防治病虫草害，因其作用迅速、效果显著、简单易行等优势，是目前农业生产中常用的防治措施。但使用不当也容易造成环境和产品的污染，影响绿色食品的产地环境和产品质量，因此只能在A级绿色食品生产中使用。化学防治的主要方法有种苗处理、土壤处理、植物喷药和烟雾熏蒸4种。

（1）种苗处理　种苗处理就是将化学性药剂，以拌种、浸种、闷种等形式处理不同类型的种子、种苗等繁殖材料，消灭繁殖材料内外的病原物、杂种子等。

（2）土壤处理　土壤处理就是结合耕翻，将化学性药剂采用穴施、沟施、浇灌、毒土、喷施等方法施于地面，再翻入土层，由根部吸收，传导到作物的地上方或者接触死亡。施用时间分为播前处理、播后处理、生长期处理等。主要用于防治地下害虫、线虫、土传性病害、土壤中的虫、蛹、杂草，也用于内吸剂施药。

（3）植株喷药　植物喷药是将药剂以喷雾和喷粉的方式喷施于作物表面。施药时要严格按照说明配药，严格控制使用种类、剂量、喷药时机和次数，避免药害、产品污染和人员中毒。

（4）烟雾熏蒸　烟雾熏蒸是要求在密闭空间内进行，如大棚、覆盖的地膜等，主要防治病菌、虫害。要避免产生明火，点燃后人员应该立即撤离，避免中毒，完毕后应该通风。

（三）农药施用

绿色食品种植业农药施用时，必须注意解决好3个关键问题。

1. 选用的药必须是标准、规范、合格适用产品

要按着低毒、低残留、无三致（致癌、致畸、致突变）的原则加以选用：

（1）首先选用经专门机构认证推荐的绿色食品生产资料农药类产品；

（2）可选用中等毒性以下植物源杀虫剂、杀菌剂、拒避剂和增效剂，如除虫菊酯、鱼藤根、烟草水、大蒜素、川楝、印楝、芝麻素等；

（3）使用矿物油、植物油制剂和矿物源农药中的硫制剂、铜制剂；

（4）经专门机构核准，允许有限度地使用活体微生物农药，如真菌制剂、细菌制剂、病毒制剂、放线菌、拮抗菌剂等；

（5）经专门机构核准，允许有限度地使用农用抗生素，如春雷霉素、多抗霉素（多氧霉素）、井岗霉素、农抗120、中生菌素、浏阳霉素等；

（6）农药剂型宜选用悬浮剂、微囊悬浮剂、水剂、水乳剂、微乳剂、颗粒剂、水分散粒剂和可溶性粒剂等环境友好型剂型。

NY/T 393-2020《绿色食品　农药使用准则》标准中规定了A级和AA级绿色食品可使用的农药类型如下：植物和动物来源（如苦参碱、植物油等）；微生物来源（如白僵菌、苏云芽孢杆菌等）；生物化学产物（低聚糖素、几丁聚糖等）；矿物来源（石硫合剂、硫黄等）；其他（海盐、乙醇等），具体信息参照知识链接

《绿色食品　农药使用准则》，A 级绿色食品可使用的农药类型参照知识链接《绿色食品　农药使用准则》。

2. 必须按药剂说明确定使用量和使用方法

用在要防治对象的防治适期，根据有害生物的发生特点和农药特性，选择适当的施药方式，但不宜采用喷粉等风险较大的施药方式。应按照农药标签使用农药，控制药量或浓度、施药次数和安全间隔期。

3. 绿色食品农药残留问题

允许施用规定的农药，残留量应该符合 GB 2763-2021《食品安全国家标准　食品中农药最大残留限量》，其他农药的残留量不得超过 0.01mg/kg。

七、绿色食品其他生产管理措施

（一）作物灌溉

1. 灌溉用水选择

绿色食品——种植类产品生产所用的灌溉水主要包括地面水（河流、湖泊、水库、池塘等）、地下水和天然降水。灌溉用水除了对水的数量（如地面水的多少及分布、地下水资源状况及天然降水的多少）有一定要求外，更重要的是对水质的要求。只有经过监测符合 NY/T 391-2021《绿色食品　产地环境质量》对农田灌溉水中各项污染物的指标要求，如 pH、总汞、总镉、总砷、总铅、六价铬、氟化物、化学需氧量、石油类、粪大肠杆菌等污染物的指标符合要求，方可作为灌溉水用于绿色食品——种植类产品的生产。

灌溉水受污染后，污染物通过灌溉在土壤中积累，然后通过根系吸收入农作物体内，可对农作物产生直接影响，使作物减产，品质降低。其中的有害重金属能与作物原生质中的蛋白质结合，导致细胞死亡，即使在少量的情况下，也能置换植物蛋白中的铁、锰等元素，使酶的活性受到抑制、阻碍呼吸等一系列代谢过程。因此种植类产品的生产基地要选择在地表水、地下水水质清洁无污染的地区，要远离对水造成污染的工厂矿山，最好位于地表水、地下水上游。对于某些因地质形成原因而致使水中有害物质如氟超标的地区，也要避开。

2. 灌溉技术

（1）灌水期的确定　确定灌水期可通过直接或间接测定土壤含水量，再与该作物这一生育阶段要求的适宜土壤含水量来比较，就可以做出是否浇水的决定。测定土壤含水量可采用仪器法、重量含水量法、相对含水量法。也可用感观来确定土壤含水量，适宜的土壤含水量为 10cm 土层处土壤手握成团，齐腰高落地散开。此外，还要根据作物的长相，来判断植株缺水与否。同时，也要根据作物不同的生育期，不同的土壤，不同的季节来确定灌水期。

（2）控制灌溉水温度　寒冷季节浇水后地温要下降，如用冷水灌溉将加重土壤的低温影响程度，对根系吸收功能和生理活动极为不利。灌溉水温度保持在20~30℃较为适宜；水温同地温基本一致，不低于2~3℃。提高灌溉水温度的方法有：冬季可利用深井水灌溉；在保护地内设置晒水箱，利用太阳把水晒热后再灌溉；每天浇水的时间宜选在晴天早晨地温高的时候，以缩小水温同地温的差距；保护地浇水后要立即关闭通风口升高室内温度，然后再开通风口放风排湿。

（3）灌水量的确定　每次灌水量要比露地栽培的小一些，不宜采用大水漫灌或畦灌。

（4）灌水时间的确定　浇水时间的确定，要考虑对地温和空气湿度的影响。低温季节浇水要选在晴天，且预测到浇水后能获得几个连续的晴天，以利于提高地温和通风排湿，要在早上浇水，不宜在阴雨天和傍晚浇水。高温季节浇水可在傍晚进行，以利于降低土温。任何栽培方式和季节都不应在温度低的时间内浇水。

（5）灌水后的管理　如果是温室或者大棚，灌水后应及时关闭通风口以提高室内的气温和地温，当地温上升后，再及时通风排湿。浇水后当土壤干湿适度时及时进行中耕保墒，以提高土温和改善土壤透气性。

（6）灌溉设施　总结和运用节水灌溉设施，并积极引进先进的灌溉技术，如滴灌和微喷等。

（二）作物生产地界的限定和景观维护

1. 平行生产

平行生产是有机农业中的一个专用术语，指在同一农业生产单元中，同时生产相同或难以区分的有机、有机转换或常规产品的情况。在绿色食品的生产中也同样适用。进行平行生产的目的是对生产的产品进行有效控制，防止其非预期的流向，保证绿色食品生产与平行产品的有效分隔。

在绿色食品——种植类产品生产中，可以通过种子/种苗、土肥管理及病虫害防治等过程进行独立操作或者使用生产工具进行编号使用存放等方式避免混杂、交叉污染。

2. 绿色食品与常规食品生产的隔离措施

在隔离时应注意以下几个方面。

（1）距离　绿色食品的生产与常规食品生产之间需要间隔一定的距离，如产地环境之间的污染存在着通过水、空气等介质的迁移扩散及交换问题，保证绿色食品的生产基地不受普通农产品的污染和影响。

（2）设置屏障　屏障的类型包括地形屏障，充分利用地形，如山峰、河流、野生植被等；工程屏障，如隔离网、垄沟、篱笆等；生物屏障，如防风林、植被覆盖等。

3. 利用标记

在绿色食品生产基地的外缘、生产所用的生产资料及工具设立标记牌，以区别绿色食品与普通农产品的生产。

（三）产品收获

作物收获是绿色食品种植类产品生产上的最后环节。最终收获的质量会影响农产品的销售、贮藏、保鲜及深加工的质量。

1. 作物收获原则

（1）防止污染　主要是防止收获过程产生的物理污染和化学污染，如农产品收获过程中，由于不规范使用采收农机、农具造成的机械混杂及接触造成的物理化学污染。可通过规范操作程序加以预防和标准化生产进行控制。

（2）确定收获期　确定最佳来收期是保证绿色食品作物质量的重要原则。

（3）减少浪费、注意节约　在采收过程中通过人工辅助等措施尽量减少机械损伤及遗漏，同时严格遵守操作规程。

（4）分期收获　不同品种、品质的作物进行分期、分批收获，保证绿色食品作物的质量。

2. 作物收获的关键技术点

（1）确定具体的采收时期　在确定成熟期之后，需要综合考虑作物特性（如作物品种种类、特性、产品的成熟度）、采收过程中的劳动力、运输设备、产品采收后的贮藏及销售计划等因素，制订采收计划，从而确定最终的采收时期。

（2）具体的采收技术　根据采收时的天气状况和采收计划进行采收，机械化的采收要保证机械设备无污染并具有专一性和及时高效性。收获后的作物要根据需求进行及时晾晒、保鲜、贮藏等措施，严禁混合式的收获、脱粒等。

资料卡

中耕是指对土壤进行浅层翻倒、疏松表层土壤；保墒是保持水分不蒸发，不渗漏土壤里的水分。中耕保墒，即通过松土来保护土地里的水分。

八、绿色食品蔬菜的生产

绿色食品蔬菜是无污染的安全、优质、营养类蔬菜的统称。根据绿色食品的分类，将蔬菜产品分为AA级绿色食品蔬菜和A级绿色食品蔬菜。其中AA级蔬菜的生产应该按照AA级绿色食品的生产要求进行生产，A级蔬菜的生产应该按照A级绿色食品的生产要求进行生产，两者不同。如AA级蔬菜强调生产过程中不使用任何化学合成物，A级蔬菜强调生产过程中允许限量使用限定的化学合成物；AA级和A级绿色食品蔬菜的使用标志不同等。

一般都把A级绿色食品蔬菜的生产作为主要目标。绿色食品蔬菜生产首先要由绿色食品的主管部门对生产基地进行评估，主要对蔬菜基地的土壤、灌溉水和大气进行样品采集、测试和评价，由主管部门发给绿色食品蔬菜生产许可证。绿色食品蔬菜生产技术是一个完整的技术体系，要使产品达到绿色食品的标准，就必须按这些技术操作到位，其主要内容归纳如下。

1. 生产环境

产地环境符合 NY/T 391-2021《绿色食品　产地环境质量》的要求。日光温室远离废水污染源和固体废弃物，选择空气清新、水质纯净、土壤未受污染、生态环境良好的地区。选建日光节能型温室（二代新型），大间如东农系列日光节能温室可减少烟尘对环境的污染，有利生态防治。棚膜应选用无滴、防雾、耐低温、抗老化聚乙烯或醋酸聚乙烯棚膜，能减轻病害发生。地膜应选择可降解地膜，防止对土壤污染。

2. 选用优良的蔬菜品种和育苗技术

选用优良的蔬菜品种，是绿色食品蔬菜生产的基础。种子的质量好，品种的抗病性、抗逆性强，可以提高蔬菜的产量和质量，也能减少化学性农药的使用。科学育苗的方式有工厂化育苗、电加温线等进行育苗和保护地育苗。在育苗之前，要对种子进行种子消毒。种子消毒的方式有：

（1）温汤浸种　将种子放置于一定温度的热水中浸烫，并不断搅动，然后转入常规浸种催芽。番茄、辣椒和十字花科蔬菜种子要求的温度为50~55℃；黄瓜和茄子种子要求的温度为75~80℃保持10min；西瓜种子要求的温度为90℃保持3min。

（2）干热消毒　将种子置于恒温箱内处理。番茄、辣椒和十字花科蔬菜种子需在72℃条件下保持72小时，茄子和葫芦科的种子需75℃保持96小时，豆科的种子耐热能力差，不能进行干热消毒。此法几乎能杀死种子内所有的病菌，并使病毒失活。但在消毒前一定要将种子晒干，否则会杀死种子。

（3）药剂消毒　即用药剂浸种或拌种，如用0.1%的多菌灵溶液浸泡瓜类种子10min，可防枯萎病；浸泡茄果类种子2小时，可防黄萎病。如用10%的高锰酸钾溶液浸种20min，可防治茄果类蔬菜的病毒病和溃疡病等。但必须注意，不管用哪种药剂消毒后，都要将种子冲洗干净（拌种除外），方可转入常规浸种催芽或直播。

（4）复方消毒　即热水烫种与药剂消毒相结合，或干热消毒与药剂消毒相结合。如黄瓜、番茄用热水烫种后，再在500g浸种水中加入1g 50%多菌灵浸种1小时，可防治黄瓜枯萎病、蔓枯病、炭疽病、菌核病、番茄灰霉病、叶霉病、斑枯病。将热水烫过的茄子种子再放到0.2%的高锰酸钾溶液中浸20min，对黄萎病、病毒病、绵疫病和褐纹病有良好防效。将干热消毒后的种子再用磷酸三钠消毒，其杀菌效果更好。

在做好种子消毒工作后，春季育苗要做好苗床的温光控制，力争秧苗在保暖的基础上多照光，天气晴好和秧苗适应时要揭去小棚薄膜，增强秧苗的光合作用。要以“六防”即防徒长、防老僵、防发病、防冻害、防风伤、防热害为中心，加强苗床管理，夏季育苗要注意覆盖遮阳网，它可以遮强光，降高温，保湿度，还可以防暴雨冲刷，提高出苗率和成苗率。夏季育苗的水分管理应注意“三凉”，即凉地、凉苗、凉时浇灌，这样有利于秧苗健壮生长。

3. 合理的施肥、灌溉技术

（1）增施有机肥，控制化肥　在绿色食品蔬菜生产中，要增施有机肥，控制化肥，特别是氮肥的使用量，化肥应深施。叶菜类在收获前 10~15 天停止追肥，特别是氮肥。有机肥应进行无公害处理，要完全腐熟。

（2）要根据作物的生长规律施肥　如叶菜类全生育期需氮较多，生长盛期需适量磷肥、钾肥；果菜类在幼苗期需氮较多，而进入生殖生长初期需磷较多，生殖生长后期需钾较多。应按标准合理选择追肥种类，如叶菜栽培，采用有机肥与生物复合肥为底肥，不用含氮高的化肥，及时播种与间苗，生长期不用尿素等氮素化肥追肥，防止亚硝酸盐等有害物质增加。

（3）追肥、灌水应注意防止污染，加强农田水利设施建设　良好的水利设施能提高蔬菜作物抗灾能力，做到旱能灌、涝能排。能调节田间小气候，减少病虫害的发生和危害。绿色食品生产中使用的有机肥料应符合 NY/T 394-2023《绿色食品　肥料使用准则》中的有关内容。化肥在施用中应注意，尿素及其他含磷、铵、过磷酸钙的化肥可以使用；提倡以生物钾和草木灰代替化学钾肥；微量元素肥料可以控制施用。施用化肥必须在蔬菜作物收获 30 天以前进行，提倡测土配方施肥，深施、分层施肥、根外追肥等。

4. 病虫害的防治

（1）农业防治　主要措施是轮作，把根菜、叶菜、果菜类蔬菜合理组合种植，以充分利用土壤肥力，改良土壤，并直接影响土壤中寄生生物的活动。蔬菜轮作首先要考虑在哪些蔬菜之间进行轮作，如黄瓜枯萎病的轮枝菌的寄主范围较广，若选择茄科的马铃薯或茄子轮作，病害会越来越重。

（2）物理防治技术

①在高温季节进行土壤消毒：采用地膜覆盖或者高温闷棚的方式进行高温消毒；

②安装频振式杀虫灯杀虫：频振式杀虫灯是近几年推广的集光波与频振技术于一体的物理杀虫仪器；

③利用防虫网防虫：防虫网能有效防止小菜蛾、斜纹夜蛾、甜菜夜蛾等多种虫害。防虫网覆盖栽培一要注意网的疏密度，二要在覆盖网之前对地块进行消毒和清洁田园；三要覆盖严实；

④利用趋性灭虫：如用糖液诱集黏虫、甜菜夜蛾；用杨树枝诱杀移铃虫、小菜蛾；用黄板诱杀蚜虫、白粉虱、美洲斑潜蝇等；用蓝板诱杀蓟马；用银灰膜避蚜等。

（3）生物防治技术　如利用赤眼蜂防治棉铃虫、菜青虫，利用丽蚜小峰防治温室白粉虱，利用蚜茧蜂防治桃蚜、棉蚜等，利用苏云金杆菌（Bt）防治青虫、小菜蛾等。

（4）化学防治技术　在绿色食品蔬菜生产中，重点是正确掌握病虫害的化学防治技术。要求应该在病虫测报的基础上，选择高效、低毒、低残留的化学农药，使用时必须严格掌握浓度和使用量，掌握农药的安全间隔期，实行农药的交替使用。掌握合理的施药技术，避免无效用药或者产生抗药性。特别要注意对症下药，适期防治，在关键时期、关键部位打药以达到用药少、效果好的目的。

5. 科学而严格的管理

绿色食品蔬菜生产必须有一套科学而严格的管理制度，以确保每个环节都按照制订的技术规程来操作。要建立以单位或基地负责人为首的，由技术负责人、质量检验员、田间档案记录员等参加的生产质量检查工作班子，并有明确的分工，做到职责明确、分头把关，对绿色食品蔬菜生产过程进行严格管理、全程控制，这是绿色食品生产中的关键。

任务实施

1. 每组派一名代表根据查阅的资料进行绿色白菜种植技术培训。
2. 由被培训者总结绿色食品种植类产品生产的关键技术。
3. 课堂交流、答辩，教师指导、评价。
4. 方案交流：小组互评、教师点评指导。

任务作业

1. 简述绿色食品——种植类产品生产的关键技术要点及执行标准。
2. 简述绿色食品生产中种子和种苗生产、施肥原则、病虫害综合防治措施中的技术。

任务考核

一、单选题

1. 绿色食品生产中，使用有机肥的前提条件之一是（　　）。

A. 腐熟　　B. 与生物肥混合
C. 使用商品有机肥　　D. 与化肥混制

2. （　　）是在 A 级和 AA 级绿色食品生产均可使用的肥料。

A. 掺和肥　　B. 化肥
C. 微生物肥　　D. 以上答案都不对

3. （　　）不是病虫害防治的物理机械防治方式。

A. 杀虫板　　B. 超声波　　C. 硫黄熏蒸　　D. 紫外线

4. （　　）不是种植类产品生产中使用轮作的技术要点。

A. 合理安排轮作中的作物组成
B. 合理安排轮作顺序
C. 充分利用时间和空间进行轮作

D. 确定适宜的轮作年限

5. 我国植保工作的总方针是（　　）。

A. 预防为主，综合防治　　B. 预防为主，综合管理

C. 预防为主，综合抑制　　D. 综合防治，综合治理

6.（　　）不是病虫害防治的生物防治措施。

A. 生物碱消毒　　B. 蓝板除蛴螬

C. 赤眼蜂除螟虫　　D. 捕食螨除虫螨

7. 同一块田地上，在前季作物的生育后期，在其株行间播种或移栽后一季作物的种植方式。描述的是（　　）种植制度。

A. 轮作　　B. 间作　　C. 套作　　D. 连作

8. 同一块地有顺序轮种不同作物的种植方式。描述的是（　　）种植制度。

A. 轮作　　B. 间作　　C. 套作　　D. 连作

9. 绿色食品种植业的操作规程主要内容有（　　）。

A. 品种选择方面和植物保护方面

B. 作物栽培方面

C. 耕作制度

D. 以上都是

10.（　　）不是AA级绿色食品应该选择的肥料产品。

A. 腐熟的鸡粪　　B. 未腐熟的堆肥

C. 绿肥　　D. 饼肥

二、案例分析

以下为《××种植合作社绿色食品水稻生产技术规程》，请按照绿色食品准则要求提出意见：

1　范围

本标准规定了生产A级绿色食品水稻的技术要求，包括土壤、水源、空气、肥料、农药及水稻质量、运输、储存等。

本标准适用于黑龙江省牡丹江市响米县塔河村农民茂茂种植合作社A级水稻绿色食品生产基地的水稻生产、运输及储存。

2　引用标准

NY/T 391-2000《绿色食品　产地环境技术条件》

NY/T 393-2000《绿色食品　农药使用准则》

NY/T 394-2000《绿色食品　肥料使用准则》

GB 4404.1-1996《粮食作物种子　禾谷类》

GB/T 17891-1999《优质稻谷》

3　定义

本标准采用下列定义

3.1 绿色食品：系指遵循可持续发展原则，按照特定的生产方式生产，经专门机构认定，许可使用绿色食品标志的，无污染的安全、优质、营养类食品。

3.2 A级绿色食品：系指生产地的环境质量符合 NY/T 391 的要求，生产过程中严格执行绿色食品生产资料使用准则和生产操作规程要求，限量使用限定的化学合成生产资料，产品质量符合绿色食品产品标准，经专门机构认定，许可使用A级绿色食品标志的产品。

4 要求

4.1 产地条件：无霜期 225~250 天，年平均≥10℃活动积温 3800~5600℃，年平均降水量 2500~2600mm。

4.1.1 土壤条件：土壤多为草甸白浆土，轮作三年以上，黑土层厚 15~20cm，平均有机质含量 2.46%~4.23%，pH 6 左右，碱解氮 205mg/kg，速效磷 75mg/kg。

4.1.2 环境条件：经环境监测部门检测，产地环境质量符合 NY/T 391 要求。

4.1.3 水源条件：全部采用无污染的兴凯湖水、西大岗水库、石头河水库和七虎林河、穆棱河、阿布泌河及深层地下水灌溉，水质符合 NY/T 391 要求。

4.2 品种结构优化标准

以早熟、优质为原则，严格控制品种熟期标准，以 11 片叶优质品种空育 131、垦 94-202、上育 397 等为主栽品种，搭配 12 片叶优质品种垦稻 8 号。实施原种生产"育、繁、推"一体化工程，生产用种质量达到 GB 4404.1 杂交种二级以上标准，即净度不低于98%，发芽率不低于 85%，水分不高于 13%的要求，良种良法配套，每 3~5 年更新一次主栽品种。

4.3 旱育壮秧技术标准

4.3.1 旱育壮秧标准

旱育中苗壮苗标准：秧龄 30~35 天，叶龄 3.1~3.5 叶，苗高 13cm 左右，地上部茎叶结构为"3、3、1、1、8"。地下部根数达"1、5、8、9"标准。植株健壮挺拔，分蘖待发。

旱育大苗壮秧标准：秧龄 35~40 天，叶龄 4.1~4.5 叶，带 1~2 个分蘖，株高 17cm 左右，地上部茎叶结构为"3、2.5、1、1、1、11"，地下部根数为"1、5、8、9、11"，第二叶节根 11 条分化待发。

4.3.2 秧田建设规范化

建设符合绿色食品环境监控条件，符合旱育、土质肥沃、背风向阳、适当集中的固定秧田，秧田的井、池、床、路、沟、林综合配套，坚持秧田秋整地、秋做床，常年培肥置床，常年积造有机肥和备制床土，全部采用大中棚育苗和微喷技术。

4.3.3 置床处理及床土配制

置床要高出地面 8~10cm，秋施腐熟农家肥 25~30kg/m^2 均匀拌入置床内，做到床平、土细、肥匀。

床土配制：床土按3份土、1份腐熟的有机肥配制，均匀过筛。

床土消毒：每平方米用30%土菌消（登记号PD20170985）3~4mL，加水3L，在浇足底水后均匀浇在床土上，预防立枯病的发生。

4.3.4　种子处理

选种：浸种前晒种3~4天，结合进行脱芒和风筛选。用比重1.13的盐水选种（50kg水加大粒盐12.5kg），捞出稻谷后，选好的种子用清水漂洗1~2次，洗掉附着盐分。

浸种消毒：每亩种子量4kg，用2mL 25%施保克乳油（登记证号：PD20150992）配成3000~4000倍的药液，在室温下浸种5~7天，预防恶苗病。

破胸催芽：浸好的种子，在30~32℃温度下破胸，22~25℃均匀催芽，根芽长以1~2mm为准，在背风阴凉处晾芽待播。

4.3.5　秧田播种

当日平均气温稳定通过5℃时即可播种，本地一般4月10日开始，4月20日结束。推广机械播种。根据品种、秧苗类型、移栽方式严格控制播种量。盘育机插中苗，播芽谷90~100g/盘。人工手插中、大苗，播芽谷250~300g/m^2，钵育苗插芽谷2~3粒/孔（486孔盘）。播种后覆土0.5~1cm，平铺一层地膜保温保湿。

4.3.6　秧田管理

以旱育为基础，以同伸理论为指导，以壮苗模式为标准，以调温控水为手段，抓住四个关键时期，培育标准壮苗。

4.3.6.1　种子根发育期（播种至不完全叶抽出）：以培育种子根为主。棚温31℃以上要开口通风，床土过湿处要散墒，缺水处适当补水，及时消除顶盖，确保出苗整齐，培育好旱生根系。

4.3.6.2　第一叶伸长期（第1叶露尖到完全展开）：地下部促发鞘叶节根5条，地上部控制第一叶鞘高不超过3cm。出苗80%时撤出地膜，棚温控制在22~25℃。

4.3.6.3　离乳期（2叶露尖至3叶展开）：地上部促发不完全叶节根8条，地上长出2叶和3叶，控制叶耳间距各为1cm左右。此期加强通风炼苗，2叶期棚温控制在22℃以上，3叶期控制在20℃以内，根据秧苗早晚吐水，中午是否卷叶，床土是否发白，确定是否浇水。每次要浇透水，控制浇水次数。

4.3.6.4　移栽前准备期（插前3~4天）：进一步控水，使秧苗处于饥渴状态，利于移栽后迅速吸水返青。做好“三带”，即一带有机肥10mL/100m^2；二带增产菌3mL/100m^2；三带40%乐果乳油7.5mL/100m^2；兑水量为5kg/100m^2预前期潜叶蝇。

4.4　本田管理技术标准

4.4.1　耕地整地

4.4.1.1　积极推进条田建设标准化，实现田、渠、林、路配套，灌排畅通，格田平整规范的高标准条田。

4.4.1.2　建立少耕、轮耕制度。采取深翻、深松一年，旋、耙耕二年轮耕制度。深翻18~20cm，深松24cm，旋耙耕14~16cm。

4.4.1.3　结合深翻，稻草还田，亩还田量不少于300kg，以高茬还田和机械直收粉碎还田为主，培肥地力。

4.4.1.4　稻田整地以水整地为主，水旱整地结合，提高格田平整度。水整地后，做到“高低不过寸，寸水不露泥，灌水棵棵到，排水处处干”。

4.4.2　移栽

4.4.2.1　移栽时期：当日平均气温稳定通过13℃时开始移栽，本地一般5月10日~15日，5月25日前结束。

4.4.2.2　插秧规格：人工插秧和机械插秧（9寸×3寸）或（9寸×4寸）；钵苗摆栽（9寸×5寸）或（9寸×6寸）。

4.4.3　间歇灌溉

本着增温、壮根、节水、防害的要求，花达水移栽，插后深水扶苗（苗高2/3），返青后撤到3cm水层浅水增温，有效分蘖临界期晒田3~5天，控制无效分蘖，以后转入以壮根为主的间歇灌溉。剑叶叶耳间距-5~+5，如遇17℃以下低温，加深水层到17cm以上，预防障碍型冷害，以后继续间歇灌溉，蜡熟末停灌，黄熟初排干。

4.4.4　合理施肥

总的原则是：以施用有机肥、生物有机肥、生物菌肥为主，少量化肥为辅。

4.4.4.1　基肥：在秸秆还田的基础上，亩施磷酸二铵5kg（或生物磷肥4kg），尿素3kg，生物钾肥2kg，在最后一次水整地前施入。

4.4.4.2　分蘖肥：移栽返青后及时追施尿素3kg/亩，以保证分蘖期对速效氮的需要。

4.4.4.3　穗肥：在水稻到2叶长出一半时，根据苗情“三看”施入，用量亩施尿素1~2kg、硫酸钾2kg。

4.4.4.4　叶面追肥：在水稻孕穗期、齐穗期各进行一次叶面追肥，亩施生物肥1kg或磷酸二氢钾100g+米醋100mL+增产菌10mL。人工喷液量20千克/亩，飞机喷液量2~4千克/亩。

4.4.5　植物保护：严格按照NY/T 393-2020准则，一种化学合成农药在一个作物生长周期内，只使用一次。

4.4.5.1　防除杂草：坚持以耕作、机械和人工除草为主，化学除草为辅的原则。

4.4.5.1.1　旱泡田，4月10日开始，4月20日前完成，诱草早发；5月5日开始，5月15日完成，加细整地，进行耕作和机械灭草，减少杂草基数。

4.4.5.1.2　化学除草：每亩使用81.5%乙草胺乳油（PD20085971）100mL+50%瑞飞特乳油（PD20172260）100mL加细砂20kg，拌匀后均匀撒施，施后保持水层5~7天。

4.4.5.2　防治潜叶蝇：培育壮苗使叶片直挺，减轻虫害。格田平整，浅水灌溉，及时消除稻田池埂杂草，创造不利于潜叶蝇产卵的条件，用头孢哌酮钠注射液1~1.3g；移栽后兑水喷雾，喷液量一般为20L/亩。

4.4.5.3　防治负泥虫：在培育壮苗，加速水稻生育基础上，控制氮肥用量，促进水稻叶片纤维组织发达，减轻虫害。当初孵幼虫点片发生时，用扫帚将幼虫扫入水中。

4.4.5.4　防治病害

4.4.5.4.1　农艺措施：选用抗病品种，培育壮苗，控制氮肥施用量，浅、湿间歇灌溉，加强田间环境建设等农业技术措施，减少病害发生。

4.4.5.4.2　药剂防治

稻瘟病：发病前10~15天亩用1%吡丙醚（PD20183843）乳油60mL兑水3kg在病害发生初期喷雾防治。

4.5　收获干燥技术标准

4.5.1　收割适期：抽穗后40天以上（活动积温800℃以上）小穗轴及副护颖黄花率达95%时为收割适期。

4.5.2　机械分段收割，割茬高度20cm，晒铺6~7天，籽粒水分在16%及时拾脱。半喂入式收割机械直收，可在枯霜前收割，1065、1075、叶泥赛等联合收割机改丁齿式滚筒，在枯霜后直收，控制滚筒转速，谷外糙率不超过2%，综合损失控制在3%以下。

4.5.3　机割人捆或人工收割，要捆小捆（直径20~25cm）码人字码，翻晒干燥后及时上小垛，防止雨雪使稻谷反复干湿，增加惊纹粒率，降低品质，同时倒出地来秋耕。

4.5.4　收获要做到单收、单运、单加工、单贮藏，确保与非绿色食品水稻不混杂。

4.6　水稻质量

水稻质量符合GB/T 17891-1999标准要求。

5　其他要求

建立田间档案：生产记录包括种子购买、肥料购买、农药购买、肥料使用、农药使用、水稻种植全过程农事记录、收获记录、运输记录、贮藏记录等，记录应真实、准确。生产记录应集中由专人进行管理，并至少保存3年。

绿色食品种植业生产控制任务考核答案

知识链接

绿色食品　肥料使用准则

绿色食品　农药使用准则

A 级绿色食品玉米生产技术操作规程

北方地区绿色食品露地大白菜生产操作规程

东北地区绿色食品水稻生产操作规程

资料卡

顺天时，量地利，则用力少而成功多

出现在《齐民要术》的《种谷》篇当中。贾思勰是用种谷作为具体的例子来说明该怎么样地“顺天时，量地利”。比方说，“地势有良薄”，土地的肥力有高低之分。那如果是良田，宜于晚一点种；如果是薄田，就宜于早一点种，因为薄田种晚了就不会有丰厚的收获。“山泽有异宜”。如果是山田，就应该种强苗，来避免风霜等恶劣气候的侵袭；那如果是泽田，就宜于种弱苗，这样收获会更加丰富。根据天时地利来安排农作物的种植，就会“用力少而成功多”。反之，如果任性妄为，违背自然规律，那一定会劳而无功，一无所获。

当然，贾思勰这种“顺天时，量地利，则用力少而成功多”的哲学智慧，并不仅仅只适用于农业生产，人类与自然关系的一切方面都可以适用这种规律。

生态兴则文明兴，生态衰则文明衰。自然与人的和谐共处正是中国传统智慧的核心理念之一，这也正是“顺天时，量地利，则用力少而成功多”的思想源头。

任务二 绿色食品的畜禽生产控制

任务导入

××种植养殖专业合作社将养殖的生猪申请为A级绿色食品，作为合作社绿色食品技术人员，请你为养殖户进行绿色生猪养殖技术指导。

任务要求

素质目标

1. 通过小组成员间的分工合作，树立团结合作意识。
2. 通过学习畜禽产品的生产技术，激发社会责任感及环保意识。

知识目标

1. 了解绿色食品畜禽产品生产的基本原则。
2. 熟悉1~2种绿色食品——畜禽产品养殖技术。
3. 掌握绿色食品畜禽产品生产过程中的关键技术要求。

能力目标

1. 能够对绿色食品畜禽产品的生产进行质量控制。
2. 具备获取、分析、归纳、使用信息的能力及知识应用能力。

任务准备

1. 查阅一份绿色食品——生猪养殖生产技术操作规程。
2. 根据任务要求准备一套绿色食品——生猪养殖技术培训资料。
3. 方案设计：选取一种适合自己家乡养殖的绿色畜禽产品，说明适合养殖的原因及关键生产技术，并指出如何对其进行质量控制。

相关知识

一、绿色食品动物生产的原则

在绿色食品生产中，畜牧业生产是整个农业生态系统不可分割的一部分。从管理的观点看，这是传统畜牧业和绿色食品畜牧生产最显著的区别之一。因此，很有必要了解绿色食品动物业生产的原理和基本原则。绿色食品动物生产的基本原则包括：

（1）保护环境，降低土壤退化和侵蚀，减少污染，使生物量适度，保持畜禽良好的健康状况。

（2）通过增强土壤中生物活性来增加和保持土壤的长期肥力。

（3）保持系统的多样性，保护和提高本地植物和动物的多样性。

（4）在绿色食品生产中，尽可能使物质和资源达到最大限度的循环利用。

（5）精心管理，促进家畜健康和满足家畜行为需要。

（6）从开始到销售保持食物和加工产品的完整性。

二、绿色食品畜禽养殖生产操作规程

绿色食品畜禽养殖业生产是指农业生产遵循可持续发展原则，按绿色食品畜禽养殖业生产操作规程从事畜禽动物养殖的生产活动。

绿色食品畜禽养殖业生产操作规程是以农业部颁布的各种绿色食品使用准则为依据，结合不同农业区域的特点分别制定，是指在畜禽饲养过程中场所选择、品种选择、饲养方式、防治疫病等环节应遵守的规定。主要内容有以下几方面。

（1）饲养场所应是无疫病区，并远离交通要道、公共场所、住宅区、学校、医院和污水源。地势要平坦，有缓坡、通风、向阳。

（2）饲养品种应选择适应当地生长条件、抗逆性强的优良品种。

（3）主要饲料来源于无公害区域内的草场、农区、绿色食品饲料种植地和绿色食品加工产品的副产品。

（4）饲料添加剂的使用，应符合 NY/T 471-2023《绿色食品 饲料及饲料添加剂使用准则》。

（5）畜禽房舍消毒及畜禽疫病防治用药，应符合 NY/T 472-2022《绿色食品　兽药使用准则》。

绿色食品畜禽生产（微课）

（6）采用生态防病及其他无公害技术。

三、绿色食品畜禽生产饲料及饲料添加剂使用

1. 使用原则

（1）安全优质原则　生产过程中，饲料和饲料添加剂的使用应对养殖动物机体健康无不良影响，所生产的动物产品品质优，对消费者健康无不良影响。

（2）绿色环保原则　绿色食品生产中所使用的饲料和饲料添加剂应对环境无不良影响，在畜禽和水产动物产品及排泄物中存留量对环境也无不良影响，有利于生态环境和养殖业可持续发展。

（3）以天然原料为主原则　提倡优先使用微生物制剂、酶制剂、天然植物添加剂和有机矿物质，限制使用化学合成饲料和饲料添加剂。

2. 要求

（1）基本要求　饲料原料的产地环境应符合 NY/T 391-2021 的要求，植物源性饲料原料种植过程中肥料和农药的使用应符合 NY/T 394-2023 和 NY/T 393-

2020 的要求。

饲料和饲料添加剂的选择和使用应符合中华人民共和国国务院令第 609 号，及中华人民共和国农业部公告第 176 号、第 1519 号、第 1773 号、第 2038 号、第 2045 号、第 2133 号、第 2134 号的规定；对于不在目录之内的原料和添加剂应是农业部批准使用的品种，或是允许进口的饲料和饲料添加剂品种，且使用范围和用量应符合相关标准的规定；本标准颁布实施后，国家相关规定不再允许使用的品种，则本标准亦相应不再允许使用。

使用的饲料原料、饲料添加剂、配合饲料、浓缩饲料和添加剂预混合饲料应符合其产品质量标准的规定。

应根据养殖动物不同生理阶段和营养需求配制饲料，原料组成宜多样化，营养全面，各营养素间相互平衡，饲料的配制应当符合健康、节约、环保的理念。

应保证草食动物每天都能得到满足其营养需要的粗饲料。在其日粮中，粗饲料、鲜草、青干草或青贮饲料等所占的比例不应低于 60%（以干物质计）；对于育肥期肉用畜和泌乳期的前 3 个月的乳用畜，此比例可降低为 50%（以干物质计）。

购买的商品饲料，其原料来源和生产过程应符合本标准的规定。

应做好饲料原料和添加剂的相关记录，确保所有原料和添加剂的可追溯性。

（2）卫生要求　饲料和饲料添加剂的卫生指标应符合 GB 13078-2017 的规定。

3. 使用规定

（1）饲料原料　植物源性饲料原料应是已通过认定的绿色食品及其副产品；或来源于绿色食品原料标准化生产基地的产品及其副产品；或按照绿色食品生产方式生产、并经绿色食品工作机构认定基地生产的产品及其副产品。

动物源性饲料原料只应使用乳及乳制品、鱼粉，其他动物源性饲料不应使用；鱼粉应来自经国家饲料管理部门认定的产地或加工厂。

进口饲料原料应来自经过绿色食品工作机构认定的产地或加工厂。

宜使用药食同源天然植物。

不应使用：

——转基因品种（产品）为原料生产的饲料；

——动物粪便；

——畜禽屠宰场副产品；

——非蛋白氮；

——鱼粉不应饲喂给反刍动物。

（2）饲料添加剂　饲料添加剂和添加剂预混合饲料应选自取得生产许可证的厂家，并具有产品标准及其产品批准文号。进口饲料添加剂应具有进口产品许可证及配套的质量检验手段，经进出口检验检疫部门鉴定合格的产品。

饲料添加剂的使用应根据养殖动物的营养需求，按照中华人民共和国农业部公告第 1224 号的推荐量合理添加和使用，尽量减少对环境的污染。

不应使用药物饲料添加剂（包括抗生素、抗寄生虫药、激素等），及制药工业副产品。

饲料添加剂的使用应按照生产绿色食品允许使用的饲料添加剂种类的规定；生产绿色食品允许使用的饲料添加剂种类的添加剂来自以下物质或方法生产的也不应使用：

——含有转基因成分的品种（产品）；

——来源于动物蹄角及毛发生产的氨基酸。

矿物质饲料添加剂中应有不少于60%的种类来源于天然矿物质饲料或有机微量元素产品。

绿色食品畜禽生产—饲料及饲料添加剂的使用（微课）

四、绿色食品畜禽生产中动物疾病的防治

兽药是用于预防、治疗、诊断动物疾病，或者有目的地调节动物生理机能的物质。包括化学药品、抗生素、中药材、中成药、生化药品、血清制品、疫苗、诊断制品、微生态制剂、放射性药品、外用杀虫剂和消毒剂等。

1. 绿色食品畜禽生产中对动物疾病防治的规定

绿色食品标准规定，绿色食品生产者应严格按《中华人民共和国动物卫生法》的规定防止畜禽发病和死亡。畜禽疾病以预防为主，坚持“防重于治”的原则。在使用上述兽药时，优先使用绿色食品生产资料中的兽药产品。在使用兽药时，应注意以下几点：

（1）进口兽药必须符合农业部进口兽药质量标准；

（2）严格按规定的使用对象、使用途径、剂量及停药期执行；

（3）当被检食品中的兽药残留量超过《动物性食品中兽药最高残留限量》时，必须延长停药期直到不超过规定的最高限量为止；

（4）禁止使用有致畸、致癌、致突变等毒副作用较大的兽药；

（5）禁止使用放射性药品；

（6）禁止使用解毒药；

（7）禁止使用激素类药品；

（8）禁止使用安眠镇静、麻醉、骨骼肌松弛、化学保定药等用于调节神经系统机能的兽药；

（9）建立并保持患病动物的治疗记录，包括患病家畜的畜号或其他标志、发病时间及症状、治疗用药的经过、治疗时间、疗程、所用药物的商品名称及主要成分；

（10）认证机构根据具体情况，抽检畜禽产品中的兽药残留量。

2. 绿色养殖疾病控制原则

（1）健康养殖和以防为主的原则

①选择抗病的并适合当地气候与环境特点的畜禽品种；

②采用能满足动物生物学和生态学特性饲养方式并控制饲养强度；

③提供适合畜禽要求的生活环境，预防传染病，增强畜禽本身抗病能力；

④高质量的饲料配合有规则的运动和放牧有益于提高牲畜自然的免疫力；

⑤保持合适的饲养密度，避免过牧和任何影响牲畜健康的问题。

（2）绿色食品　兽药使用准则

①基本原则：生产者应供给动物充足的营养，应按照 NY/T 391-2021 提供良好的饲养环境，加强饲养管理，采取各种措施以减少应激，增强动物自身的抗病力。

应按《中华人民共和国动物防疫法》的规定进行动物疾病的防治，在养殖过程中尽量不用或少用药物；确需使用兽药时，应在执业兽医指导下进行。

所用兽药应来自取得生产许可证和产品批准文号的生产企业，或者取得进口兽药登记许可证的供应商。

兽药的质量应符合《中华人民共和国兽药典》《兽药质量标准》《兽用生物制品质量标准》《进口兽药质量标准》的规定。

兽药的使用应符合《兽药管理条例》和农业部公告第 278 号等有关规定，建立用药记录。

②生产 AA 级绿色食品的兽药使用原则按 GB/T 19630-2019《有机产品　生产、加工、标识与管理体系要求》执行。

③生产 A 级绿色食品的兽药使用规定。

可使用的兽药种类：

——优先使用 GB/T 19630 规定的兽药、GB 31650 允许用于食品动物但不需要制定残留限量的兽药、《中华人民共和国兽药典》和农业部公告第 2513 号中无休药期要求的兽药。

——可使用国务院兽医行政管理部门批准的微生态制剂、中药制剂和生物制品。

——可使用国家兽医行政管理部门批准的高效、低毒和对环境污染低的消毒剂。

——中药类的促生长药物饲料添加剂。

不应使用药物种类：

——GB 31650 中规定的禁用药物，超出《中华人民共和国兽药典》和农业部公告第 2513 号中作用与用途的规定范围使用药物。

——农业部公告第 176 号、农业农村部公告第 250 号、农业部公告第 1519 号、农业部公告第 2292 号、农业部公告第 2428 号、农业部公告第 2583 号、农业部公告第 2638 号等国家明令禁止在饲料、动物饮水和食品动物中使用的药物。不应使用药物饲料添加剂。

——农业农村部公告第 194 号规定的含促生长类药物的药物饲料添加剂；不应使用任何促生长类的化学药物。

——NY/T 472—2022 附录 A 中表 A. 1 所列药物。产蛋供人食用的家禽，在产蛋期不应使用附录 B 中表 B. 1 所列药物；产乳供人食用的牛、羊等，在泌乳期不应使用附录附录 B 中表 B. 2 所列药物。

——酚类消毒剂。产蛋期同时不应使用醛类消毒剂。

——国家新禁用或列入限制使用兽药名录的药物。

——NY/T 472—2022 附录 A 和 B 中所列的药物在国家新颁布标准或法规以后，若允许食品动物使用且无残留限量要求时，将自动从附录中移除。若有限量要求时应在安全评估后，决定是否从附录中移除。

（3）兽药使用记录

①建立兽药使用记录和档案管理应符合 NY/T 345 的规定。

②应建立兽药入库、出库记录，记录内容包括药物的商品名称、通用名称、主要成分、生产单位、批号、有效期、贮存条件等。

③应建立兽药使用记录，包括消毒记录、动物免疫记录和患病动物诊疗记录等。其中，消毒记录内容包括消毒剂名称、剂量、消毒方式、消毒时间等；动物免疫记录内容包括疫苗名称、剂量、使用方法、使用时间等；患病动物诊疗记录内容包括发病时间、症状、诊断结论以及所用的药物名称、剂量、使用方法、使用时间等。

绿色食品畜禽生产——疫病综合防治（微课）

④所有记录资料应在畜禽及其产品上市后保存两年以上。

五、绿色食品畜禽生产

1. 选择优良生态环境

产地环境质量对生产绿色畜禽有直接的影响，产地污染因素通过对原料的影响进而对产品有“富集”的作用。产地环境质量监测是对产地的大气、水质和土壤的污染程度做综合的评定。建场区应选择在空气清新、水质纯洁、土壤未被污染的良好生态环境地区，具体地讲，饲养畜禽的场区所在位置的大气、水质、土壤中有害物质应低于国家允许的量。因此，选择生态环境质量达标的畜禽产地，用综合污染指数来表示，要求绿色畜禽产品产地三项综合污染指数均不得大于 1，同时还必须提供良好的自然资源和社会化服务体系。

2. 保证饲料原料质量

（1）保证饲草饲料的质量　饲草饲料是发展畜牧业的物质基础。因此，必须优先建立绿色饲草饲料原料基地，要在保护好现有草原的同时，开发饲草饲料基地。要选择好畜禽适宜的饲草饲料品种，保证充足的饲草饲料供应，加强饲草饲料原料基地的管理。对饲料的施肥、灌溉、病虫害防治、贮存必须符合绿色食品生态环境标准，实行土地集中连片种植。统一田间管理，采用生物防虫技术，长期稳定地保证高质量的饲草饲料原料的供应，确保原料质量。饲料原料除要达到感官标准和常规的检验标准外，其内的农药及铅、汞、铜、钼、氟等有毒元素和包括工业“三废”污染在内的残留量也要控制在允许的范围内。要不含国家明令禁止的添加剂，如安眠酮、雌激素、“瘦肉精”等，为成品的绿色饲料提供保证。

（2）保证饲草饲料的加工利用　研制和生产绿色畜禽配合饲料，是生产绿色畜禽的前提，在生产中要合理利用牧草，科学调制青贮料和干草，配制绿色畜禽饲料。绿色畜禽饲料就是纯天然、无污染、无毒害、无副作用的饲料。因此要根据不同的畜禽种类和不同的生产阶段，科学合理地配制畜禽饲料。

要提高原料的品质，使用高质量的饲料原料，筛选优化饲料配方，保证营养需要，应用理想蛋白质，添加必需的限制性氨基酸。原料膨化可提高消化利用率，精确加工，生产优质的颗粒饲料。要广泛筛选有促生长和提高成活又无毒副作用的生物活性物质，生产核心饲料添加剂。应用多种酶制剂，提高饲料的利用率，同时也减小排泄污染，提高全程料肉比，克服因不使用激素类生长剂、镇定类安眠剂、抗生素添加剂和某些高浓度重金属而导致的绿色减产，使饲喂绿色饲料接近喂普通饲料。如生猪的饲料可以按下列比例配制：绿色玉米，60%~65%；绿色豆饼，15%~20%；绿色膨化米糠，4%~6%；绿色小麦麸，4%~6%；磷酸氢钙，1.2%；石粉，1.2%；食盐，0.5%；氯化胆碱，0.07%；核心饲料添加剂 1%~3%。其中，绿色原料成分占 97.3%。绿色核心饲料添加剂成分为糖萜素、中草药添加剂、维生素添加剂、微量元素添加剂、限制性氨基酸和酶制剂等。

要严格执行国家有关饲料、兽药管理的规定，严禁在饲料中使用国家明令禁止、国家卫生组织禁止使用的任何药物，可遵循有效、限量、降低成本的原则。科学合理地选用绿色环保、无公害的饲料添加剂。在畜禽养殖中应用饲用酶制剂既能提高饲料的消化率和利用率，提高畜禽的生产性能，又能减少畜禽排泄物中氮、磷的排泄量，保护水体和土壤免受污染，因而饲用酶制剂作为一类高效、无毒副作用和环保型的绿色饲料添加剂，在 21 世纪将有着十分广阔的发展前景。在绿色饲料已形成商品化系列饲料时，应在技术人员的帮助下，正确选择绿色饲料品种，直接购进已经获得绿色食品证书的配合饲料，加快绿色畜禽的生产进程。

3. 保证畜禽用水质量

除保证水源质量外，还要对畜禽的饮用水定期进行检测，主要控制铅、砷、氟、铬等重金属及致病性微生物等指标，从而保证畜禽用水的安全质量。对牲畜提倡使用乳头饮水器饮水。

4. 加强畜禽养殖管理

畜禽的饲养管理是绿色畜禽生产的重要环节，因此要采取以下主要措施，提高畜禽及产品质量。

（1）选择优良畜禽品种　为保证需求产品的质量，要选用优良的畜禽品种，饲养商品杂交畜禽，不断改进畜肉品质，推广先进的改良技术，搞好畜禽品种繁育，以满足绿色食品安全而且优质的要求。

（2）坚持自繁自养　尽可能地避免疫病传入，采取全进全出的饲养模式。

（3）绿色畜禽的饲养　以围绕绿色饲料正确使用为核心的技术，采用限量的采食方式，视具体情况每日饲喂 3~4 次，防止畜禽过分采食引起下痢。每天都要保证畜禽充足饮水。绿色饲料的保存要做到防潮、防霉、防鼠、防污染。

（4）采用阶段饲喂法　掌握不同阶段的饲养管理技术，每一种类饲料都可分为仔畜料、中畜料和大畜料，应根据牲畜日龄的变化，及时更换不同阶段的饲料。

（5）以粪便无害化处理为中心的环境控制技术　饲养户每天必须清理环境卫生，每户必须建设适合饲养规模的防渗贮粪池，每千克粪、尿加 2~5g 漂白粉后，贮于地中，待腐熟后送到田里。

5. 加强畜禽疫病防治

畜禽的疫病防治是饲养好绿色畜禽的关键环节。因此，必须采取综合措施，保证畜禽的健康安全。

（1）必须正视现有的畜病　了解本地畜病发生的规律，建立完善的疫病防治体系。疫病防治体系由农户、签约兽医、企业技术部兽医技术人员、乡镇畜牧站兽医和县检疫部门组成。

（2）贯彻综合性防疫措施　坚持以防为主，认真做好卫生防疫、定期消毒和疫苗免疫。综合性防疫措施的核心是疫苗免疫，建立适合本地区的疫苗免疫制度和疫苗免疫程序，并认真执行。在生产中决不能漏掉一户一畜，定期检测几种重要疫病的抗体变化，以预报某种疫病的发生和指导疫苗的使用。

（3）定期进行舍内外环境和用具消毒　选择高效低毒的消毒剂，每周对圈舍环境消毒 1 次，用具消毒 2 次。对产仔的母畜和产房更要注意消毒。

（4）对于发病的畜禽，首先执行绿色治疗方案　首选绿色食品生产资料的兽药和中成药。其次慎用抗生素治疗。如果绿色治疗效果不好，为了保护农户的利益，可以改为普通治疗，但康复后出栏的畜禽，只能做普通畜禽回收处理。

6. 保证畜禽屠宰加工规范

要保证畜禽屠宰加工、检疫、检验必须符合绿色食品的质量和卫生标准，主要体现在以下几个方面。

（1）宰前进行检疫，严格剔除病害畜禽。

（2）定期对畜禽产品进行药物残留、重金属、致病性微生物检测，实行安全指标检验。

（3）应尽可能使用单独生产线，暂时不具备条件的必须采取分批屠宰方式，确保不发生交叉感染。

（4）按市场要求进行严格分级、清洗、消毒、包装，防止宰后污染。

（5）严格对宰后畜禽产品检疫、检测，杜绝有毒有害畜产品上市，进行商标注册，标牌销售，保护生产者和消费者的共同利益。

（6）对绿色畜禽产品依法实行标志管理。绿色畜禽产品外包装必须符合国家食品标签通用标准，符合绿色食品特定的包装和标签规定，外包装宜用纸箱，采取箱内分隔和用可降解泡沫塑料盒、袋进行内包装。

7. 保证产品贮运、销售安全

要保证畜禽产品贮运、销售环节也必须符合绿色食品卫生标准，主要应注意以下几方面问题。

（1）畜产品贮藏期间，宜采用机械物理方法，如冷风库、地窖等方法贮藏，或选用无毒无害的天然制剂保证畜产品品质。

（2）运输过程中牢固安装并控制温度、湿度，搞好低温保鲜等措施，加强卫生控制，使用消毒防腐剂时，避免使用毒性大的化学药剂、防腐剂、杀虫剂、保鲜剂等，防止在运输过程中使畜禽产品变质、污染和互相混杂，有条件的最好进行辐射处理，尽量减少化学物质在保鲜、防腐过程中的使用，做到安全贮运。

（3）搞好绿色畜禽产品的销售环境卫生，配备必要卫生设施，如灭蝇设施、紫外线消毒灯和冷藏设备等。

（4）搞好加工设备的卫生管理与控制，如加工台采用不锈钢材料，加工刀具要清洗消毒等。

绿色食品畜禽生产—饲养管理（微课）

绿色食品畜禽生产—猪（微课）

任务实施

1. 每组派一名代表根据查阅的资料进行绿色畜禽产品——生猪养殖技术培训。
2. 由被培训者总结绿色畜禽产品养殖的关键技术。
3. 课堂交流、答辩，教师指导、评价。
4. 方案交流：小组互评、教师指导、完善方案。

任务作业

1. 怎样进行绿色畜禽产品的生产？
2. 绿色食品兽药使用的基本原则有哪些？

任务考核

一、单选题

1. 对绿色食品畜禽养殖企业进行年检时，监管员不应重点检查企业的：（　　）。

A. 防疫、检疫制度的建立和执行情况

B. 药品的使用情况

C. 饲料及饲料添加剂来源和使用情况

D. 育种情况

2. 绿色食品饲料中允许使用部分未经认证但符合绿色食品产品标准的原料，其比例是：(　　)。

A. 不超过5%　B. 不超过10%　C. 不超过20%　D. 15%

3. 在绿色食品生产中，允许使用的兽药有：(　　)。

A. 激素类药物　B. 中枢兴奋药

C. 安眠镇静药　D. 以上答案都不对

4. 不属于绿色食品生产中畜禽的疾病防治方法是：(　　)。

A. 通过选择优良品种和良好的饲养条件来预防疾病

B. 治病尽可能采用自然疗法如针灸、推拿等

C. 使用允许的疾病防治材料如生物制品、生物源药物、无机及矿物质药物等

D. 基因疫苗接种预防疾病。

5. 绿色食品畜禽养殖规程主要内容有：(　　)。

A. 饲养场所和饲养品种方面

B. 主要饲料来源和饲料添加剂的使用方面

C. 畜禽房舍消毒及畜禽疫病防治用药和采用生态防病及其他无公害技术方面

D. 以上都包括

二、判断

1. 对于申请绿色食品猪肉产品企业，只对养殖场和屠宰场进行现场检查。(　　)

2. 在A级绿色食品生产中，不允许使用疫苗预防动物疾病。(　　)

3. 畜禽作为绿色食品农业生产中的末端环节，是农场运作的核心。(　　)

4. 绿色食品生产资料使用准则是对生产绿色食品过程中物质投入的一个原则性规定。(　　)

5. 绿色食品畜禽生产中，畜禽疾病以预防为主，坚持“防重于治”的原则。(　　)

绿色食品畜禽生产控制任务考核答案

知识链接

绿色养殖土鸡的技术要点

绿色食品舍饲生猪养殖规程

绿色食品　兽药使用标准

资料卡

兽药

用于预防、治疗、诊断动物疾病，或者有目的地调节动物生理机能的物质。包括化学药品、抗生素、中药材、中成药、生化药品、血清制品、疫苗、诊断制品、微生态制剂、放射性药品、外用杀虫剂和消毒剂等。

任务三 绿色食品水产品生产控制

任务导入

××种植养殖专业合作社因生产绿色食品获得了较高利润，又准备将所养殖的鲤鱼申请为绿色食品，请你为养殖户讲解绿色水产品养殖技术。

任务要求

素质目标

1. 通过小组成员间的分工合作，树立团结合作意识。
2. 通过学习水产品的生产技术，激发创新精神、社会责任感及环保意识。

知识目标

1. 了解绿色食品水产品生产的基本原则。
2. 熟悉1~2种绿色食品——水产品养殖技术。
3. 掌握绿色食品水产品生产过程中的关键技术要求。

能力目标

1. 能够对绿色食品水产品的生产进行质量控制。
2. 具备获取、分析、归纳、使用信息的能力及知识应用能力。

任务准备

1. 查阅一份绿色食品——鲤鱼养殖生产技术操作规程。
2. 根据任务要求准备一套绿色水产品——鲤鱼养殖技术培训资料。
3. 方案设计：选取一种适合自己家乡养殖的绿色水产品，说明适合养殖的原因及关键生产技术，并指出如何对其进行质量控制。

相关知识

一、绿色食品水产品生产的原则和要点

（1）渔业生产与养殖环境协调的原则　既有利于渔业发展，又有利于生态环境的良性循环。

（2）渔业投入品安全有效的原则　物质和能量的投入产出效率高、浪费少、有毒有害物低于标准。

（3）渔业产出物安全、营养和健康的原则　能满足人类食品消费对数量和质量的标准要求。

二、绿色食品水产养殖生产技术操作规程

绿色食品水产养殖的生产技术操作规程的主要内容有：①饲养品种应选择适应当地生长条件、抗逆性强的优良品种；②养殖用水必须达到生产绿色食品要求的水质标准；③使用鲜活饲料和人工配合饲料，应来源于无公害生产区域；④使用人工配合的添加剂，必须符合《绿色食品　饲料及饲料添加剂使用准则》；⑤防治病害用药，必须符合《绿色食品　渔药使用准则》；⑥采用生态防病及其他无公害技术。

三、绿色水产品生产技术

绿色水产品的生产技术应涵盖整个水产品生产的全过程，包括水产品的产前、产中、产后等一系列环节，是一个有机联系的整体。主要技术及要求包括以下三部分。

（一）养殖品种选择

（1）选择饲养适应当地生长条件的抗逆性强的优良品种　有条件的地方，应尽可能选用大江、大河的天然苗种作为养殖对象。作为绿色渔业生产企业，最好能够建立自己的良种场。

（2）养殖水产品的引进准则　养殖水产品的引进包括亲本的引进和养殖用鱼苗的引进；引进包括国内各地区之间的流动及境外品种的引入。从境内外引进用以养殖的水产品，都必须得到市级水产行政部门的批准，并经过市级水产良种审定委员会的调查及备案后方可进行。引入后的鱼苗，必须先在封闭的环境下暂养一个月以上，该期间必须随时接受有关部门对引入的鱼种进行健康状况及生长情况的检测及调查。经确认许可后方可开放养殖。引进的鱼种必须具有不污染和不

破坏生态环境的特性。

（二）使用安全高效的农业投入品

主要包括鱼药和饲料及饲料添加剂。应用高效、安全、对环境无污染、对鱼体无残毒的药物。如生物制剂、中草药等。饲喂高效、优质的配合饲料。

（三）综合立体养殖技术

1. 综合立体养殖

综合养殖是实现水体、滩涂池塘底质不同层次多品种的混养与轮养，利用各品种的生态习性，达到水体、饵料生物、投喂饵料的有效利用，增产增收。综合养殖是健康养殖的主要模式与方法，也是防病、治病的重要措施。

2. 综合养殖品种的选择原则

（1）综合养殖混养品种的生态、生活习性应适应当地自然环境条件（气候、水温、盐度、底质）及饵料种类、数量条件，更重要的是要有一定的苗种资源量。

（2）根据各地不同的环境、水深、底质等实际条件，首先要确定 1~2 种合适的主养品种，再选择能够与主养品种相适应的搭配品种，搭配品种不宜过多，以 1~2 种为宜。应尽可能利用各混养品种间的生态习性（食性、生活空间）的互补性，以充分利用和提高养殖的生态效益。

（3）混养品种对主养品种应无危害和竞争（空间、食性的竞争）关系，同时混养品种尽可能选择生长快、能当年达到商品规格，且有一定市场和经济效益。

（4）根据养殖面积、养殖水体、自然状况，在保持养殖一定的承受力内，控制各混养品种的合理放养密度，切忌过量放养。合理确定混养品种的搭配比例，苗种放养的规格，适宜放养时间与起捕时间。

四、绿色水产品主要生产体系与模式

（1）水产科技园区绿色生产模式　以高质量的科技成果为核心内容，以高素质的技术队伍为依托，使科技优势形成产业优势，建立高效的绿色渔业生产基地。

（2）池塘生态养殖模式　绿色渔业与种植业、畜禽养殖业相结合，通过养殖系统内部的循环利用，达到对各种资源的最佳利用，最大限度地减少养殖过程中废弃物产生，形成适宜当地的自然条件和社会文化经济特点的池塘生态养殖基地。

（3）山区流水养鱼模式　依靠山区优质无污染的渔业生产资源，采用流水健康养殖方式，生产绿色水产品，并与旅游、垂钓、餐饮业相结合，提高渔业综合效益。

（4）水库增养殖绿色生产模式　利用水库的天然饵料资源，进行鱼类增殖和围栏、网栏、网箱养殖，使净水与养鱼富民得到协调发展。

（5）稻田生态养殖模式　这种绿色生产实行种养结合，利用稻鱼蟹共生互利的原理，在稻田开展河蟹和鱼类的养殖，在不使稻谷减产的情况下，多生产绿色水产品，增加农民收益。

五、绿色水产品生产技术规范

（一）产地生态环境

产地环境质量要求包括绿色水产品渔业用水质量、大气环境质量及渔业水域土壤环境质量等要求。绿色食品产地渔业用水中的色、臭、味、漂浮物质等15种污染物的浓度限值，必须符合《绿色食品　产地环境质量》的规定；卫生指标应符合绿色食品的行业规定。

（二）绿色水产品生产技术规范

绿色水产品生产技术规范包括渔药、饲料、农药（稻田养殖）、肥料（池塘养殖）的使用、加工过程质量控制及包装技术等。在绿色水产品生产过程中渔药、农药、饲料使用是质量控制的关键环节之一。

1. 渔药使用准则

绿色水生动物增养殖过程中对病、虫、敌害生物的防治，坚持“全面预防，积极治疗”的方针，强调“防重于治，防治结合”的原则，提倡生态综合防治和使用生物制剂、中草药对病虫害进行防治；推广健康养殖技术，改善养殖水体生态环境，科学合理混养和密养。渔药的使用必须严格按照国务院、农业部有关规定，严禁使用未经取得生产许可证、批准文号、产品执行标准号的渔药。应推广使用高效、低毒、低残留的渔药，提倡生态综合防治和使用生物制品进行防治。为了规范水产养殖用药，建议使用农业部渔业局发布的常用渔药品种。

2. 饲料使用准则

（1）饲料质量无论使用单一饲料或配合饲料，其质量均应符合国家规定的饲料卫生标准，不得使用霉变、受农药或其他有害物质污染或变质的饲料。

（2）饲料添加剂在饲料中添加的矿物质、维生素和油脂，其质量应符合国家规定。添加量应符合行业或地方标准规定的值或标准中推荐的值。为防治疾病、促进生长而选用抗生素类及其他药物作为饲料添加剂者，其原药质量应符合国家标准，不得选用国家规定禁止使用的药物。饲料生产企业所选用的饲料药物添加剂，必须是已取得批准文号的正式产品，其品种参照农业部公布的目录。

3. 农药使用准则

稻田养殖绿色水产品过程中对病、虫、草、鼠等有害生物的防治，坚持预防为主、综合防治的原则，严格控制使用化学农药。应选用高效、低毒、低残留农药，主要有扑虱灵、稻瘟灵、叶枯灵、井冈霉素，禁止使用除草剂及高毒、高残留、三致（致畸、致癌、致突变）农药。

4. 肥料使用准则

养殖水体施用肥料是补充水体无机营养盐类、提高水体生产力的重要技术手段，但施用不当（指过量），又可造成养殖水体的水质恶化并污染环境，造成天然水体的富营养化。施肥主要用于池塘养殖，针对的养殖对象主要为鲢、鳙、鲤、鲫、罗非鱼等。肥料的种类包括有机肥和无机肥。允许使用的无机肥料有：堆肥、沤肥、厩肥、绿肥、沼气、发酵粪等；允许使用的无机肥料有：尿素、硫酸铵、重过磷酸钙、过磷酸钙、磷酸氢二铵、磷酸二氢铵、石灰、碳酸钙和一些复合无机肥料。

5. 养殖水体水质的要求

符合绿色食品渔业水质要求。绿色水产品对于养殖用水处理提出了更高要求。目前，对养殖水体的净化认为是绿色水产品生产的关键，主要有换水、充气、离子交换、吸附、过滤等机械方法净化水质和络合、氧化还原、离子交换等化学方法及人为地在一种水体中培育有益生物（微生物、藻类）及水生植物的生物方法等来净化水质。

6. 绿色食品水产品捕捞、保鲜技术

绿色食品水产品的捕捞，尽可能采用网捕、钩钓、人工采集。绿色食品水产品尽量要保鲜、保活。在运输过程中，禁止使用对人体有害的化学防腐剂和保鲜保活剂，确保绿色食品水产品不受污染。

7. 水产品活体运输及暂养注意事项

（1）活体运输及暂养水质应符合渔业水质标准。

（2）活体运输前必须停食 2 天。鱼种还应进行拉网锻炼。

（3）运输用的载体材料应无毒无害。

（4）运载水体与养殖水体的温差不得超过 3℃。

（5）运输过程中严禁使用麻醉药物。

（6）活体暂养所用的场地、设备必须具备安全、无污染等条件。

（7）暂养水体应有增氧设备，可及时开启，以免缺氧造成死亡。

8. 加工过程质量控制准则

绿色水产品加工原料应来自绿色水产品基地，品质新鲜，各项理化、安全卫生指标应符合相应绿色水产品的品质要求；原料在运输过程中应采取保鲜、保活措施；运输工具、存放容器、贮藏场地必须清洁卫生。绿色水产品加工工厂、冷库、仓库的环境卫生，加工流程卫生，包装卫生，贮运安全卫生和卫生检验管理等应符合国家的有关规定。

六、绿色水产养殖中的病害防治

（一）良好的水体环境

可以从以下 5 方面优化养殖环境。

（1）合理选择养殖场地　养殖必须考虑水源、水质、环境以及防病等条件，养殖池应建在无污染源及没有严重污染的地区，养殖规模应考虑养殖区的生态平衡。

（2）消毒养殖池有机物和腐殖质　淤泥往往是水质恶化并诱发病害发生的根源，放养前必须做到彻底清除池底淤泥，进行消毒、曝晒，这样能够改善水质和底质条件。

（3）控制海区及养殖池富营养化水平　调整产业结构，控制养殖规模和多品种的综合生态养殖，改善养殖区的生态环境，有效控制疾病传播途径。

（4）重视养殖自身污染　养殖生产应因地制宜做好统一规划，尽量做到统一清淤消毒，对污染排放物做好消毒处理，提倡投喂新鲜及优质配饵，提高养殖者的养殖技术，实现鱼、虾、贝轮混养等综合养殖方式，避免养殖自身污染与净化养殖环境。

（二）保持良好的水质条件

1. 培育好养殖塘水色

良好的水质有稳定和维持养殖池生态平衡的作用。水体中保持一定数量浮游植物（保持水色为黄褐色、茶绿色，透明度0.3~0.4m）能够有效地向水中提供氧气，吸收有机物转化的营养盐类，并能够提供养殖苗种基础饵料，有利于稳定水温、水质，促进养殖品种生长，同时可以减少养殖品种的互相蚕食和生物的应激反应。

2. 提倡应用光合细菌净化水质

光合细菌具有明显的净化水质和改良底质的作用，能够吸收利用腐败细菌，分解沉积残饵和排泄物等有机物分解所产生的硫化氢等有害物质，并能与水中致病菌竞争营养盐、抑制病原生物（细菌）生长，甚至彻底消灭致病细菌，从而达到防止养殖鱼、虾病害发生的目的。

（三）应用科学的养殖技术

1. 放养健康苗种，保持合理放养密度

（1）放早苗养健康苗种　为了增加养殖时间，目前许多地方采用放养早苗增加养殖时间，放养早苗也有利于避开发病时机，达到增产增效的目的，由于放养时间提早，还可以改善水质。

（2）合理放养密度　合理放养密度，就是要符合养殖水体所能承受的生产能力，维护养殖池的生态平衡。各养殖区应根据自然环境条件、水体交换条件、养殖品种、苗种规格、养殖方式等不同情况，分别对待，以达到最佳经济效益。

2. 科学投喂优质饵料

（1）选择优质饵料　投喂鲜活、冰冻饵料必须新鲜，禁止使用带有病原体的饵料；选用配合饵料要选择优质的饵料源，禁止使用发霉变质饵料。使用鲜活饵料作病毒检测，无检测条件可熟化后投喂。在配合饵料或投喂配饵时可以添加维生素C与一些鱼虾营养元素，以提高鱼虾的体质和免疫力。

（2）合理、科学的投饵方法　投喂饵料应做到合理、科学，即做到定质、定量、定时、定位。

3. 加强养殖管理，提高养殖者的技术素质

养殖管理是提高经济效益、防止污染与疾病发生的关键所在，日常管理要做到“三勤”，即勤巡塘、勤检查、勤除害。同时要做好日常的进排水、饵料投喂等工作；对于疾病要及时监测，发现病情要及时使用适当药物治疗，对疫病中心区进行隔离以切断病害的蔓延，以尽量减少损失。在养殖时间，适当使用消毒剂等药物，改善养殖环境，预防疾病的发生。

绿色食品水产品的生产操作规程（微课）

任务实施

1. 每组派一名代表根据查阅的资料进行绿色水产品——鲤鱼养殖技术培训。
2. 由被培训者总结绿色水产品养殖的关键技术。
3. 课堂交流、答辩，教师指导、评价。
4. 方案交流：小组互评、教师指导、完善方案。

任务作业

1. 怎样进行绿色水产品的生产？
2. 绿色水产品的主要生产模式有哪些？

任务考核

1. 绿色食品水产品在运输过程中禁止使用对人体有害的（　　）防腐剂和保鲜保活剂。

2. 绿色食品水生动物增养过程中对病虫害的防治必须坚持“全面防治，积极治疗”的方针，强调（　　）的原则。

3. 绿色水产品生产主要技术及要求包括（　　）、（　　）、（　　）。

4. 在绿色水产品生产过程中，（　　）、（　　）、（　　）使用是质量控制的关键环节之一。

5. （　　）是健康养殖的主要模式与方法，也是防病、治病的重要措施。

绿色食品水产品生产控制任务考核答案

知识链接

绿色食品产品标准 绿色食品　鱼	黑龙江 A 级绿色食品 鲤鱼池塘养殖技术规范	绿色食品渔药 使用准则	绿色食品饲料及饲料 添加剂使用准则

资料卡

渔药

水产用兽药。指预防、治疗水产养殖动物疾病或有目的地调节动物生理机能的物质，包括化学药品、抗生素、中草药和生物制品等。

任务四　绿色食品其他农产品的生产控制

任务导入

许多野生植物具有很高的营养价值，野生植物如何成为绿色食品，绿色食品野生植物产品又如何进行生产的？请以一种绿色野生植物、食用菌或蜂产品为例，讲解绿色食品生产控制要点。

任务要求

素质目标

1. 通过小组成员间的分工合作，树立团结合作意识。

2. 通过学习野菜、食用菌、蜂产品的生产技术，激发创新精神、社会责任感及环保意识。

知识目标

1. 了解野生植物采集的基本原则、绿色蜂产品的生产标准。

2. 熟悉绿色食品蜜蜂养殖技术。

3. 掌握绿色栽培食用菌的生产要求及关键技术要求。

能力目标

1. 能够对绿色食品其他农产品——野菜、食用菌、蜂产品等的生产进行质量控制。

2. 具备获取、分析、归纳、使用信息的能力及知识应用能力。

任务准备

1. 每组查询相关绿色食品——野生植物、食用菌、蜂产品等相关的生产标准及生产要求。

2. 根据下面知识点编写一套试题并附答案及解析。

相关知识

一、绿色食品野生植物的生产

野生植物，是指原生地天然生长的植物。野生植物是重要的自然资源和环境要素，对于维持生态平衡和发展经济具有重要作用。

野生植物因其具有无污染而极富营养的特点，含有人体所需的蛋白质、脂肪、糖类、胡萝卜素、维生素、钙、磷和多种微量元素等，许多营养成分高于人工栽培的蔬菜，所以人们对用野菜制作的菜肴也逐渐喜爱，它们具有独特的山野美味，而且还有防病、治病和保健作用。这些野生植物是我国重要的出口商品之一。

野生植物食品的特点是，在其生长发育过程中没有人类的管理干预，基本上是自然成长。一般人们对其环境安全性都有特殊的信任，通常都将其视为绿色食品，但是随着人们对自然环境掠夺和污染，并非所有的野生植物都符合绿色食品的产品标准。因此野生植物绿色食品的生产也必须遵循一定的原则和满足一定的生产条件。绿色食品野生植物目前没有行业标准规定，按照企业的经验需要注意以下几点。

（一）野生植物生长的采集环境要求

（1）野生植物采集区域应边界清晰，并处于稳定和可持续的生产状态；

（2）野生植物采集区应远离排污工厂、矿区、垃圾处理场地、常规农田、公路干线等污染源。野生采集区应是在采集之前的 36 个月内没有受到任何禁用物质污染的地区；

（3）野生植物采集区应保持有效的缓冲带，产品采集或收集区域应与常规农田以及污染区域保持一定的距离，即有足够的缓冲区。

其中产地环境应该符合 NY/T 391-2021《绿色食品　产地环境质量》标准中对生态环境、空气质量、水质、土壤质量的要求。

（二）野生植物采集的要求

野生绿色食品的采集生产必须遵循“采集行为应有利于维持和保护自然区域功能”的原则。这也充分体现出“绿色”的要求，即在收获或收集产品时，应考虑生态系统的可持续性，不能超量采集，对生态系统造成负面影响。根据这一原则和要求，野生农产品的采集应遵循以下原则：

（1）野生农产品应采自有明确土地边界的地区，而且这个地区应被绿色食品的检查人员检查合格；

（2）采集活动不应对环境产生不利影响或对动植物物种造成威胁，采集量不应超过生态系统可持续生产的产量；

（3）应制定和提交绿色野生植物采集区可持续生产的管理方案。

（三）野菜的采集

对野菜的采集，除了采集区域的环境条件满足绿色食品基地环境质量标准外，总的有以下几点共同的要求：

（1）适时采集。每种野菜都有其最适食用时期，适时采集可保证野菜的产量和质量，商品价值高；

（2）采集植株粗壮、无病害的菜。要选择长势好、粗壮鲜嫩、无病害的植株，用手从根部掐下。为避免野菜散失水分老化，可将采下来的菜根在地上擦一下，促进伤口自身封闭，防治水分挥发；

（3）要求随采、随整理、随入筐，不同种类的菜不要混在一起，要将同一种类的菜及时归拢，及时入筐。入筐不要挤压，最后在野菜上方盖一层青草，以防日晒使菜失水萎蔫、老化变质；

（4）按规格采集，保证菜的质量，特别是加工出口菜应严格按照外贸出口的规格采集；

（5）当日采的菜要当日加工，存放过久会使菜老化变质，品质下降。

绿色食品野菜的生产（微课）

（四）野果的采集

（1）各种野生食果的生态习性和产品特点不同，采集时也要视对象和利用目的等特点确定采集的时期和方法；

（2）采摘时还要注意天气情况，掌握适宜的采集时间，防治霉烂；

（3）采集、贮存和运输过程的各个环节都不能有禁用物质的污染，要掌握好野果采集的最佳时期和采摘的强度（不要剪掉整个枝条，以免影响来年的产量）。

另外采集时一定要弄清每一种野菜和野果的形态特征，特别注意与易混毒草、毒果的区别，认不准确的切不可乱采、乱吃，同时要注意有毒杂草和杂果的混入。要注意保护资源，不要采已属珍稀的种类或品种。

（五）野生植物的分选、清洗及其他收获后处理

（1）植物收获后在场的清洁、分拣、脱粒、脱壳、切割、保鲜、干燥等简单加工过程应采用物理、生物的方法，不应使用规定以外的化学物质进行处理；

（2）用于处理非绿色植物的设备应在处理绿色植物前清理干净，对不易清理的处理设备可采取冲顶措施；

（3）产品和设备器具应保证清洁，不得对产品造成污染；

（4）如使用清洁剂或消毒剂清洁设备设施时，应避免对产品的污染；

（5）收获后处理过程中的有害生物防治。

绿色食品野果的生产（微课）

二、绿色食品食用菌的生产

食用菌是指子实体硕大、可供食用的蕈菌（大型真菌），通称为蘑菇。中国已知的食用菌有350多种，其中多属担子菌亚门。常见的食用菌有：香菇、草菇、蘑菇、木耳、银耳、猴头、竹荪、松口蘑（松茸）、口蘑、红菇、灵芝、虫草、松露、白灵菇和牛肝菌等；少数属于子囊菌亚门，其中有：羊肚菌、马鞍菌、块菌等。中国的食用菌资源丰富，也是最早栽培、利用食用菌的国家之一。1100多年前已有人工栽培木耳的记载。

菇类的蛋白质含量一般为鲜菇1.5%~6%、干菇15%~35%，高于一般蔬菜，而且它的氨基酸组成比较全面，大多菇类含有人体必需的八种氨基酸，其中蘑菇、草菇、金针菇中赖氨酸含量丰富，而谷物中缺乏。菇类含有多种维生素和多种具有生理活性的矿质元素。食用菌不仅味美，而且营养丰富，常被人们称作健康食品。

绿色食品——食用菌的生产处理要具备以上我们所讲解到的绿色食品标准，还应注意以下几点：

（1）与常规农田邻近的食用菌栽培区应设置缓冲带或物理屏障，以避免禁用物质的影响；

（2）水源水质应符合NY/T 391-2021《绿色食品　产地环境质量》的要求；

（3）应采用绿色菌种，如无法获取绿色来源的菌种，可以使用未被禁用物质处理的非绿色菌种；

（4）应使用天然材料或绿色生产的基质，并可添加以下辅料：①来自绿色生产的农家肥和畜禽粪便；当无法得到绿色生产的农家肥和动物粪便时，可使用NY/T 394-2023《绿色食品　肥料使用准则》标准中规定的土壤培肥和改良物质，但不应超过基质总干重的25%，且不应含有人粪尿和集约化养殖场的畜禽粪便；②农业来源的产品应是除上述所涉及的产品外的其他按绿色方式生产的产品；③未经化学处理的泥炭；④砍伐后未经化学产品处理的木材；

（5）木料和接种位使用的涂料应是食用级的产品，不应使用石油炼制的涂料、乳胶漆和油漆等；

（6）应采用预防性的管理措施，保持清洁卫生，进行适当的空气交换，去除受感染的菌簇；

（7）在非栽培期，可使用蒸汽和符合规定的清洁剂和消毒剂对培养场地进行清洁和消毒；

（8）食用菌收获后的处理应符合 NY/T 749-2018《绿色食品 食用菌》产品的要求。

绿色食品
食用菌的生产
（微课）

三、绿色食品蜂产品的生产

蜂产品是蜜蜂的产物，按其来源和形成的不同可分为三大类：蜜蜂的采制物，如蜂蜜、蜂花粉、蜂胶等；蜜蜂的分泌物，如蜂王浆、蜂毒、蜂蜡等；蜜蜂自身生长发育各虫态的躯体，如蜜蜂幼虫、蜜蜂蛹等。蜂产品有护肤美容、抗菌消炎、促进组织再生、促进消化、提高免疫力、促进长寿、改善睡眠、保肝、抗疲劳、促进儿童生长发育、保护心血管、润肺止咳等功效。

绿色食品——蜂产品的生产处理除要具备以上我们所讲解到的绿色食品标准外，还应注意以下几点。

1. 养蜂场地的要求

（1）养蜂场应设在已经过绿色食品认证的农业生产区内或有机食品认证组织认证的地方或至少三年未使用过化学物质的自然植被区内，环境满足绿色食品生产的产地环境质量要求。

（2）附近种植饲喂蜜蜂的农作物。

（3）蜂箱位置：蜂箱必须置于远离常规农田和远离容易受到污染的公路和铁路的地方（至少 3km 以外）。

2. 蜜蜂引入

（1）为了蜂群的更新，绿色生产单元可以每年引入 10% 的非绿色的蜂王和蜂群，但放置蜂王和蜂群的蜂箱中的巢脾或巢础应来自绿色生产单元；

（2）由健康问题或灾难性事件引起蜜蜂大量死亡，且无法获得绿色蜂群时，可以利用非绿色来源的蜜蜂补充蜂群，且应满足相应的要求。

3. 采蜜范围

（1）养蜂场应设在绿色农业生产区内或至少 36 个月未使用过禁用物质的区域内；

（2）在生产季节里，距蜂场半径 3km 范围（采蜜半径）内应有充足的蜜源植物，包括绿色生产的作物、自然植被或环境友好方式种植的作物，以及清洁的水源；

（3）蜂箱半径 3km 范围内不应有任何可能影响蜂群健康的污染源，包括使用过禁用物质的花期的作物、花期的转基因作物、高尔夫球场、垃圾场、大型居民点、繁忙路段等；

（4）当蜜蜂在天然（野生）区域放养时，应考虑对当地昆虫种群的影响；

（5）应明确划定蜂箱放置区域和采蜜范围。

4. 蜜蜂的饲喂

（1）采蜜期结束时，蜂巢内应存留足够的蜂蜜和花粉，以备蜜蜂过冬；

（2）非采蜜季节，应为蜜蜂提供充足的绿色蜂蜜和花粉；

（3）在蜂群由于气候条件或其他特殊情况缺少蜂蜜面临饥饿时，可以进行蜜蜂的人工饲喂，但只可在最后一次采蜜期和在下次流蜜期开始前 15 天之间进行；如果能够购得绿色蜂蜜或绿色糖浆，应饲喂绿色生产的蜂蜜或糖浆；如果无法购得绿色蜂蜜和绿色糖浆，经认证机构许可可以在规定的时间内饲喂常规蜂蜜或糖浆。

5. 疾病和有害生物防治

（1）应主要通过蜂箱卫生和管理来保证蜂群健康和生存条件，以预防寄生螨及其他有害生物的发生；具体措施包括：

①选择适合当地条件的健壮蜂群，淘汰脆弱蜂群；

②采取适当措施培育、筛选抗病、抗寄生虫的蜂王；

③定期对设施进行清洗和消毒；

④定期更换巢脾；

⑤在蜂箱内保留足够的花粉和蜂蜜；

⑥蜂箱应逐个标号，以便于识别，而且应定期检查蜂群。

（2）在已发生疾病的情况下，应优先采用植物或植物源制剂治疗或顺势疗法；不得在流蜜期前 30 天内使用植物或植物源制剂进行治疗，也不得在继箱位于蜂箱上时使用；

（3）在植物或植物源制剂治疗和顺势疗法无法控制疾病的情况下，可使用 NY/T 393-2020《绿色食品　农药使用准则》规定允许使用的物质控制病害，并使用规定内的产品对蜂箱或养蜂工具进行消毒；

（4）应将有患病蜜蜂的蜂箱放置到远离健康蜂箱的医治区或隔离区；

（5）应销毁受疾病严重感染的蜜蜂生活过的蜂箱及材料；

（6）不应使用抗生素，但当整个蜂群的健康受到威胁时例外；经处理后的蜂箱应立即从绿色生产中撤出并作标识，同时应重新经过 12 个月的转换期，当年的蜂产品也不能被认证为绿色产品；

（7）只有在被蜂螨感染时，才可杀死雄蜂群。

6. 蜂王和蜂群的饲养

（1）鼓励交叉繁育不同种类的蜂群；

（2）可进行选育，但不应对蜂王人工授精；

（3）可为了替换蜂王而杀死老龄蜂王，但不应剪翅；

（4）不应在秋天捕杀蜂群。

7. 蜂蜡和蜂箱

（1）蜂蜡应来自绿色养蜂的生产单元；

（2）加工的蜂蜡应能确保供应绿色养蜂场的巢础；

（3）在新组建蜂群或转换期蜂群中可以使用非绿色的蜂蜡，但是应满足以下条件：

①无法从市场上获得绿色蜂蜡；

②有证据证明常规蜂蜡未受绿色生产中禁用物质的污染。

（4）不应使用来源不明的蜂蜡；

（5）蜂箱应用天然材料（如未经化学处理的木材等）或涂有绿色蜂蜡的塑料制成，不应用木材防腐剂及其他禁用物质处理过的木料来制作和维护蜂箱；

（6）蜂箱表面不应使用含铅油漆。

8. 蜂产品收获与处理

（1）蜂群管理和蜂蜜收获方法应以保护蜂群和维持蜂群为目标；不应为提高蜂产量而杀死蜂群或破坏蜂蛹；

（2）在蜂蜜提取操作中不应使用化学驱除剂；

（3）不应收获未成熟蜜；

（4）在去除蜂蜜中的杂质时，加热温度不得超过47℃，应尽量缩短加热过程；

（5）不应从正在进行孵化的巢脾中摇取蜂蜜（中蜂除外）；

（6）应尽量采用机械性蜂房脱盖，避免采用加热性蜂房脱盖；

（7）应通过重力作用使蜂蜜中的杂质沉淀出来，如果使用细网过滤器，其孔径应大于等于0.2mm；

（8）接触取蜜设施的所有材料表面应是不锈钢或涂有绿色蜂蜡；

（9）盛装蜂蜜容器的表面应使用食品和饮料包装中许可的涂料涂刷，并用绿色蜂蜡覆盖；不应使蜂蜜接触电镀的金属容器或表面已氧化的金属容器；

（10）防止蜜蜂进入蜂蜜提取设施；

（11）提取设施应每天用热水清洗以保持清洁；

（12）不应使用氰化物等化学合成物质作为熏蒸剂。

9. 成品贮存

（1）成品蜂蜜应密封包装并在稳定的温度下贮存，以避免蜂蜜变质；

（2）提蜜和储存蜂蜜的场所，应防止虫害和鼠类等的入侵；

（3）不应对贮存的蜂蜜和蜂产品使用萘等化学合成物质来控制蜡螟等害虫。

绿色食品蜂产品的生产（微课）

10. 最终产品

最终产品应该符合 NY/T 752-2020《绿色食品　蜂产品》的要求。

任务实施

1. 每组派一名代表汇报查阅的资料：野生植物、食用菌、蜂产品等相关的生产标准及生产要求。

2. 课堂交流、答辩，教师指导、评价。

3. 小组互评。

4. 考核：用自编试题测试。

任务作业

1. 野生采集过程管理的原则是什么？

2. 野生植物采集的基地环境条件有哪些？

任务考核

一、单选题

1. 下列哪个不是绿色食品——野生植物生产的要求？(　　)

A. 野生植物采集区和普通农产品之间需要有足够的缓冲区

B. 野生农产品应采自有明确土地边界的地区

C. 野生植物产品可以随意采摘

D. 用于处理非绿色植物的设备应在处理绿色植物前清理干净

2. 下列哪个不是绿色食品——食用菌生产的要求？(　　)

A. 生产食用菌的基质可以与普通农产品生产使用一致

B. 应采用绿色菌种

C. 木料和接种位使用的涂料应是食用级的产品

D. 最终产品应该符合标准 NY/T 749-2018《绿色食品　食用菌》

3. 下列哪个不是绿色食品——蜂产品生产的要求？(　　)

A. 养蜂场应设在已经过绿色食品认证的农业生产区内

B. 应明确划定蜂箱放置区域和采蜜范围

C. 成品蜂蜜应密封包装并在稳定的温度下贮存，以避免蜂蜜变质

D. 可以收获未成熟蜜

二、判断题

1. 野生植物是可以随便采集的。(　　)

2. 绿色食品就是野生食品。(　　)

绿色食品其他
农产品生产控制
任务考核答案

知识链接

绿色食品产品标准
绿色食品　山野菜

绿色食品产品标准
绿色食品　蜂产品

资料卡

蜂蜜　蜂蜜是由工蜂采集植物的花蜜、分泌物或蜜露，与自身分泌物结合后，在巢脾内转化、脱水、贮存至成熟的天然甜味物质。

蜂王浆、蜂皇浆　工蜂咽下腺和上颚腺分泌的，主要用于饲喂蜂王和蜂幼虫的乳白色、淡黄色或浅橙色浆状物质。

蜂王浆冻干粉、蜂皇浆冻干粉　通过真空冷冻干燥方法加工制成的脱水蜂王浆粉末。

蜂花粉　工蜂采集显花植物花蕊中的花粉粒，加入唾液和花蜜混合而成的物质。

蜂蜡，又称黄蜡、蜜蜡。蜂蜡是由蜂群内适龄工蜂腹部的4对蜡腺分泌出来的一种脂肪性物质。在蜂群中，工蜂利用自己分泌的蜡来修筑巢脾、子房封盖和饲料房封盖。巢脾是供蜜蜂贮存食物、培育幼蜂和栖息结团的地方，因此，蜂蜡既是蜂群的产品，又是其生存和繁殖所必需的物料。

任务五　绿色食品加工生产控制

任务导入

××饮料有限公司计划建一绿色阳梨罐头厂，聘请你为绿色食品技术指导，对公司的工人进行绿色食品加工技术培训。

任务要求

素质目标

1. 通过小组成员间的分工合作，树立团结合作意识。

2. 通过学习绿色食品加工生产技术，激发创新精神、社会责任感及环保意识。

知识目标

1. 了解绿色食品加工的环境条件要求及加工过程的基本要求。

2. 熟悉绿色食品加工的基本原则和原理；熟悉果蔬罐头常见的质量问题与控制方法。

3. 掌握果蔬加工原料要求及预处理方法。

4. 掌握绿色食品加工业生产的相关标准及关键技术。

能力目标

1. 能够对果蔬加工原料进行预处理。

2. 能够对绿色食品加工产品的生产进行质量控制。

3. 具备获取、分析、归纳、使用信息的能力及知识应用能力。

任务准备

1. 根据本任务要求将相关知识编制一套测试题，作为课堂评价试题。

2. 查阅资料：A级绿色食品加工产品生产技术操作规程（产品任选）。

3. 设计方案：如何对绿色食品——阳梨罐头进行质量控制。

相关知识

绿色食品加工操作规程应包括以下内容：①生产工艺流程，其中有关温度、浓度、杀菌的方法、添加剂的使用等应详细说明；食品添加剂的使用必须符合《绿色食品　食品添加剂使用准则》，不能使用国家明令禁用的色素、防腐剂、品质改良剂；②对原、辅料的要求；原、辅料来源；原、辅料进厂验收（感光指标、理化指标）；进厂后的储存；预处理等；③生产工艺；④主要设备及清洗；⑤成品检验制度；⑥贮藏（贮藏的方法、地点等）。

一、食品加工技术和工艺

（一）传统的食品加工方法和工艺

常用的食品加工方法有干制、糖制、腌制、罐藏、速冻、制汁、制酒等。

（1）干制、糖制、腌制　主要是利用蒸发水分、加糖或加盐等方法，增加制品细胞的渗透压，使微生物难以存活，同时由于热处理杀死了食品原料细胞，从而防止了食品的腐败变质。

最简单的干制方法是利用太阳的热量晒干或晾干果蔬，如干红枣、葡萄干、柿饼、杏干、笋干、萝卜干等，但此法得到的制品质量难以保证。现代干燥方法如电热干燥、红外线加热干燥、鼓风干燥、冷冻升华干燥等，可进一步提高加工品的质量，保存新鲜原料的风味。

食品的糖制产品有果脯、蜜饯、果冻、果酱等。果脯是将原料经糖液熬制到一定浓度，使浓糖液充填到果蔬组织细胞中，烘干后即为成品。果酱是经过去皮、切块等整理的果蔬原料加糖熬制浓缩而成，使制品的可溶性固形物达65%~70%。有些果蔬含有丰富的果胶物质，在其浸出液中加入适量的糖，熬制、浓缩、冷却后可凝结成为光亮透明的冻状物，称为果冻。

（2）盐腌　食品腌制是利用食盐创造一个相对高的渗透溶液，抑制有害微生物的活动，利用有益微生物活动的生成物，以及各种配料来加强制品的保藏性。如酸菜、榨菜、咸菜、酱菜、盐腌果坯等，是果蔬加入一定的食盐后而制成的成品或半成品。

（3）罐藏　将食品封闭在一种容器中，通过加热杀菌后，维持密闭状态而得以长期保存的食品保藏方法。目前，许多水果、蔬菜、肉类、鱼类等都可以制成罐头的形式进行销售和保藏。

（4）速冻　采用各种办法加快热交换，使食品中的水分迅速结晶，食品在短时间内通过冰晶最高形成阶段而冻结。如速冻水饺、速冻蔬菜、速冻果品等，这是一种较先进的食品保藏和加工方式。

（5）制汁　果蔬原汁是指未添加任何外来物质，直接从新鲜水果或蔬菜中用压榨或其他方法取得的汁液。以果汁或蔬菜汁为基料，加水、糖、酸或香料等调配而成的汁液称为果蔬汁饮料。

（6）制酒　酒是以谷物、果实等为原料酿制而成的色、香、味俱佳的含醇饮料。

（二）现代食品加工新方法和工艺

（1）膜分离技术　是利用高分子材料制成的半透性膜对溶剂和溶质进行分离的先进技术。目前主要应用的膜分离技术有超滤、反渗透和电渗析三种。超滤是应用孔径为1.0~20.0nm（或更大）的超滤膜来过滤含有大分子或细微粒子的溶液，使大分子或细微粒子从溶液中分离的过程，如植物蛋白的分离提取。反渗透是利用反渗透膜只能透过溶剂（通常是水）的性质，对溶液施加压力以克服溶液的深度、渗透压，将溶剂通过反渗透膜从溶液中分离出来的过程，可用于牛奶、豆浆、果蔬汁的冷浓缩。电渗析是在外电场作用下，利用一种特殊的离子交换膜，对离子具有不同选择透过性而使溶液中阴阳离子与溶液分离，可用于海水淡化、水的纯化处理。应用膜分离具有效率高、质量好、设备简单、操作容易等特点。

（2）生物技术　主要包括酶工程和发酵工程。酶工程是利用生物手段合成、降解或转化某些物质，从而使廉价原料转化成高附加值的食品，如酶法生产麦芽糖。发酵工程是利用微生物进行生物生产的生物技术，除传统食品外，在现代食品工业中还取得了许多新成就。例如用微生物发酵法生产黄原胶。因此生物技术应用于绿色食品加工中，必将提高绿色食品的品质及质量。

（3）超高压技术　是将食品原料填充到塑料等柔软的容器中密封放入到装有净水的高压容器中，给容器内部施加100~1000MPa的压力，高压作用可以杀死微生物，使蛋白质变性、酶失活等。高压作用可以避免因加热引起的食品变色变味和营养成分损失以及因冷冻而引起的组织破坏等缺陷。目前，该技术已用于消毒和灭菌、贮藏和改善食品口感、提高营养等方面。

（4）超临界萃取技术　是近些年来发展起来的一种全新的分离方法，已广泛用于化工、能源、食品、医药、生物工程等领域。该技术是利用流体（溶剂）在临界点附近某一区域（超临界区）内，与待分离混合物中的溶质具有异常相平衡行为和传递性能，且它对溶质溶解能力随压力和温度改变而在相当宽的范围内变动这一特性，而达到将溶质分离的一项技术。利用这种所谓超临界流体作为溶剂，可以从多种液态或固态混合物中萃取出待分离的组分。CO_2由于其无毒、不易燃易爆、有较低的临界温度和临界压力、传递性质好、在临界压力附近溶解度大、对人体和原料完全惰性、无残留等优点，而成为目前超临界流体萃取最常用的溶剂，即超临界CO_2萃取。进行超临界CO_2萃取操作的关键在于压力、温度的最佳组合。采用超临界CO_2萃取技术具有操作温度接近室温，对有机物选择性好，溶解能力强，无毒、无残留，产品易于分离等优点，特别适合天然产物的分离精制，如柠檬皮香精油、柑橘香精油的萃取，紫丁香、杜松子、黑胡椒、杏仁等有效成分的提取等。

（5）冷杀菌技术　用非热的方法杀死微生物并可保持食品的营养和原有风味的技术。目前，应用的主要有射线杀菌、臭氧杀菌、超高压杀菌和酶制剂杀菌等方法。

（6）特殊冷冻技术　速冻、冷冻粉碎、冷冻升华干燥、冷冻浓缩等是近年来发展起来的新技术，它们为食品加工提供一个冷的条件，可最大限度地保持食品原料原有的营养和风味，获得高质量的加工品。

食品生产准则及食品加工新技术和工艺（微课）

（7）挤压膨化技术　食品在挤压机内达到高温高压后，突然降压而使食品经受压、剪、磨、热等作用，食品的品质和结构发生改变，如多孔、蓬松等。目前的挤压食品除了意大利通心粉之外，已经扩大到肉类、水产、饲料、果蔬汁的加工中等。

二、绿色食品食品添加剂使用准则

（一）食品添加剂

食品添加剂指为改善食品品质和色、香、味，以及为防腐、保鲜和加工工艺的需要而加入食品中的人工合成或者天然物质。营养强化剂、食品用香料、胶基糖果中基础剂物质、食品工业用加工助剂也包括在内。

（二）食品添加剂的分类

按照功能作用，食品添加剂可分：酶制剂、营养强化剂、风味剂、防腐杀虫剂、抗氧化剂、酸度调节剂、着色剂、发色剂、分离剂、漂白剂、香精香料、食用色素、增稠剂和稳定剂、乳化剂、膨松剂等。

按来源不同，食品添加剂可分为天然食品添加剂和化学合成食品添加剂。

天然食品添加剂是以物理方法、微生物法或酶法从天然物中分离出来，不采用基因工程获得的产物，经过毒理学评价确认其食用安全的食品添加剂。

化学合成食品添加剂是由人工合成的经过毒理学评价确认其食用安全的食品添加剂。

（三）生产绿色食品的食品添加剂使用原则

《绿色食品　食品添加剂使用准则》（NY/T 392−2023），是农业部行业推荐性标准。规定了 AA 级、A 级绿色食品生产中允许使用的食品添加剂的种类、使用范围、最大使用量和不允许使用的品种。

（1）AA 级绿色食品中只允许使用天然食品添加剂类产品。

（2）生产 A 级绿色食品可使用天然食品添加剂。在这类食品添加剂不能满足生产需要的情况下，可使用《生产绿色食品不应使用的食品添加剂》以外的化学合成食品添加剂。

（3）生产绿色食品时，食品添加剂使用应符合以下基本要求：

①不应对人体产生任何健康危害；

②不应掩盖食品腐败变质；

③不应掩盖食品本身或加工过程中的质量缺陷或以掺杂、掺假、伪造为目的而使用食品添加剂；

④不应降低食品本身的营养价值；

⑤在达到预期的效果下尽可能降低在食品中的使用量。

（4）所用食品添加剂的产品质量必须符合相应的国家标准、行业标准。

（5）使用的食品添加剂应符合 GB 2760−2014 规定的品种及其适用食品名称、最大使用量和备注。同一功能食品添加剂（相同色泽着色剂、甜味剂、防腐剂或抗氧化剂）混合使用时，各自用量占其最大使用量的比例之和不应超过 1。复配食品添加剂的使用应符合 GB 26687−2011 规定。在任何情况下，绿色食品中不得使用《生产绿色食品不应使用的食品添加剂》中的产品。

（6）不得对消费者隐瞒绿色食品中所用食品添加剂的性质、成分和使用量。

（7）不采用基因工程获得的产物。

（四）生产绿色食品不应使用的食品添加剂（表 4-4）

表 4-4　生产绿色食品不应使用的食品添加剂

食品添加剂功能类别	食品添加剂名称（中国编码系统 CNS 号）
酸度调节剂	富马酸一钠（01.311）
抗结剂	亚铁氰化钾（02.001）、亚铁氰化钠（02.008）
抗氧化剂	硫代二丙酸二月桂酯（04.012）、4-己基间苯二酚（04.013）
漂白剂	硫黄（05.007）
膨松剂	硫酸铝钾（又名钾明矾）（06.004）、硫酸铝铵（又名铵明矾）（06.005）
着色剂	新红及其铝色淀（08.004）、二氧化钛（08.011）、赤藓红及其铝色淀（08.003）、焦糖色（亚硫酸铵法）（08.109）、焦糖色（加氨生产）（08.110）
护色剂	硝酸钠（09.001）、亚硝酸钠（09.002）、硝酸钾（09.003）、亚硝酸钾（09.004）
乳化剂	山梨醇酐单月桂酸酯（又名司盘 20）（10.024）、山梨醇酐单棕榈酸酯（又名司盘 40）（10.008）、山梨醇酐单油酸酯（又名司盘 80）（10.005）、聚氧乙烯山梨醇酐单月桂酸酯（又名吐温 20）（10.025）、聚氧乙烯山梨醇酐单棕榈酸酯（又名吐温 40）（10.026）、聚氧乙烯山梨醇酐单油酸酯（又名吐温 80）（10.016）
防腐剂	苯甲酸（17.001）、苯甲酸钠（17.002）、乙氧基喹（17.010）、仲丁胺（17.011）、桂醛（17.012）、噻苯咪唑（17.018）、乙萘酚（17.021）、联苯醚（又名二苯醚）（17.022）、2-苯基苯酚钠盐（17.023）、4-苯基苯酚（17.024）、2，4-二氯苯氧乙酸（17.027）
甜味剂	糖精钠（19.001）、环己基氨基磺酸钠（又名甜蜜素）及环己基氨基磺酸钙（19.002）、L-*a*-天冬氨酰-*N*-（2，2，4，4-四甲基-3-硫化三亚甲基）-D-丙氨酰胺（又名阿力甜）（19.013）
增稠剂	海萝胶（20.040）
胶基糖果中基础剂物质	胶基糖果中基础剂物质

注：对多功能的食品添加剂，表中的功能类别为其主要功能。

三、绿色食品加工的基本原则

（一）绿色食品加工应遵循可持续发展原则

以食物为原料的食品加工应本着节约能源、循环利用原料、尽可能实现废物资源化原则，综合利用原料。尽可能做到“吃干榨净”，降低资源消耗，确保资源的合理利用和永续利用。以苹果为例，利用苹果制果汁，制汁后剩余的果渣采用固体发酵生产乙醇，还可经黑曲霉发酵生产柠檬酸，再从剩下的发酵物中提取纤维素，生产粉状纤维食品，作为固态食品的非营养性填充物。剩下的废物经厌气性细菌分解产生沼气。

（二）营养物质最小损失原则

在绿色食品加工过程中，必须采取一系列加工工艺，防止或尽量减少加工中营养物质的流失、氧化、降解，最大限度地保留其营养价值，使营养物质的损失达到最小程度。例如，加工果汁时，将其香味物质回收，并回归果汁中以保持原风味，对加工过程中，如维生素，易于被破坏、失效，失去保健价值的原料，应采取特殊工艺，如贮藏保鲜、低温加工工艺、冷冻、冻干等，进行保质、保价。

（三）加工过程无污染原则

绿色食品生产控制加工过程中必须严格贯彻全程质量控制原则，分析、控制加工中每个环节可能产生的污染和危害。

1. 原料来源明确

绿色食品加工用的主要原料必须经过中国绿色食品发展中心认证的绿色食品及其副产品。

辅料（不包括水）一般低于总质量或体积的10%，可以不是绿色食品及其副产品，但必须达到绿色食品产品标准的要求。

食品添加剂应符合NY/T 392-2023《绿色食品　食品添加剂使用准则》的要求。

加工用水应符合GB 5749-2006《生活饮用水卫生标准》的要求。加工用水既可以保留在产品内成为其一种组成成分，也可仅作为原料、设备清洗用水。加工用水包括食用菌生产用水、食用盐生产用水等，应符合表4-5要求。

表4-5　加工用水要求

项目	指标	检测方法
pH	6.5~8.5	GB/T 5750.4-2006
总汞/(mg/L)	≤0.001	GB/T 5750.6-2006
总砷/(mg/L)	≤0.01	GB/T 5750.6-2006
总镉/(mg/L)	≤0.005	GB/T 5750.6-2006
总铅/(mg/L)	≤0.01	GB/T 5750.6-2006
六价铬/(mg/L)	≤0.05	GB/T 5750.6-2006
氰化物/(mg/L)	≤0.05	GB/T 5750.5-2006
氟化物/(mg/L)	≤1.0	GB/T 5750.5-2006
菌落总数/(CFU/mL)	≤100	GB/T 5750.12-2006
总大肠菌群/(MPN/100mL)	不得检出	GB/T 5750.12-2006

原料不使用转基因产品或辐照食品。

2. 企业管理完善

绿色食品加工企业需经过认证机构和人员的考察，地理位置适宜，建筑布局合理，具有完善的供排系统，良好的卫生条件，严格的管理制度，既要避免外界环境对企业生产加工造成污染，又要防止企业对环境和居民区造成污染。另外企业生产人员应熟悉绿色食品标准，有较强的责任心和熟练的操作技能，以避免操作中造成人为的污染和危害。

3. 加工设备无污染

加工设备选用对人体无害的材料制成，特别是与食品接触部位，必须对人体无害。

4. 加工工艺合理

绿色食品应采用合理的加工工艺。避免加工中产生交叉污染或二次污染，而且不允许使用会产生有害成分的工艺，如重复用油煎炸，用木条或煤炭等直接烟熏等加工工艺。

5. 使用安全的贮藏和运输方法

使用安全的贮藏方法和容器，保持贮运后的品质。

（四）无环境污染原则

绿色食品加工企业不仅要注意自身的洁净，还需考虑对环境的影响，应避免对环境造成污染。加工后生产的废水、废气、废料等都需经过无害化处理，以避免对周边环境造成污染。以畜禽加工厂为例，加工厂要求远离居民区，并有“三废”净化处理设备，加工后的废水、废气、废渣尽可能再循环，多元多级利用，对废物进行二次开发，使废物资源化，采用无废物生产先进工艺。同时必须对绿色食品加工生产中不可避免产生的废水、废气、废渣经过无害化处理，才能排放，不能对环境造成污染。

四、绿色食品加工过程质量控制

（一）绿色食品加工企业

1. 绿色食品加工企业厂址要求

绿色食品工厂应选择地势高燥、水资源丰富、水质良好、土壤清洁、便于绿化、交通方便的地方。既要防止环境对生产的污染，也要保证生产不污染环境。

（1）满足企业生产需要的地理条件

①地势高燥：为防止地下水对建筑物墙基的浸泡和便于废水排放，厂址应选择地势较高并有一定坡度的地区。

②水源丰富，水质良好：食品加工厂需要大量的生产用水，建厂时应该考虑供水方便和充足的地方。使用自备水源的企业，需对地下水丰水期和枯水期的水质、水量经过全面的检验分析，证明能满足需要后才能定址。水质要符合要求。

另外，用于绿色食品生产的容器、设备的洗涤用水也必须符合国家饮用水标准。

③土质良好，便于绿化：良好的土质适于植物的生长，也便于绿化。绿化树木和花草不仅可以美化环境，而且可以吸收灰尘、减少噪声、分解污染物，形成防止污染的良好屏障。

④交通便利：绿色食品加工企业应选在交通方便但与公路有一定距离的地方，以便于食品原辅材料和产品的运输。

（2）防止环境对企业的污染　新建、扩建、改建的绿色食品企业在选择厂址时，首先要考虑周围环境是否存在污染源，一般要求厂址应远离重工业区，必须在重工业区选址时，要根据污染范围设 500～1000m 防护林带，在居民区选址，25m 不得有排放尘、毒作业场所及暴露的垃圾堆、坑或露天厕所，500m 内不得有粪场和传染病医院，除了距离上有所规定外，厂址还应根据常年主导风向，选在污染源的上风向。

（3）防止企业对环境和居民区的污染　一些食品企业排放的污水、污物可能带有致病菌或化学污染，因此，屠宰场、禽类加工厂等单位一般远离居民区，其间隔距离可根据企业性质、规模大小，按“工业企业设计卫生标准的规定”执行，最好在 1km 以上，其位置应位于居民区主导风向的下风向和饮用水水源的下游，同时应具备“三废”净化处理装置。

2. 绿色食品加工工厂布局

（1）绿色食品加工工厂布局　一般绿色食品工厂由生产车间、辅助车间（如机修车间、电工车间等）、动力设施、仓储运输设施、工程管网设施及行政生活建筑等组成。厂区应按不同的系统分别划分为行政区、生活区和生产区等。对于生产品种多、安全卫生要求不同的生产车间，可划分为不同的生产区，如原材料、物料预处理生产区，成品、半成品生产区和成品包装生产区等。各部分建筑要按照工艺流程顺序，原料、半成品、成品，保持连续性，避免交叉污染，锅炉房、厕所，应远离车间，并在生产车间的下风向。

绿色食品企业所用的工程管线，主要有生产和生活用的上下水管道、热力管道、煤气管道及生产用的动力管道、物料管道和冷冻管道等；另外还有动力、照明、电话、广播等各种电线、电缆。在进行总平面布置时需要综合考虑。要求管线之间、管线与建筑物之间尽量相互协调，方便施工，安全生产，便于检修。

（2）绿色食品生产车间布置设计原则

①符合生产工艺的要求：按照流程的流向顺序依次进行设备的排列，以保持物料顺畅地向前推送，按顺序进行加工处理，保证水平方向和垂直方向的连续性，不使物料和产品有交叉和往复运动。

②符合生产操作的要求：设备布置应考虑为操作工人管理多台设备或多种设备创造条件。

③应符合设备安装检修要求。

④应符合厂房建筑的要求。

⑤应符合节约投资的要求。

⑥应符合安全、卫生和防腐蚀的要求。

（3）绿色食品生产车间的卫生要求

①生产车间不准设在地下室内，因为越接近地面的空气所含的尘埃和微生物越多，且地下室采光极差。

②保证车间内有良好的微气候，在南方炎热地区避免夏季过热，在北方寒冷地区应避免冬季过冷。

③通风换气设备：为保证足够的通风量，驱除蒸汽、油烟和二氧化碳等气体，通入新鲜洁净的空气，工厂一般设置自然通风口或安装机械通风设备。

④照明设备：利用自然光照明要求窗户采光好，适宜的门窗与地面的面积比例为1∶5。人工照明一般要求达到50lx的亮度，而检验操作台等位置要求达到300lx。照明灯泡或灯管要求有防护罩，以防玻璃破碎进入食品。

⑤防尘、防蝇、防鼠设备：食品车间需要安装纱门、纱窗，货物频繁出入口可安装排风幕或防蝇道，车间外可设诱蝇灯，车间内外墙角处可设捕鼠器，产品原料和成品要有一定的包装，减少裸露时间。

⑥车间必须有更衣、洗手消毒室等，且布局设施合理。工具、容器清洗消毒车间要有浸泡、刷剔、冲洗、消毒等处理的设备，消毒后的工具、容器要有足够的贮藏室，严禁露天存放。

⑦进原料、出成品和燃料、废渣的出入口均应互相分开，避免交叉污染。

⑧屋顶、墙、地面和建筑物材料符合卫生要求。车间内壁要被覆一层光滑、浅色、不渗水、不吸水的材料，离地面1.5~2m以下的部分要铺设瓷砖或其他材料的墙裙，上部用无毒涂料或油漆涂刷，必须平整完好。墙角、墙与地面的结合处呈弧形以免积灰。地面用耐水、耐热、耐腐蚀的水磨石等硬质材料铺设，要求有一定的倾斜度，以便于冲刷、消毒，地面要有排水沟。

⑨污水、垃圾和废气物排放处理：绿色食品加工厂在设计时更要求加强废弃物的处理能力，防止污物对工厂的污染和周围环境的污染。

3. 生产人员的要求

（1）从事绿色食品加工、检验及有关人员，应严格遵守卫生制度，定期进行卫生检查。生产人员，必须至少每年进行一次健康体检，接触食品的生产人员，体检必须合格，患有肠道性传染病、食源性疾病人员，不得从事食品生产活动。

（2）绿色食品生产人员、管理人员，必须经过绿色食品知识的系统培训，对绿色食品标准有一定的理解和掌握，才可以从事绿色食品加工生产。

4. 绿色食品加工设备要求

（1）材料要求　一般来讲，不锈钢、尼龙、玻璃、食品加工专用塑料等材料制造的设备都可用于绿色食品加工。但是，从严格意义上讲，与食品接触的机械部分一般要求采用不锈钢材料。

在常温常压、pH 中性条件下使用的器皿、管道、阀门等，可采用玻璃、铝制品、聚乙烯或其他无毒塑料制品代替。

在加工过程中，使用表面镀锡的铁管、挂釉陶瓷器皿、搪瓷器皿、镀锡铜锅等，都可能导致食品含铅量大大增加，特别是接触 pH 较低的原料或添加剂时，铅更容易溶出。铅可损害人的神经系统、造血器官和肾脏，并可造成急性腹痛和瘫痪，严重的还可导致休克和死亡。铬和砷主要来自电镀制品，砷在陶瓷制品中有一定含量，在酸条件下易溶出，要减少和避免上述器具的使用。食盐对铝制品有强烈的腐蚀作用，应特别注意。

（2）设备润滑剂　绿色食品加工设备的轴承、枢纽部分所用润滑油部位应全密封，并尽可能用食用润滑油，机械设备上的润滑剂严禁使用多氯联苯。

（3）设备布局与安装　食品机械设备布局要合理，符合工艺流程要求，便于操作，防止交叉污染。设备管道应设有观察口，并便于拆卸检修，管道拐弯处应呈弧形以利于清洗消毒。

绿色食品加工厂房要求（微课）

（4）尽量专用　不能专用时，应在批量加工完绿色食品时，再加工非绿色食品。或必要时清洗设备后再加工绿色食品。

（二）绿色食品生产的加工要求

1. 绿色食品加工原料的要求

食品加工方法较多，其性质相差较大，不同的加工方法和制品对原料均有一定的要求，优质高产、低耗的加工品，除受工艺和设备的影响外，更与原料的品质好坏以及原料的加工工艺有密切的关系，在加工工艺和设备条件一定的情况下，原料的好坏就直接决定着制品的质量。食品加工对原料总的要求是要有合适的种类、品种，适当的成熟度和良好、新鲜完整的状态。

绿色食品加工的原料应有明确的原产地、生产企业或经销商的情况。固定的、良好的原料基地能够为企业提供质量和数量上都有保证的加工原料。现在，有些食品加工企业投资农业，建立自己的原料基地，有利于质量的控制和企业的发展。

（1）已获得绿色食品认证的原料含量在加工产品中所占的比例不得少于 90%。

（2）加工用水不必经过认证，但加工用水必须符合我国饮用水卫生标准，同样需要经过检测，出具合法的检验报告。

（3）同一种原料不得既来自获得绿色食品认证的产品又来自未获得绿色食品认证的产品。

（4）未获得绿色食品认证、含量在 2%～10%的原料，要求有固定来源和省级或省级以上质检机构的检验报告，原料质量符合绿色食品产品质量标准要求。但对于食品名称中修饰词（不含表示风味的词）成分（如番茄挂面中的番茄），必须是获得绿色食品认证的产品。

（5）未获得绿色食品认证、含量小于2%的原料（如部分香辛料、发酵剂、曲料等），应有固定来源且达到食品级原料要求。

（6）食品添加剂应符合《绿色食品　食品添加剂使用准则》要求。

（7）禁止使用转基因原料产品。

（8）绿色食品的原料严禁用辐射、微波等方法处理。

2. 绿色食品加工工艺要求

（1）绿色食品加工原料的预处理　食品加工原料的预处理，对成品的影响很大，如处理不当，不但会影响产品的质量和产量，而且会对以后的加工工艺造成影响。为了保证加工品的风味和综合品质，必须认真对待加工前原料的预处理。

以果蔬加工为例，食品加工原料的预处理一般包括选别、分级、洗涤、修整（去皮）、切分、烫漂（预煮）、护色、半成品保存等工序。尽管果蔬种类和品种各异，组织特性相差很大，加工方法也有很大的差别，但加工前的预处理过程却基本相同。

①原料的选别与分级：进厂的原料绝大部分含有杂质，且大小、成熟度有一定的差异。果蔬原料选别与分级的主要目的首先是剔除不合乎加工要求的果蔬，包括未熟或过熟的，已腐烂或长霉的果蔬。还有混入果蔬原料内的砂石、虫卵和其他杂质，从而保证产品的质量。其次，将进厂的原料进行预先的选别和分级，有利于以后各项工艺过程的顺利进行，如将柑橘进行分级，按不同的大小和成熟度分级后，就有利于指定出最适合于每一级的机械去皮、热烫、去囊衣的工艺条件，从而保证有良好的产品质量和数量，同时也降低能耗和辅助材料的用量。

选别时，将进厂的原料进行粗选，剔除虫蛀、霉变和伤口大的果实，对残、次果和损伤不严重的则先进行修整后再应用。

果蔬的分级包括按大小分级、按成熟度分级和按色泽分级几种，视不同的果蔬种类及这些分级内容对果蔬加工品的影响而分别采用一种或多种分级方法。

②原料的清洗：果蔬原料清洗的目的在于洗去果蔬表面附着的灰尘、泥沙和大量的微生物以及部分残留的化学农药，保证产品的清洁卫生，从而保证制品的质量。洗涤时常在水中加入盐酸、氢氧化钠等，既可除去表面污物，还可除去虫卵、降低耐热芽孢数量。果蔬的清洗方法可分为手工清洗和机械清洗两大类。

③果蔬的去皮：除叶菜类外，大部分果蔬外皮较粗糙、坚硬，虽有一定的营养成分，但口感不良，对加工制品有一定的不良影响。如柑橘外皮含有精油和苦味物质；桃、梅、李、杏、苹果等外皮含有纤维素、果胶及角质；荔枝、龙眼的外皮木质化；甘薯、马铃薯的外皮含有单宁物质及纤维素、半纤维素等；竹笋的外壳高度纤维化，不可食用。因而，一般要求去皮。只有在加工某些果脯、蜜饯、果汁和果酒时，因为要打浆、压榨或其他原因才不用去皮。加工腌渍蔬菜也常常无须去皮。

果蔬去皮的方法主要有手工、机械、碱液、热力、酶法、冷冻、真空去皮方法等。

④原料的切分、破碎、去心（核）、修整：体积较大的果蔬原料在罐藏、干制、腌制及加工果脯、蜜饯时，为了保持适当的形状，需要适当地切分。切分的形状则根据产品的标准和性质而定。生产果酒、果蔬汁等制品，加工前需破碎，使之便于压榨或打浆，提高取汁效率。核果类加工前需去核、仁果类则需去心。有核的柑橘类果实制罐时需去种子。枣、金柑、梅等加工蜜饯时需划缝、刺孔。

罐藏或果脯、蜜饯加工时为了保持良好的外观形状，需对果块在装罐前进行修整，以便除去未去净的皮，残留于芽眼或梗洼中的皮，部分黑色斑点和其他病变组织。全去囊衣橘瓣罐头则需除去未去净的囊衣。

上述工序在小量生产或设备较差时一般手工完成，常借助于专用的小型工具。如枇杷、山楂、枣的通核器；匙形的去核心器；金柑、梅的刺孔器等。

⑤烫漂：果蔬的烫漂，生产上常称预煮。即将已切分的或经其他预处理的新鲜果蔬原料放入沸水或热蒸汽中进行短时间的热处理。其主要目的在于钝化活性酶、防止酶褐变；软化或改进组织结构；稳定或改进色泽；除去部分辛辣味和其他不良风味；降低果蔬中的污染物和微生物数量。

但是，烫漂同时要损失一部分营养成分，热水烫漂时，果蔬视不同的状态要损失相当的可溶性固形物。据报道，切片的胡萝卜用热水烫漂 1min 即损失矿物质 15%，整条的也要损失 7%。另外，维生素 C 及其他维生素同样也受到一定损失。果蔬烫漂常用的方法有热水和蒸汽两种。

⑥工序间的护色：果蔬去皮和切分之后，与空气接触会迅速变成褐色，从而影响外观，也破坏了产品的风味和营养品质。这种褐变主要是酶褐变，由于果蔬中的多酚氧化酶氧化具有儿茶酚类结构的酚类化合物，最后聚合成黑色素所致。其关键的作用因子有酚类底物、酶和氧气。因为底物不可能除去，一般护色措施均从排除氯气和抑制酶活性两方面着手，在果蔬加工预处理中所用的方法主要有烫漂护色、食盐溶液护色、有机酸溶液护色、抽空护色等。

⑦半成品保藏：果蔬加工大多以新鲜果蔬为原料，由于同类果蔬的成熟期短，产量集中。一时加工不完，为了延长加工期限，满足周年生产，生产上除采用果蔬贮藏方法对原料进行短期贮藏外，常需对原料进行一定程度的加工处理，以半成品的形式保藏起来，以待后续加工制成成品。目前常用的保藏方法有盐腌保藏、浆状半成品的大罐无菌保藏等。

（2）绿色食品加工工艺的要求　根据绿色食品加工的原则，绿色食品加工工艺应采用先进的工艺，这样才能最大程度地保持食品的营养成分，加工过程不能造成再次污染，并不能对环境造成污染。

①绿色食品加工工艺和方法应先进、适当，最大程度地保持食品原料的营养价值和色、香、味等品质。

②绿色食品的加工，都严禁使用辐射技术和石油馏出物。在绿色食品的加工

和贮藏处理中不允许使用该技术，主要目的是为了消除人们对射线残留的担心。有机物质如香精的萃取，不能使用石油馏出物作为溶剂，这就需要选择良好的工艺，如超临界萃取技术，可解决有机溶剂的残留问题。

③生产 AA 级绿色食品应使用天然食品添加剂。生产 A 级绿色食品可使用天然食品添加剂。在这类食品添加剂不能满足生产需要的情况下，可使用《生产绿色食品不应使用的食品添加剂》以外的化学合成食品添加剂。

总之，只有采取先进、科学、合理的绿色食品加工工艺，才能最大限度地保留食品的自然属性、营养和原汁原味的口味，并避免受到二次污染。但先进的工艺必须符合绿色食品加工原则及《绿色食品生产操作规程》，采取先进工艺的加工食品一般有较好的品质，产品标准达到或优于国家标准。绿色食品加工必须针对产品自身特点，采用适合的新技术、新工艺，提高绿色食品品质及加工率。同时，绿色食品加工中对各项工艺参数指标、加工操作规程必须严格实行，以保证产品质量的稳定性。

绿色食品加工工艺要求（微课）

五、绿色罐藏食品的加工

（一）罐藏食品生产工艺

罐头：原料经预处理→装罐（装入能密封的容器内）→排气→密封→杀菌→冷却，经这一系列过程制成的产品。有以下特点：必须有一个能够密闭的容器（包括复合薄膜制成的软袋）；必须经过排气、密封、杀菌、冷却这四个工序。

1. 罐藏原理

（1）罐头食品与微生物的关系　细菌学杀菌是指绝对无菌，而罐头食品杀菌是指商业无菌。其含义是杀死致病菌、腐败菌，并不是杀灭一切微生物。严格控制杀菌温度和时间就成为保证罐头食品质量极为重要的事情。

（2）影响杀菌的因素

①微生物：微生物的种类、抗热力与耐酸能力对杀菌的效力有不同的影响，但杀菌的效果涉及细菌方面，还应考虑以下因素。

a. 食品中污染微生物的种类；

b. 食品中污染微生物的数量，食品中微生物存在的数量，特别是芽孢存在的数量越多，抗热的能力越强，在同温度下所需的致死时间就越长；

c. 环境条件的影响。

②食品原料：食品原料的组织结构和化学成分是复杂的，在杀菌及以后的贮存期间有不同的影响。

a. 原料的酸度（pH）是影响抗热力的一个重要因素。原料的 pH，对细菌芽孢的耐热性影响最显著。

b. 含糖量的影响

c. 无机盐的影响

d. 其他成分：淀粉、蛋白质、油脂对芽孢的抗热力有保护作用。果胶也使传热显著减缓。

e. 酶的作用：在较高的温度下，蛋白质结构崩解，键断裂而失去活性。

（3）罐头食品杀菌的理论依据

①杀菌是借热的作用使罐头内食品消毒，杀灭一切对罐内食品起败坏作用和产毒致病的微生物，使食品得以稳定保存，并且改变食品质地和风味。

②要完成杀菌的要求就必须考虑到杀菌的温度和时间的关系。热致死时间是指罐内细菌在某一温度下需要多少时间才能将其杀死。热对细菌致死的效应是操作时间的温度与时间控制的结果。温度越高，处理时间越长，则效果越显著，但同时也提高了对食品营养的破坏作用，因而合理的热处理必须以两方面的资料为依据。

2. 罐藏食品的分类

罐藏食品的种类很多，分类方法也各不相同。首先将罐藏食品按原料分成六大类，再将各大类按加工或调味方法的不同分成若干类。这六大类是：肉类、禽类、水产类、水果类、蔬菜类、其他类。

3. 罐藏容器

（1）罐藏容器应具备的条件　对人体没有毒害，不污染食品，保证食品符合卫生要求。具有良好的密封性能，保证食品经消毒杀菌之后与外界空气隔绝，防止微生物污染，使食品能长期贮存而不致变质，具有良好的耐腐蚀性。适合工业化生产，能承受各种机械加工，能适应工厂机械化和自动化生产的要求，容器规格一致，生产率高，质量稳定，成本低。容器应易于开启，取食方便，体积小，重量轻，便于携带，利于消费。

（2）常用的罐藏容器

①薄锡薄板罐（马口铁罐），简称铁罐。

②铝合金薄板罐（铝罐）。

③玻璃罐。

④软罐头是由聚酯、铝箔、聚烯烃等组成的复合薄膜为材料制成的。

（3）罐藏容器的清洗与消毒　金属罐的清洗分为人工清洗和机械清洗。玻璃瓶的清洗和消毒：对于回收的旧瓶子，应先用温度为40～50℃，质量浓度为2%～3%的NaOH溶液浸泡5～10min，以便使附着物润湿而易于洗净；具有一定生产能力的工厂多用洗瓶机清洗，常用的有喷洗式洗瓶机、浸喷组合式洗瓶机等。

4. 罐藏工艺

原料→预处理（选别、分级、清洗、去皮、切分、烫漂）→装罐→注入汤汁或不注→排气（抽气）→密封→杀菌→冷却→包装→成品。

（1）原料装罐

①空罐的准备。

②糖液的配制：果蔬罐藏中，经常使用糖盐溶液填充罐内除果蔬以外所留下的空隙，其目的在于调味，充填罐内的空间，减少空气的作用，有利于传热，提高杀菌效果。我国目前生产的各类水果罐头，要求产品开罐后糖液质量浓度为14%~18%，大多数罐装蔬菜装罐用的盐水含盐量2%~3%。糖水的种类主要是蔗糖，通常称为砂糖，另外还有果葡糖浆、玉米糖浆、葡萄糖等。要求糖水清晰透明、无沉淀、无浑浊，糖的甜度纯，无异味。

③配制方法：生产上常用直接配制法和稀释法。装罐时所需糖液质量浓度，一般根据水果种类、品种和产品等级而定，并可结合装罐前水果本身可溶性固形物含量、每罐装入果肉量及筐罐实际注入的糖水液量，按式（4-1）进行计算：

$$Y=(W_3Z-W_1X)/W_2 \qquad (4-1)$$

式中 W_1——每罐装入果肉量，g

W_2——每罐装入糖液量，g

W_3——每罐净重，g

Z——要求开罐时糖液质量浓度，%

X——装罐前果肉可溶性固形物含量，%

Y——注入罐的糖液质量浓度，%

④装罐操作：原料准备好后应尽快装罐。若不赶快装罐，易造成污染，细菌繁殖，造成杀菌困难。若杀菌不足，严重情况下，造成腐败，不能食用。

装罐注意事项：装罐量必须准确，要求净重偏差不超过±3%，含量包括净含量和固形物含量；按大小、成熟度分级装罐，无论是果蔬原料，还是肉禽类，在装罐时都必须合理搭配，并注意大小、色泽、成熟度等基本一致，分布排列整齐，特别是玻璃更应注意；应保持一定的顶隙（实装罐内由内容物的表面到顶盖之间所留的空间）。罐内顶隙的作用很重要，需要留得恰当，不能过大也不能过小，顶隙过大过小都会造成一些不良影响。

装罐方法：a. 人工装罐，块状食品，形态、组织结构大小不一致的，机械装罐较困难，多采用人工装罐。b. 机械装罐，适于流体、半流体、颗粒体、较整齐的食品。机械装罐的特点是准确干净，汤汁的外流较少，可人为地调节装罐量，便于清洗，保持一定的卫生水平，劳动生产率高，但适应性较小。

（2）预封　有的罐头食品装罐后，在排气前要先进行预封。所谓预封就是用封口机将罐身初步钩连上，其松紧程度以能使罐盖沿罐身旋转而不会脱落为度，此时，空气能流通，在热排气或在真空封罐过程中，罐内的气体能自由流通，而罐盖不会脱落。

（3）排气　原料装罐注液后，封罐前要进行排气，将罐头中和食品组织中的空气尽量排除，使罐头封盖后能形成一定程度的真空度防止败坏，有助于保证和提高罐头食品的质量。

（4）真空度及测定　真空度——罐头食品真空度指罐外的大气压与罐内气压的差，即真空度=大气压-罐内残留压力。

（5）密封　密封是使罐头与外界隔绝，不致受外界空气及微生物污染而引起败坏，显然，密封是罐头生产工艺中极其重要的一道工序，密封质量的好坏，直接影响罐头产品的质量。排气后立即封罐，是罐头生产的关键性措施。

（6）杀菌　罐头食品在装罐、排气、密封后，罐内仍有微生物存在，会导致内容物腐败变质，所以在封罐后必须迅速杀菌。

5. 罐头的冷却

杀菌的罐头应立即冷却，如果冷却不够或拖延冷却时间会引起不良现象的发生：罐头内容物的色泽、风味、组织、结构受到破坏；促进嗜热性微生物的生长；加速罐头腐蚀的反应。

6. 成品的贴标包装

贴标中应注明营养成分，增加商品的竞争力。包装考虑商品的性质特点，食品的生产、流通与消费的社会性，采用合适的包装材料与包装机械。

7. 罐头食品的检验与保存

罐头食品的检验与保存，是罐头食品生产的最后一个环节，也是罐头食品生产方面不应缺少的部分。

（1）罐头的外观检查　包括密封性能的检查、底盖状态检查和真空度的测定。

（2）感官检验　包括罐头内容物的色泽、风味、组织形态、无形杂质等。

（3）细菌检验　将罐头抽样，进行保温试验，检验细菌。为了获得准确的数据，取样要有代表性。

（4）化学指标的检验　包括总重、净重、汤汁浓度、罐头本身的条件等评定和分析。如水果罐头可溶性固形物的含量，要求总酸0.2%~0.4%，总糖为14%~18%（以开取罐时计）。蔬菜罐头：要求含盐量1%~2%。

（5）重金属与添加剂指标检验　重金属指标：Sn<200mg/kg，Cu<10mg/kg，Pb<2mg/kg，As<0.5mg/kg。添加剂指标按国家标准执行。

（二）绿色果蔬罐头生产标准

（1）NY/T 1047-2006《绿色食品　水果、蔬菜罐头》。

（2）NY/T 391-2021《绿色食品　产地环境质量》。

（3）NY/T 392-2023《绿色食品　食品添加剂使用准则》。

（4）NY/T 422-2021《绿色食品　食用糖》。

（5）NY/T 751-2021《绿色食品　食用植物油》。

（6）NY/T 658-2015《绿色食品　包装通用准则》。

（7）QB 1007《罐头食品净重和固形物含量的测定》。

（8）QB/T 3599《罐头食品的感官检验》。

绿色食品罐藏食品的加工（微课）

绿色果蔬汁饮料的加工（微课）

任务实施

1. 每组派一名代表汇报查阅的资料：A 级绿色食品加工产品生产技术操作规程。

2. 根据查阅资料，结合生产实际，按照绿色食品加工技术要点，总结绿色食品加工技术操作规程的主要内容。

3. 汇报设计方案：如何对绿色食品——阳梨罐头进行质量控制。

4. 课堂交流、答辩，小组互评，教师指导、评价。

5. 考核：用自编试题测试。

任务作业

1. 绿色食品加工的基本原则是什么？

2. 如果你要加工绿色食品，在选择加工厂时，你会有什么要求？

3. 应从哪些方面对绿色食品加工过程进行质量控制？

任务考核

一、单选题

1. 对绿色食品加工企业进行年检时，监管员不应重点检查企业的：（　　）。

A. 原料采购合同执行情况　　B. 厂区的绿化情况

C. 添加剂使用情况　　D. 生产工艺有无改变

2. 绿色食品企业的生产操作人员，必须至少（　　）年进行一次健康检查，接触食品的生产人员，必须体检合格。

A. 半年　　B. 一年

C. 3 个月　　D. 以上答案都不对

二、填空

1. 绿色食品的加工，严禁使用（　　）和石油馏出物。

2. 绿色食品加工产品的主要原料要求都应是已经过认证的（　　）。

三、案例分析

某企业的一名司机，在运输绿色食品的液态奶时用了小客车，你认为他有什么不妥，在运输绿色食品的液态奶时还应注意些什么？

绿色食品加工生产控制任务考核答案

知识链接

绿色食品　食品添加剂使用准则

绿色食品产品标准
绿色食品　水果、蔬菜罐头

绿色荔枝的热风干制

食品的干制

资料卡

天然食品添加剂　以物理方法、微生物法或酶法从天然物中分离出来，不采用基因工程获得的产物，经过毒理学评价确认其食用安全的食品添加剂。

化学合成食品添加剂　由人工合成的，经毒理学评价确认其食用安全的食品添加剂。

任务六　绿色食品产品质量标准

任务导入

××饮料有限公司工人对绿色食品加工技术已经掌握，现在请你进行绿色食品产品质量标准的培训。

任务要求

素质目标

1. 通过小组成员间的分工合作，树立团结合作意识。
2. 通过学习绿色食品产品质量标准，激发创新精神、社会责任感及遵纪守法意识。

知识目标

1. 了解绿色食品产品质量安全控制体系。
2. 熟悉绿色食品产品质量标准。
3. 进一步掌握我国绿色食品产品的质量控制技术。

能力目标

1. 能够对绿色食品的生产进行质量控制。
2. 能够关注有关绿色食品文件的更新。

任务准备

1. 查阅绿色食品产品质量标准，设计一套培训方案。
2. 每组准备一套绿色食品产品质量标准的习题。

相关知识

一、绿色食品产品质量标准

绿色食品产品质量标准是衡量绿色食品最终产品质量的指标尺度。绿色食品产品标准包括质量和卫生标准两部分，规定了食品的外观品质、营养品质和卫生品质等内容，其中卫生标准包括农药残留、有害重金属污染和有害微生物污染。绿色食品产品标准的卫生品质要求高于国家现行标准，达到或接近同类食品的国际先进标准，主要表现在对农药残留和重金属的检测项目种类多、指标严，而且要求绿色食品产品使用的主要原料必须是来自绿色食品生产基地的，产品是按《绿色食品生产操作规程》生产出来的。绿色食品产品质量标准反映了绿色食品生产、管理和质量控制的先进水平，突出了绿色食品产品无污染、安全的卫生品质。具体包括以下四方面。

（一）原料要求

绿色食品的主要原料来自绿色食品生产基地，经过环境监测证明原料符合绿色食品产地环境质量标准。对于某些进口原料，例如生产冰淇淋所用的黄油和乳粉，无法进行原料产地环境检测的，经国家绿色食品管理机构指定的食品检测机构，按照绿色食品产品标准进行检测，符合标准的产品才能作为绿色食品加工原料。

（二）感官要求

绿色食品的感官品质包括外形、色泽、气味、口感、质地等绿色食品给予消费者良好的第一感觉，是绿色食品优质方面最直接的体现。绿色食品产品质量标准中感官要求有定性、半定量、定量指标，要求严于同类非绿色食品。例如，国家标准GB/T 1535-2017《大豆油》中以及GB 2716-2018《食品安全国家标准　植物油》中，均没有设置“透明度”这项感官指标，而NY/T 286-1995《绿色食品　大豆油》增加了“透明度”这一指标；绿色食品稻米质量要求包括了长宽比（米粒形态）要求。

（三）理化要求

理化性状是绿色食品的内涵要求，包括应有的成分指标（如蛋白质、脂肪、糖类、矿物质、维生素等），这些指标不低于国家标准要求。农药残留和重金属含量等污染指标，要与国外先进标准或国际标准接轨。

（四）生物学要求

必须具有绿色食品产品的微生物学特性要求，如活性酵母、乳酸菌等，这是产品质量的必备基础。微生物污染指标必须严于国家标准的限定，如菌落总数、大肠菌群、致病菌、粪便大肠杆菌、霉菌等。同时，微生物污染指标要达到或接近同类产品的国外先进标准或国际标准。

二、绿色食品产品质量安全控制体系

我国的农产品质量安全工作起步较晚，基础薄弱，目前仍存在较多问题。因此，要加快农产品质量安全体系建设步伐，同时借鉴国际上先进的食品质量与安全管理体系的经验，促进绿色食品的生产与开发。国际上常用的食品质量与安全管理体系如下：

（一）ISO 9000 质量保证标准体系

ISO 是国际标准化组织英文（International Organization for Standardization）的简称。ISO 9000 体系指“由 ISO/TC176 技术委员会制定的所有国际标准”，这个国际标准化组织是由来自 120 个国家的国家标准机构组成的世界性机构，任务在于宣传标准的发展及协助国际货物与服务交换的相关活动，发展全球智能、科学、技术与经济活动的合作。1970 年，国际标准化组织成立了认证委员会，即现在的合格评定委员会（CASCO），以指导国家、区域和国际认证制度的建立与发展。1980 年，ISO 成立质量管理和质量保证技术委员会，并于 1986 年发布第一个国际标准文本 ISO 8402。1987 年，ISO 发布了 ISO 9000 质量保证系列标准，它的特点是规范化、程序化，强调企业的内部管理，每项具体工作都落实到人，并有严格的文字记录。

迄今为止，美、英、德、日、法、加、俄和中国在内的 30 多个国家率先建立了质量体系认证机构国家认可制度。一些西方国家已经开始将企业是否进行过 ISO 9000 认证作为它能否被认定为“合格供应商”的基本依据和条件。国际通常国际标准作为各种仲裁的依据，世界各国也把国际标准作为技术资源共同享有，把采用 ISO 9000 作为推动技术进步、提高经济效益、繁荣出口创汇的技术政策。

我国各大中型企业为了提高自身形象和内部管理水平，为了促进本企业的质量控制体系与国际标准接轨，为了提高自身生存能力和市场竞争能力，纷纷开展了 ISO 9000 系列标准认证工作，走低成本、高质量、高效益的发展道路。

1. ISO 9000 质量保证体系的产生和发展

（1）ISO 9000 产生的基础　ISO 9000 是在总结各个国家在质量管理与质量保证的成功经验的基础上产生的，经历了由军用到民用，由行业标准到国家标准，进而发展到国际标准的过程。

美国国防部在 1959 年发布了军用标准《MIL-Q-9858A 质量大纲要求》。此后，美国国防部还发布了《承包商质量大纲评定》《承包商质量系统评定》等标准文件，形成了一套完整的质量保证文件。1971 年，美国机械工程师协会（ASME）发布了《锅炉与压力容器质量保证标准》；美国国家标准协会（ANSI）指定了国家标准《核电站质量保证大纲要求》。

英国于 1979 年发布了一套质量保证标准：BS 5750《质量保证体系》。加拿大于 1979 年制定了一套质量保证标准：CASCAN 3Z299《质量大纲标准的使用指南》《质量保证大纲》。

西方工业国家通过制定和实施这些质量管理与质量保证标准，极大地减少了产品的质量事故，提高了产品的竞争力，取得了很大的成功。同时也为制定国际标准打下了良好的基础。

（2）ISO 9000 的产生和发展　科学技术的发展使产品种类增多，结构和性能日趋复杂。凭经验和能力很难判定其质量的好坏。顾客为了避免风险，对生产企业提出了质量保证要求。由于竞争的加剧，各国用严格的标准和质量体系要求来阻挡商品的进口。企业为了获得市场，不得不付出很大的代价去满足各国的质量标准要求。

随着国际贸易的不断发展，不同国家和企业之间的技术合作、经验交流和贸易日益频繁，在这些交流中，对产品的质量问题就需要有统一的认识、共同的语言和共同遵守的规范，这就促进了国际标准的形成。在这种形势下，国际标准化组织在 1970 年成立了认证委员会。1980 年国际标准化组织成立质量管理和质量保证技术委员会 ISO/TC176（品质管理和品质保证技术委员会）（其前身为 ISO/CERTICO）。国际标准化组织于 1986 年发布了第一个国际标准 ISO 8402《质量-术语》，1987 年 3 月发布了 ISO 9000 质量管理和质量保证系列标准（包括 ISO 9001，ISO 9002，ISO 9003，ISO 9004），极大地促进了各国推行质量管理与质量体系认证。

2. ISO 9000 系列标准的理论依据和遵循的指导原则

（1）明确主要的质量目标和质量职责，这是质量体系建设的重要一环。满足以顾客为中心的五个受益者的期望和需要。五个受益者是顾客方、员工、所有者、供方和社会。质量体系的建设是为了保证和提高产品质量，因此，要明确产品质量要求和质量体系要求。

（2）产品可划分为四大类别，即硬件、软件、流程性材料和服务。不同类别的产品具有不同的特点和管理要求，其质量体系建设应分类指导。在 ISO 9000 系列标准中针对不同产品类别分别制定了标准。

（3）注意影响产品质量的四个方面，即产品需要的质量、产品设计的质量、产品设计符合性的质量和产品保障性方面的质量。深入理解过程、过程网络以及它们与质量体系的关系。ISO 9000 标准是建立在“所有工作都是通过过程来完成的”这一理念上的。

（4）重视质量体系的评审。评审的目的是为了促进质量体系的运行，不拘泥于“形式”。

（5）强调质量体系文件的重要性。在质量体系建设中很重要的一项工作就是根据 ISO 9000 标准的要求编制一套指导企业质量体系运行的质量体系文件，包括质量手册、程序文件、质量计划、质量记录以及作业指导书等，使全过程的一切活动、事事人人都“依法”办事。

3. ISO 9000 系列标准的构成

到目前为止，ISO/TC 176 共正式发布了 19 个国际标准，尚有很多标准正在拟议中，已经发布的标准按其性质分为 5 类。

（1）质量术语标准

ISO 8042-1994：质量管理和质量保证——术语标准。

ISO 8042-1994 定义了与质量有关的 67 个术语，按其性质分为：基本术语、与质量有关的术语、与质量体系有关的术语、与工具和技术有关的术语。

（2）质量保证模式标准

ISO 9001，质量体系——设计、开发、生产、安装、服务的质量保证模式。其主要目的是防止从设计到服务的所有阶段中出现不合格产品。

ISO 9002，质量体系——生产、安装和服务的质量保证模式。注重产品生产的过程控制能力。

ISO 9003，质量体系——最终检验和试验的质量保证模式。

（3）质量保证要求标准

ISO 9000-1，质量管理和质量保证标准第一部分：选择和使用指南。阐明了与质量有关的基本概念以及这些概念之间的关系，并提供了 ISO 9000 系列标准的选择和使用指南。拟建立和实施质量体系的企业都应参照该标准。

ISO 9000-2，质量管理和质量保证标准第二部分：ISO 9001，ISO 9002，ISO 9003 通用实施指南。

ISO 9000-3，质量管理和质量保证标准第三部分：ISO 9001 在软件的开发、供应和维修中的使用指南。软件不存在明显的生产阶段，因此软件的开发、供应和维修过程不同于其他类型的工业产品。软件不会耗损，所以软件设计阶段的质量活动对最终质量来说至关重要。

ISO 9000-4，质量管理和质量保证标准第四部分：可信性大纲管理指南。当企业要提供产品的可信性特性的保证时，应选 ISO 9000-4，此标准阐述了对资源进行策划、组织、指导和控制的综合性的可信性大纲的基本特征。

（4）质量管理指南标准

ISO 9004-1，质量管理和质量体系要素第一部分：指南。本标准阐述了与产品寿命周期内所有阶段和活动有关的质量体系要素，以帮助企业选择和使用其需要的要素。

ISO 9004-2，质量管理和质量体系要素第二部分：服务指南。全面阐述了服务业建立质量体系的概念、原则和所涉及的要素，适合于所有类型的服务。

ISO 9004-3，质量管理和质量体系要素第三部分：流程性材料指南。流程性材料是指经过各种转化制成的（最终或中间）产品，有固体、液体、气体或其组合体，其中包括粒状、块状、线状或板状材料。

ISO 9004-4，质量管理和质量体系要素第四部分：质量改进指南。本标准阐述了质量改进的原则、质量改进的管理、质量改进的方法以及支持工具和方法。

（5）质量技术指南标准

ISO 9005，质量管理——质量计划指南。本标准为企业在制定、评审、认可和修订质量计划时提供指南。

ISO 9006，质量管理——技术状态管理指南。本标准描述了产品的功能性和物理特性，并提供了明确的控制方法。

ISO 90011-1，质量体系审核指南第一部分：审核。规定了审核的基本原则、步骤和方法，为质量体系审核的确立、计划、实施以及文件化提供指南，为验证质量体系各要素的实施情况以及验证体系达到规定目标的能力提供指南。

ISO 90011-2，质量体系审核指南第二部分：质量体系审核员评定准则。对从事质量体系审核人员的教育、培训、经历、素质和管理能力等方面做了规定，为质量体系审核员的资格评定提供指南。

ISO 90011-3，质量体系审核指南第三部分：审核工作的管理。

ISO 90012-1，测量设备的质量保证要求第一部分：测量设备的计量确认体系。

ISO 90013，质量手册编写指南。介绍了编写质量手册的目的和质量手册应包括的基本内容。

4. ISO 9000 实施的意义

（1）有利于企业增加效益和扩大市场份额　负责 ISO 9000 品质体系认证的认证机构都是经过国家认可机构认可的权威机构，对企业的品质体系的审核是非常严格的。这样，对于企业内部来说，可按照经过严格审核的国际标准化的品质体系进行品质管理，真正达到法制化、科学化的要求，极大地提高工作效率和产品合格率，迅速提高企业的经济效益和社会效益。对于企业外部来说，当顾客得知供方按照国际标准实行管理，拿到了 ISO 9000 品质体系认证证书，并且有认证机构的严格审核和定期监督时，就可以确信该企业是能够稳定地生产合格产品乃至优秀产品，从而放心地与企业订立供销合同，扩大企业的市场占有率。

（2）有利于获得进入国际市场的贸易“通行证”和消除国际贸易壁垒　许多国家为了保护自身的利益，设置了种种贸易壁垒，包括关税壁垒和非关税壁垒。其中非关税壁垒主要是技术壁垒，其中又主要是产品品质认证和 ISO 9000 品质体系认证的壁垒。特别是在世界贸易组织内，各成员国之间相互排除了关税壁垒，只能设置技术壁垒，所以，获得认证是消除贸易壁垒的主要途径。我国在“入世”

以后，国内贸易和国际贸易的严格界限已经消失，所有贸易都有可能遭遇上述技术壁垒，应该引起企业界的高度重视。

（3）有利于节省第二方审核的精力和费用　在现代贸易实践中，第二方审核早就成为惯例，但逐渐发现存在很大的弊端，如一个供方通常要为许多需方供货，第二方审核无疑会给供方带来沉重的负担；另一方面，需方也需支付相当的费用，同时还要考虑派出或雇佣人员的经验和水平问题，可能存在花了费用也达不到预期目的的情况。唯有 ISO 9000 认证可以排除这样的弊端，因为作为第一方的生产企业申请第三方的 ISO 9000 认证并获得了认证证书以后，众多第二方就不必要再对第一方进行审核，这样，不管是对第一方还是对第二方都可以节省很多精力或费用。还有，企业在获得了 ISO 9000 认证之后，还可以免除认证机构对企业的品质保证体系进行重复认证的开支。

（4）有利于增强产品在市场中的竞争力　国际贸易竞争的手段主要是价格竞争和品质竞争。由于低价销售的方法不仅使利润锐减，如果构成倾销，还会受到贸易制裁，所以，价格竞争的手段越来越显示出它的局限性。20 世纪 70 年代以来，品质竞争已成为国际贸易竞争的主要手段，实行 ISO 9000 国际标准化的品质管理，可以稳定地提高产品品质，使企业在产品品质竞争中增强实力。

（5）有效地避免产品责任纠纷　各国在执行产品品质法的实践中，由于对产品品质的投诉越来越频繁，事故原因越来越复杂，追究责任也就越来越严格。尤其是近几年，发达国家都在把原有的“过失责任”转变为“严格责任”法理，对制造商的安全要求提高很多。例如，工人在操作一台机床时受到伤害，按“严格责任" 法理，法院不仅要看该机床机件故障之类的品质问题，还要看有没有安全保护装置，有没有向操作者发出警告的装置等。法院可以根据上述任何一个问题判定该机床存在缺陷，厂方便要对其后果负责赔偿。但是，按照各国产品责任法，如果厂方能够提供 ISO 9000 品质体系认证证书，便可免赔，否则，要败诉且要受到重罚。随着我国“入世”进入世界经济的主流，国际通用规范也将在我国实施，我国企业界应该予以充分准备。

（6）有利于国际经济合作和技术交流　按照国际经济合作和技术交流的惯例，合作双方必须在产品（包括服务）品质方面有共同的语言、统一的认识和共守的规范，方能进行合作与交流。ISO 9000 品质体系认证正好提供了这样的信任，有利于双方迅速达成协议。

（二）食品良好操作规范（GMP）

GMP 是英文 Good Manufacturing Practice 的缩写，即良好操作规范，是美国首创的一种保障产品质量的管理体系。

食品 GMP 是一种食品安全和质量保证体系，其宗旨是在食品制造、包装和贮藏等过程中，确保有关人员、建筑、设施和设备均能符合良好的生产条件，防止食品在不卫生的条件下，或在可能引起污染或品质变坏的环境中操作，以保证食品安全和质量稳定。它的重点是：确认食品生产过程的安全性；防止异物、毒物、有害微生物污染食品；双重检验制度，防止出现人为的过失；标签管理制度；建立完善的生产记录、报告存档的管理制度。

食品良好操作规范的产生和发展：食品良好操作规范的概念源于药品的良好操作规范。在经历了第二次世界大战期间数次较大的药物灾难之后，人们逐步认识到以成品抽样分析检验结果为依据的质量控制方法有一定缺陷，不能保证药品安全并符合质量要求。美国于1962年修改了《联邦食品、药品、化妆品法》，将药品质量管理和质量保证的概念以法律形式固定下来。美国食品药品管理局（FDA）认识到必须通过立法加强药品的安全生产，根据上述法案的规定，由美国坦普尔大学6名教授编写制定了世界上第一部药品GMP，并于1963年在美国国会得到通过，第一次以法令的形式予以颁布，于1964年在美国实施。1969年在第22届世界卫生大会上，WHO建议各成员国的药品生产采用GMP制度，以确保药品质量。同年美国FDA又将GMP的理念引用到食品的生产法规中，制定了《食品制造、加工包装及贮存的良好工艺规范》（CGMP，即现行GMP；又称食品GMP，即FGMP）。CGMP很快被FAO/WHO的联合食品卫生法典委员会（CAC）采纳，并作为国际规范推荐给CAC各成员国政府。继美国之后，日本、加拿大、新加坡、德国、澳大利亚和中国等都在积极推行食品GMP。

1. 食品良好操作规范的基本内容

GMP是对食品生产过程中的各个环节、各个方面实行全面质量控制的具体技术要求和为保证产品质量必须采取的监控措施。目前各国家及地区的GMP管理内容相差不多，主要包括硬件和软件。所谓硬件是指对食品企业提出的厂房、设备、卫生设施等方面的技术要求，而软件则指对可靠的生产工艺、规范的生产行为、完善的组织管理和严格的管理制度等的规定和措施。GMP主要包括以下内容。

（1）食品工厂设计和设施的良好操作规范　一家企业如没有选好厂址或没有对生产厂房做很好的设计，想要生产出高质量的产品是很困难的。食品工厂厂址选择应遵循以下原则：防止厂区周围环境的污染而造成企业污染，厂区周围不得有粉尘、烟雾、有害气体、放射性物质和其他扩散性污染物，不得有垃圾厂、污水处理厂、废渣场等；防止企业污水和废水对居民区的污染，应设废水和废弃物处理设施；要建立必要的卫生防护带；有利于处理污水和废弃物的排出；要有良好、足够的水源，能承载较高负荷的动力电源；要有足够可利用的面积和较适宜的地形，以满足工厂总体平面合理的布局和今后扩建发展的要求；厂区通风、采光良好、空气新鲜；交通要方便，便于物资的运输和职工的上下班。对于厂房的设计要有长远的规划，以免因日后业务的增长，不断增加设备而造成杂乱拥塞，影响生产效率。另外，建筑物的适当设计和结构对于限制食品生产环境中微生物的进入、繁殖、传播至关重要，同时还可以降低或防止产品或原料之间的交叉感染。建筑和设施（如地面、墙、天花板）的表面应使用经久耐用、不易损坏、易清洁、无毒、防霉的材料，并且应当进行定期维护和清洁。应该有很好的排水系统以保证地面干燥，防止微生物的生长。所排出的废水应当进行处理，符合标准以后才可排放。厂房内的照明设施不宜安装在食品加工线上有食品暴露的正上方，并应当定期清洁。对于通风设备，在管制区应当装置空气除尘器，并用过滤器进行无菌化处理，空气流动的方向应从干净的物品到脏的物品，以减少微生物通过空气传播的可能性。在厂房设计时就应考虑避免室内温度出现大波动的措施；设计中应当将生活区和生产区隔离开来，另外对自来水供应系统、洗手设备、更衣场所、污水排放以及垃圾的存放和清理等要作适当的结构安排，以保证生产区的卫生条件。厂房还要有防止害虫进入的设施，因为啮齿动物、昆虫、鸟类以及其他动物可以损坏食品或带来病原微生物。

（2）对食品工厂生产工具、设备和机器的良好操作规范　食品生产厂家在选择食物加工设备时，往往考虑以下的几个方面：是否能执行预期的任务、生产率的高低、可靠性、操作和维护的难易程度、与其他设备的吻合程度、能否保证操作者的安全，以及设备的花费，而很少考虑设备的卫生设计特征，这是不完善的设计方案。劣质的设计和结构可能会导致产品容易被微生物感染。食品加工设备不能满足微生物学上性能的主要现象有：由于设备原材料的不适当而造成的清洗困难；一些零部件（如垫圈、密封管、阀门、泵等）的劣质设计；不恰当的边缘形状及不正确的焊接等造成卫生死角。与食品直接接触的容器及其他设备的材料都应该不和食品发生任何的理化反应。机器、设备的布局应当合理，并要保证机器设备能协调地用于生产。此外应建立设备目录，记录机型、性能、购置年月、制造商与代理商、保养与保养周期、异常事故分析、零件制度管理等。

（3）食品生产过程中的良好操作规范　由于食品的加工需要经过多个环节，这些环节可能会对食品造成污染，因此从原材料进入车间，到预处理和加工，再到包装、贮存、运输、销售等环节都应当在卫生的条件下进行，尽量减少加工过程中食品的污染。因此了解不同食品生产加工工艺过程中可能造成食品污染的物质来源，制定相对应的生产过程卫生管理制度，提出必要的卫生要求，才可能较好地防止食品在加工过程中造成污染。原材料应当符合食用标准，并且能保持良好的卫生状况，应当对原材料进行必要的清洗并隔离存放在良好条件下，以防止微生物生长或腐烂。购买的材料应当有供应者提供的保证书或这些材料的微生物污染检验报告等。应当对容器进行检查，以确保它们不会造成对原料的污染。若生产中需要用冰，并且要与原料及产品接触，应保证冰是由饮用水制得，以防止污染。生产中的加工用水必须符合饮用水的标准。所有的加工步骤，包括包装和贮藏，都应在适当的条件下进行，以防止微生物的生长和交叉感染或食物变质。在生产过程的品质管理中，要找出加工中进行安全与卫生管理的关键点，制定检验项目、检验标准、抽样及检验方法等，并严格执行。同样在成品品质管理中，也应当规定品质规格、检验项目、检验标准、抽样及检验方法等。包装材料应当不传播污染物和其他物质到终产品中去，应该符合制度和说明的规定，并且对污染要有足够的防治能力。

（4）食品生产经营人员的良好操作规范　一家先进的生产企业要使各项质量管理措施能够全面、准确、科学地实施，就必须依靠一支称职的质量管理队伍。食品企业生产和质量管理部门的负责人应具备大专以上相关学科学历，应能按规范中的要求组织生产或进行质量管理，能对食品生产和质量管理中出现的实际问题做出正确的判断和处理。从业人员上岗前必须经过卫生法规教育及相应技术培训，有效培训目的是让从业人员在维护产品在微生物学上的质量以及保证产品安全方面能形成一种积极的态度，当然目的也包括通过有效的培训计划使他们增加知识和提高技术水平。培训人员应包括所有的人，包括经理、监督者、操作者。企业负责人及生产、质量管理部门负责人应接受更高层次的专业培训，并取得合格证书。

另外，对工作人员个人卫生上的要求也非常重要。在生产厂房的食品处理区域，不准吃食物和抽烟；进入车间前要彻底清洗双手，不应佩戴任何首饰；在做了任何有可能污染双手的行为之后都应当重新洗手后再工作；有必要时，要使用干净及卫生的手套，有条件的应当使用一次性手套；还应戴上适当的帽子。应对食品操作者进行录用前的体格检查以及定期的复检。

（5）食品生产文件的良好操作规范　所有的 GMP 程序都应有文件档案，并且记录执行过程中的维持情况。文件应当反映公司在贯彻应用 GMP 进行质量管理过程中各个基本控制环节的分工责任情况。GMP 与卫生有关的文件指卫生管理标准文件、生产制造标准文件以及质量管理标准文件等。与卫生有关的文件至少应包括：在生产前或生产过程中，为了防止污染和掺杂而使用的所有核心程序；对监督人和 GMP 控制环节的负责人的确定；纠正偏离的记录。

（6）食品生产设备的清洗及消毒的良好操作规范　在食品加工中，与食品直接接触的设备和工具表面应经常清洗和进行常规检测。所进行的卫生工作有两个：第一，去除食物残渣，因为食物的残渣能提供微生物生长的基本养料，另外还可能影响设备的正常功能，同时通过清洗也能去掉大部分的微生物；第二，消毒（或清洁），可以把微生物的数量降低到无法对食物形成污染的程度。符合卫生标准的设备，在使用前应当保护起来以免再次被污染。根据设备和机器的特点，可以采用湿洗和干洗两种方式。若采用湿洗，要选择适当的清洗系统、化学药剂以及确定一种适当的清洗或循环程序（包括：冲洗、擦洗、在清洁剂中浸泡、冲洗、消毒、干燥等）。加工干燥的食物和成分过程中使用的干洗适合于下列情形：一是设备不能用湿洗，二是水膜引起微生物的滋生或形成难以去除的沉淀物。在干洗过程中，清洗往往涉及机械作用（擦或刷），使用吸尘器，必要的时候使用 70%乙醇消毒。食品工厂在建立清洗方案时应考虑以下方面：提供合适的监控和检验清洁消毒程序效果的方法；提供书面指导；对清洁或消毒方面效果的测试结果都应做记录等。

（7）食品成品的贮存与运输的良好操作规范　成品贮运时应防止阳光直射、雨淋、撞击，以防止食品的成分、质量及纯度等受到不良影响。仓库应经常整理、整顿，成品应按制造日期、品名、型号及批号分别堆置，加以适当标记及防护。应有防鼠、防虫等设施，定期清扫。运输工具应符合卫生要求，要根据产品特点配备防雨、防尘、冷藏、保温等设备。运输作业应防止强烈振荡、撞击，轻拿轻放，防止损伤成品外形；并不得与有毒有害物品混装、混运。对于成品要有存量记录和出货记录，内容尽可能详细。

2. 食品良好操作规范实施意义

GMP 在许多国家和地区的推广实践证明，GMP 是一种行之有效的科学而严密的生产管理系统。它的实施意义主要体现在几个方面。

（1）确保食品质量　GMP 对从原料进厂直至成品的储运及销售整个生产销售链的各个环节，均提出了具体控制措施、技术要求和相应的检测方法及程序，实施 GMP 管理系统是确保每件终产品合格的有效途径。

（2）有效地提高食品行业的整体素质　GMP 要求食品企业必须具有良好的生产设备，科学合理的生产工艺，完善先进的检测手段，高水平的人员素质，严格的管理体系和制度。在食品企业推广和实施 GMP 的过程中必然要对原有的落后的生产工艺、设备进行改造，对操作人员、管理人员和领导干部进行重新培训，无疑对食品企业的整体素质的提高有极大的推动作用。

（3）有利于食品参与国际贸易竞争　GMP 的原则已被世界上许多国家，特别是发达国家认可并采纳。推广和实施 GMP 在国际食品贸易中是必要条件，是衡量一个企业质量管理优劣的重要依据，因此实施 GMP 能提高食品产品在全球贸易中的竞争力。

（4）提高卫生行政部门对食品企业进行监督检查的水平　对食品企业进行 GMP 监督检查，可使食品卫生监督工作更具科学性和针对性，提高对食品企业的监督管理水平。

（5）促进食品企业的公平竞争　企业实施 GMP，势必会大大提高产品的质量，从而带来良好的市场信誉和经济效益，同时也能起到示范作用，调动落后企业实施 GMP 的积极性。通过加强 GMP 的监督检查，还可淘汰一些不具备生产条件的企业，起到扶优汰劣的作用。

（6）保障消费者的利益　GMP 充分体现了保障消费者权利的观念，保证食品安全也就是保障消费者的安全权利。有明确 GMP 标志，保障了消费者的认知权利和选择权利。同时该制度提供了消费者申述意见的途径，保障了消费者表达意见的权利。

（三）危害分析和关键控制点体系（HACCP）

HACCP 是英文 Hazard Analysis Critical Control Point 的缩写，即危害分析和关键

控制点体系，是一种预防性的食品安全控制体系，其宗旨是减少或消除食品安全问题。美国国家食品微生物学标准咨询委员会将 HACCP 定义为：“应用于食品生产中确保食品安全的一种系统方法”。每一个生产企业都需要根据 HACCP 的基本原则和本身食品生产、加工、包装、运输及销售的要求来制定相应的 HACCP 系统。

HACCP 是一个识别和监测及预防可能导致食品危害的体系，这些危害可能是影响食品安全的物理的、化学的、生物的因素，这种危害分析是建立关键控制点的基础。关键控制点（CCPS）是那些在食品的生产和处理过程中必须实施控制的任何环节、步骤或工艺过程，并且这种控制能使其中可能发生的危害得到预防、减少或消除，以确保食品安全。在这一体系中还包括监测和验证程序以消除潜在危害出现的风险。

HACCP 体系是一种建立在良好操作规范（GMP）和卫生标准操作规程（SSOP）基础之上控制危害的预防性体系，它的主要控制目标是确保食品的安全性，因此它与其他的质量管理体系相比，将主要精力放在影响产品安全的关键点上，而不是在每一个步骤都放上同等的精力，这样在预防方面显得更为有效。

1. HACCP 的产生和发展

HACCP 体系的建立始于 1959 年，美国皮尔斯柏利（Pillsbury）公司与美国航空航天局（NASA）纳蒂克（Natick）实验室联合开发生产在无重力作用的太空舱中食用的食品。1971 年，在美国国家食品保护会议上皮尔斯柏利公司首次将 HACCP 系统的梗概公布于众，它是将过去的食品危害风险分析与关键控制点有机结合而形成的控制体系。公司的研究表明，过去常规标准的质量控制方法并不能 100% 地保证用于太空计划的食品不会被可通过食品传播的危害物尤其是细菌及病毒污染。因此，该公司首次提出在美国太空食品安全保障计划中采用 HACCP 系统。在 Howard Bauman 博士的领导下，皮尔斯柏利公司成功地将 HACCP 系统应用于太空食品安全计划中，同时在全公司的食品保护系统中也应用了 HACCP 系统。1973 年，皮尔斯柏利公司发行了第一批完整的关于 HACCP 的文本，以便检查密闭容器的低酸食品及罐装食品是否符合美国联邦强制法规，这一批文本还被用来培训 FDA 的 HACCP 原则的稽查员。这是第一次在食品工业中大规模应用 HACCP 系统。20 世纪 70 年代，HACCP 在一定程度上被用于罐装食品的安全控制，到 1985 年，人们才开始认真考虑在各种非罐装食品中应用 HACCP 系统。HACCP 系统相对于传统的质量检查和质量控制过程而言，提供了一个更具体、更关键的控制微生物危害的方法。

1989 年，美国食品微生物学标准顾问委员会（NACMCF）制定并批准了第一个 HACCP 系统的标准版本：《用于食品保护的 HACCP 原则》，该版本得到了负责食品安全的联邦管理部门的认定。在 1990—1991 年这一年间，该系统得到了广泛的应用。美国食品安全检测处于 1989 年 3 月发布了《食品生产的 HACCP 原理》；于 1991 年 4 月提出《HACCP 评价程序》；于 1994 年 10 月公布了《冷冻食品 HAC-

CP 一般规则》。这个系统是基本合理的而且其七大原则在食品企业中运用得非常好。至此，运用 HACCP 系统保证食品安全性已成食品安全控制的一个典范。美国农业部食品安全检验部门通过对 HACCP 系统的广泛研究，认为将“在各种肉类和禽类制品检验中运用 HACCP 系统”作为其长期目标。此外，美国国家海产品部（NMFS）在现代海产品监测计划中也采用了 HACCP 系统来监测海产品安全。1992 年初，NACMFCF 对 1989 年出版的 HACCP 系统文件进行了修订，其中的七大原则仍然保留了下来，增加了一个新的危险评估过程，并对此系统的操作程序做了许多调整，其目的之一是为了保证这个新版本的内容与食品法典委员会 1991 年出版有关食品卫生的 HACCP 文件相一致。

2. 实施 HACCP 体系的基本原则

食品企业采用 HACCP 系统必须包括以下七项基本原则。

（1）进行危害分析　拟定整个生产工艺各步骤的流程图，确定与食品生产各阶段有关的潜在危害性及其程度，鉴定并列出各有关危害并规定具体有效的控制措施，包括危害发生的可能性及发生后的严重性估计。这里的“危害”是一种使食品在食用时可能产生不安全的物理的、化学的或生物的特性。

（2）确定关键控制点　关键控制点是指能进行有效控制的某一个工序、步骤或程序，如原料生产、收获与选择、加工、产品配方、设备清洗、贮运、人员与环境卫生等都有可能是关键控制点，且每一个关键控制点所产生的危害都可以被控制、防止或将之降低至可以接受的水平。使用、判断和鉴定各工序中的关键控制点。

（3）建立关键限值　关键限值是指制定为保证各关键控制点处于控制之下而必须达到的安全目标水平和极限。安全水平有数的内涵，诸如温度、时间、物理尺寸、水分活度、pH、黏度、有机氯及感官评估等。

（4）建立监控系统　通过有计划地观察和监测，评估其是否处在可控制的范围内，同时做出准确的记录，用于以后的核实和鉴定。当无法连续对一关键控制点进行监控时，间隔进行的监控必须频繁，从而使生产商能了解用以防止危害的步骤是否在控制之中。应特别注意的是，监控方法必须高效、快捷，否则检验的滞后性同样会导致关键控制点的控制失败。

（5）确立纠偏行为　当监控过程发现某一特定关键控制点正超出控制范围时应采取纠偏措施，因为任何 HACCP 方案要完全避免偏差是几乎不可能的。因此，需要预先确定纠偏行为计划，来对已产生偏差的食品进行适当处理，纠正产生的偏差，确保关键控制点再次处于控制之下，同时要做好此纠偏过程的记录。

（6）建立有效的档案体系　审核 HACCP 计划的准确性，包括适当的补充试验和总结，以验证 HACCP 是否正常运转，确保计划在准确执行。

（7）建立 HACCP 计划档案及保管制度　HACCP 具体方案在实施中都要求做例行的、规定的各种记录，同时还要求建立有关适于这些原理及应用的所有操作程序和记录的档案制度，包括计划准备、执行、监控、记录及相关信息与数据文件等都要准确和完整地保存。

在以上七个原则中，分析潜在的危害、识别加工中的关键控制点和建立关键控制点的临界限值构成了食品污染风险评估体系，它属于技术范围，由技术专家来操作，其他的步骤属于质量和安全管理的范畴。

3. 制定 HACCP 计划的步骤

HACCP 计划的制定包括以下 12 个方面。

（1）组建 HACCP 小组　一个特定产品的 HACCP 系统设计要求一个多学科专家组成的小组。学科的范围影响小组的组成，它应该包括企业内外有经验的相关专家来正确地执行已确定的活动。小组应包括：一个对产品研究开发直接负责的生产专家；一个工程师（了解所有加工设备的性能和可能影响产品卫生的设计问题）；一个质量保证或质量控制专家；其他相关的专家（如食品微生物学专家）。小组的领导者应当带领大家讨论，并由秘书对讨论的结果做记录。

（2）产品描述　这种描述应该包括各种原材料和终产品。对使用的每种原材料都应收集它的类型、来源、购买说明书，及在终产品中所占的比例等资料。在原材料进入车间之前的所有处理、贮藏条件及附加条件都应该记录下来。终产品或必要的中间产品都应该进行详细说明，如成分、结构、加工条件（如热处理条件）、影响稳定的内部因素（pH、防腐剂）、包装、贮存和销售条件（特别是温度）、保存日期、包装标签、使用说明书等。

（3）确认用途　主要指预期用途，应该以使用者或消费者的正常需求为基础。同时有必要考虑到购买者在不适宜温度下任意拆开的可能性，或被一些脆弱群体（如婴儿、小孩、孕妇、老人，以及体质弱者）使用的可能性。

（4）绘制流程图　对生产过程的描述要求包括生产过程的流程图。流程图应该包括从原料选择到加工、包装、最终贮存和销售的整个过程，以及每一步中的故障等。流程图应该伴有具体的相关技术信息，包括工厂、生产线和设备；产品的流动条件，如两个步骤间的停留，再循环路线及步骤间传递；材料、设备、工具的移动路线；空气流通和水的流向；人员的活动路线；以及对低风险和高风险区域的隔离。另外，对于每一个加工操作的资料也应该收集记录，如操作类型以及它在技术上的功能（如微生物菌群和数量的影响）、设备的特性（如尺寸、能力、空间）、操作参数、清洁和消毒程序以及环境和人员卫生。

（5）确认生产流程图　生产流程图应精确地反映实际加工操作过程。对于一个已存在的产品/过程，信息的收集要在生产运行之中进行，同时要密切注视所有的环节，包括晚上交接班或周末运作。当评估一个新产品开发时，相关开发部门应提供能反映产品各种属性，以及最有可能的加工工艺参数等资料。当产品最终投入生产的时候，要求对这些资料进行确认，并可能还要做一些修改。在产品开发的初步阶段，可以确定主要的关键控制点以及所需要的重要控制措施。

（6）施行危害分析　危害分析是收集和估计与食品相关的危害的信息。这种危害是指有潜在健康问题的物质、环节或程序。通过分析决定哪一个是与食品安全有重大关系的，并且在 HACCP 计划中对其做详细说明。危害分析包括两个环节：危害确定和危害评估。

①危害确定：微生物学上的危害确定一般将与产品相关的所有微生物学上的危害列成一张表，并对导致微生物污染的条件编写一份说明书（如对原材料和步骤的失控）。这样的条件可能会出现在食品操作中的每一步骤，它或是引起微生物的生长，或是残留有机物，或是导致食品中出现毒素或污染，或造成原材料、中间产品、终产品的再污染。

②危害评估：通过危害确定可以得到一张表，表中列出了每种导致微生物危害出现的条件。尽管这样的危害和危害出现的条件都应受到适当的控制，但同时也有必要决定哪种已确定的危害会对终产品安全造成重大的影响。这样的危害评估应该考虑两个因素。a. 导致危害发生的条件出现的频率和可能性；b. 如果这些条件出现的话，则要评估它们对健康的不利影响和损伤的严重性。这种评估的预期结果是——将重大危害排一个等级次序，将引起危害出现的条件列表说明，预测这种条件出现的频率和严重性等。

（7）确定关键控制点　关键控制点（CCPS）是一个可以用控制手段防止、消除或降低食品安全危害，或将其减低到可接受程度的环节、阶段或过程。关键控制点在实际生产中可分为两类：

一类关键控制点（CCP1），可以消除和预防危害；

二类关键控制点（CCP2），能够最大限度地减少、降低或延迟危害，但不能保证能全部控制危害。对于每一个关键控制点，都可以拟定对各种危害的控制方法，它们都应该被确认和记录下来。确定关键控制点的目的是使一个潜在的食品危害被预防、消除或减少到可以接受的水平。

（8）确定每个关键控制点的临界限值　临界限被认为是区分可接受与不可接受的标准。临界限值的确定为关键控制点的控制提供了一个评价控制手段有效性和控制效果可接受性的标准。其具体要求如下：

第一，临界限值表明了应用于关键控制点的控制方法的绝对忍受程度，并且绝对不能超过这个限度。当某一个临界限值被突破以后，关键控制点就会失去控制，并且产品有可能成为不合格品。

第二，临界限值应该能快速容易地观察和测量，并提供是或否的回答。

第三，一个临界限值必须与终产品要求的标准相一致。

（9）确定关键控制点的监测系统　监测是对一个关键控制点及其临界限值进行有计划的测量和观察。合理的监测能为判断关键控制点是否处于控制之下提供证据，同时，如果出现失控状况，能很快被发现，并快速采取纠正行为。在理想情况下，监测系统应处于良好运转状况并对关键控制点持续监测，这样就能迅速和自动地提供信息，以便做适当的调整。所有的监控资料都应该记录下来，并且具体指明其负责人。

（10）确立纠正措施　纠正措施是当监测结果表明关键控制点中的操作不符合临界限值时所采取的措施，这样的纠正措施应该事先确认并且制定一个纠正计划。如果关键控制点脱离了它的临界限值，产品就不会或可能不符合安全上的要求，应记录纠正行为对可疑产品的处理（包括确认、隔离、检查、适当处理）。

在 HACCP 系统的操作过程中，纠偏措施取得了满意效果后，有时还要预防偏离的再出现，而导致超出临界限值。这意味着要紧急地行动来调整加工或其他条件，将关键控制点控制在临界限值范围内。在高风险（对食品有很大影响）状况中，有必要在偏离被纠正之前停止加工过程。否则，在对过程调整以后，还需要具体的附加监测或日常检查用来确定调整是否有效。如果偏离是以高频率出现并且对其持续控制有困难，除需要采用紧急行为外，还要重新对 HACCP 计划进行审核和认定。

（11）确定证明程序　HACCP 计划一旦执行，就应当对 HACCP 计划以及 HACCP 系统是否正常运转进行评价。在 HACCP 方法学上，这个具体的过程被称为“证明”。证明应该由操作者来执行，用来确定各种 HACCP 计划的元素是否处于适合的位置，以及按计划运转的 HACCP 系统是否发挥了作用。

启动证明程序的频率和范围依靠证据，而这个证据能使操作者得出 HACCP 系统是正常起作用的结论。那么，在一个 HACCP 计划的执行上，如果没有该系统正常起作用的证据，就应该执行证明程序。当获得该系统起到令人满意的作用的记录证据时，证明的频率就会减少。当存在以下问题时则需要重新审查 HACCP 计划：①偏离频繁出现；②由市场返回信息表明产品存在着健康问题；③商业上的信息表明运输系统或消费者使用方法发生了变化；④流行病学和科学信息确认了新的危害；⑤生产加工条件发生改变（如使用新原料、转变产品形式、使用新的加工技术设备）。

（12）记录保存和建立文档　足够的文档在提供证据方面是必要的，文件系统包括三个方面：

第一，HACCP 计划的文档。包括计划的范围；HACCP 小组的组成及其责任；对原材料、中间产品及终产品的描述；设备布局和过程的流程图；认定的危害；认定的关键控制点；对每个关键控制点的控制方案，如控制方法、临界限值、监测过程和纠正措施；证明程序。

第二，执行 HACCP 计划必要的文档。包括操作过程的各种程序和工作指导、监测过程，关键控制点的纠偏措施和证明程序。

第三，在 HACCP 系统操作中获得的记录。HACCP 实际操作、监测、纠偏措施、证明过程等方面的文档系统。

4. 实施 HACCP 的意义

HACCP 系统是一种用来确保食品安全与卫生的现代科学体系，它以七大原则为基础，为食品企业建立了一套预防性的食品安全体系。因此，HACCP 系统很快成为食品安全控制系统的首选。HACCP 系统作为一种被国际公认的极为有效的管理体系，无论对政府监督机构还是对生产商和消费者都有益处，主要表现在以下几方面。

（1）高效性　HACCP 系统是保证食品安全和防止食品传播疾病的一种高效率、低成本的体系，它为生产商和政府监督机构提供了一种最理想的食品安全监测和控制手段，能使有限的人力和物力发挥最大的作用，体现了以最少资源配置达到最佳效果的原则。

（2）通用性　HACCP 已逐渐成为一个全球性的食品安全管理体系，一些国家已经以法律的形式将它固定下来。因此，它有助于在全球范围内控制食品的安全性，同时，也有助于已实施了 HACCP 系统的企业到全球大市场中去竞争。

（3）科学性　HACCP 是由一些相关学科结合而建立的系统化程序，它能有效识别出各种可能发生的危害，包括来自生物、物理和化学方面的危害，并在有科学依据的基础上采取预防性措施。

（4）预防性　实践证明，对最终产品进行抽样检测以确定产品是否合格的方法往往只能做一些事后补救工作，而 HACCP 系统却能通过对食品链中关键控制点的监控和采取相应的纠正措施做到防患于未然。

（5）可操作性　HACCP 系统具备一整套详细的操作程序，可操作性强。

（6）可树立消费者的信心　由于 HACCP 系统得到了国际学术界的认定，同时它的有效性在生产实践中得到了验证，因此利用 HACCP 系统来管理食品链的各个环节，不仅可以增加人们对产品的信心，而且还可提高产品在消费者心目中的可信度，保证产品的市场占有率。

（7）全面性　HACCP 系统是一种全面、系统化的控制方法，它以科学为基础，对食品生产中的每个环节、每项措施、每个组分的危害风险（即危害发生的可能性和严重性）进行鉴定、评估，找出关键点加以控制，做到既全面又有重点。因此，从食品原料生产基地到消费场所，食品的安全性得到了全面和有效的保障。

（8）协调性　HACCP 对食品链的全过程（包括食品原料的种植、收获和购买到终产品的使用消费，即 From Farm To Home）都制定了可操作的规范，使食品原料的供应、食品的加工生产、包装贮藏、销售消费都在统一的规范制约下运转，为各个环节安全性的有效控制提供了可操作的程序和标准。同时，也为食品生产商、销售商、消费者和政府监督管理部门制定了衡量食品安全性的统一尺度，便于协调合作来保证食品的安全性，减少食品安全控制的总花费，提高经济效益。

鉴定绿色食品产品质量（微课）

任务实施

1. 每组派一名代表根据查阅的资料进行绿色食品产品质量标准指导。
2. 课堂讨论、答辩。每组将查阅的绿色食品产品标准进行交流。
3. 小组互评，教师指导。
4. 用自编试题进行考核。

任务作业

绿色食品产品质量标准包括哪些内容?

任务考核

一、单选题

1.（　　）是衡量绿色食品最终产品质量的指标尺度。

A. 绿色食品产品标准　　B. 绿色食品标准

C. 绿色食品包装标签标准　　D. 绿色食品贮藏、运输标准

2. 绿色食品标准的（　　）指标不低于国际标准和国外先进标准的水平。

A. 综合技术　　B. 单项技术　　C. 产品技术　　D. 包装技术

3. 绿色食品生产体系实质是（　　）。

A. 食品生产良好操作规范　　B. 国家食物准入制度

C. 世界食品准入标准　　D. 以上答案都正确

4. HACCP 是英文 Hazard Analysis Critical Control Point 的缩写，即危害分析和关键控制点体系，是一种（　　）的食品安全控制体系，其宗旨是减少或消除食品安全问题。

A. 追溯性　　B. 监督性　　C. 预防性　　D. 操作性

5. 食品 GMP 是一种食品（　　）保证体系，其宗旨是在食品制造、包装和贮藏等过程中，确保有关人员、建筑、设施和设备均能符合良好的生产条件，防止食品在不卫生的条件下，或在可能引起污染或品质变坏的环境中操作，以保证食品安全和质量稳定。

A. 安全　　B. 安全和质量　　C. 质量检测　　D. 生产

6. 绿色食品产品使用的主要原料必须是来自绿色食品生产基地的，产品是按（　　）生产出来的。

A. 绿色食品生产操作规程　　B. 绿色食品产品标准

C. 良好技术操作规范　　D. 消费者需求

7. 绿色食品产品质量标准中感官要求（　　）指标，要求严于同类非绿色食品。

A. 有定性、非定性、定量　　B. 有定性、半定量、数量

C. 有定性、半定量、定量　　D. 有定性、数据、定量

8. 绿色食品产品标准包括质量和卫生标准两部分，规定了食品的外观品质、营养品质和卫生品质等内容，其中卫生标准包括（ ）。

A. 农药残留和有害重金属污染

B. 农药残留和有害微生物污染

C. 有害重金属污染和有害微生物污染

D. 农药残留、有害重金属污染和有害微生物污染

绿色食品产品质量标准任务考核答案

知识链接

绿色食品产品标准 绿色食品 食用植物油

绿色食品产品标准 绿色食品 稻米

SQF2000CM 食品质量与安全认证

关于绿色食品产品标准执行问题的有关规定

项目五

绿色食品的包装与贮运

任务 设计绿色食品包装贮运方案

任务导入

请为××饮料有限公司生产的绿色食品——阳梨罐头设计包装方案。

任务要求

素质目标

1. 通过学习绿色食品包装贮运标准，树立遵纪守法的意识。
2. 通过设计绿色食品包装贮运方案，激发求实创新精神和社会责任感。

知识目标

1. 了解绿色食品的贮运原则。
2. 熟悉绿色食品的标签要求。
3. 掌握绿色食品包装运输贮藏的基本要求。

能力目标

1. 能够设计绿色食品的包装运输方案。
2. 具备良好的沟通、交流能力以及分析、归纳解决问题的能力。

任务准备

1. 根据本任务要求及相关知识编制一套测试题，作为课堂评价试题。
2. 设计方案：
(1) 每组为绿色食品阳梨罐头进行包装设计并说出设计依据。

（2）设计绿色食品阳梨罐头贮藏及运输方式并说出依据。

3. 查阅绿色食品包装贮运标准。

相关知识

食品包装是标准化、商品化、保证安全运输和贮藏的重要措施。合理的包装，可使食品在运输途中保持良好的状态，减少因互相摩擦、碰撞、挤压而造成的机械损伤，减少病害蔓延和水分蒸发，避免产品散堆发热而引起腐烂变质；包装还可以使食品在流通中保持良好的稳定性，提高商品率和卫生质量；另外，包装是商品的一部分，可美化产品，也是贸易的辅助手段，为市场交易提供标准的规格单位，免去销售过程中的产品过秤，便于流通过程中的标准化，也有利于机械化操作。

食品包装是指在食品流通过程中为保护产品、方便运输、便于贮藏、促进销售而按一定的技术方法采用的材料、容器及辅助物的总称；也指为了达到上述目的而采用一系列技术措施的操作活动。

食品包装的基本要求：

（1）较长的保质期；

（2）不带来二次污染；

（3）减少营养及风味的损失；

（4）包装成本要低；

（5）贮藏运输方便、安全；

（6）增加美感引起食欲。

一、绿色食品包装标准

绿色食品包装通用准则规定了绿色食品包装必须遵循的原则，绿色食品包装的要求、包装尺寸、包装检验、抽样、标志与标签、贮存与运输等内容。要求产品包装从原料、产品制造、使用、回收和废弃的整个过程都应有利于食品安全和环境保护，包括包装材料的安全、牢固性，节省资源、能源，减少或避免废弃物产生，易回收循环利用，可降解等具体要求和内容。

1. 绿色食品包装材料的要求

（1）安全性　包装材料本身要无毒，不会释放有毒物质污染食品，影响人的身体健康。

（2）可降解性　食品在消费完之后，剩余包装可以降解，不对人的健康和环境产生污染。

（3）可重复利用性　绿色食品在遵循可持续发展的原则下，要求绿色食品产品的包装可重复利用，节约资源。

2. 包装设计

绿色食品产品包装，除符合食品包装的基本要求和 GB 7718-2011《食品安全国家标准　预包装食品标签通则》外，包装设计还应符合《中国绿色食品商标标志设计使用规范手册》的要求。获得绿色食品标志使用权的单位，必须将绿色食品标志用于产品的内外包装，规范使用绿色食品的标准图形、标准颜色、广告用语及产品编号。

3. 包装印制

印制有绿色食品标志的包装（含标签、说明书、合格证等）的单位，应当到有《印制商标单位证书》的印制企业印制。

印制绿色食品包装的委托人，应当做到有营业执照、有绿色食品标志使用证书、有包装物印制数量的证明，按照约定的数量印制包装。印制企业在印制的有绿色食品标志的包装上标明《印制商标单位证书》的编号，废弃包装应当集中进行销毁。

二、绿色食品标签标准

1. 绿色食品产品标签标准

（1）绿色食品包装标签应符合《食品标签通用标准》。

（2）符合《中国绿色食品商标标志设计使用规范手册》要求。该手册对绿色食品的标准图形、标准字形、图形和字体的规范组合、标准色、广告用语以及在产品包装标签上的规范应用均做了具体规定，该手册将由中心管理处与企业标志使用许可合同一并寄给企业。

根据国家《食品标签通用标准》《中国绿色食品商标标志设计使用规范手册》的规定，绿色食品产品标签上必须标注以下内容：

①食品名称。

②配料表。

③净含量和规格。

④生产者和（或）经销者的名称、地址和联系方式。

⑤生产日期和保质期。

⑥贮存条件。

⑦食品生产许可证编号。

⑧产品标准代号。

⑨其他需要标注的内容。

2. 绿色食品防伪标签标准

绿色食品防伪标签对绿色食品具有保护和监控作用。防伪标签要有技术上的先进性、使用的专用性、价格的合理性，标签类型多样，可以满足不同产品的包装。该标准规定：

（1）许可使用绿色食品标志的产品，必须加贴绿色食品标志防伪标签。

（2）绿色食品标志防伪标签只能使用在同一编号的绿色食品产品上。非绿色食品或与绿色食品防伪标签编号不一致的绿色食品产品不得使用该标签。

（3）绿色食品标志防伪标签，应贴于食品标签或其包装正面的显著位置，不得掩盖原有绿标、编号等绿色食品的整体形象。

（4）企业同一种产品贴用防伪标签的位置及外包装箱用的大型标签的位置应固定，不得随意变化。

三、绿色食品贮藏标准

《绿色食品　贮藏运输准则》规定了绿色食品贮藏运输的要求，对绿色食品贮运的条件、方法、时间、运输工具及相关记录做出规定，以保证绿色食品在贮运过程中不遭受污染、不改变品质，并有利于环保、节能。

1. 绿色食品贮藏原则

（1）贮藏环境必须洁净卫生，不能对绿色食品产品引入污染。

（2）选择的贮藏方法不能使绿色食品品质发生变化、引入污染。如用化学贮藏方法，选用的化学制剂需符合《绿色食品添加剂使用准则》。

（3）在贮藏中，绿色食品不能与非绿色食品混堆贮存。

（4）A 级绿色食品与 AA 级绿色食品必须分开贮藏。

2. 绿色食品贮藏管理

（1）贮藏设施

①贮藏设施的设计、建造、建筑材料等应符合 GB 14881-2003 的规定。

②应建立贮藏设施管理制度。

③设施及其四周要定期打扫和消毒，优先使用物理方法对贮藏设备及使用工具进行消毒；如果使用消毒剂，应符合 NY/T 393-2020、NY/T 472-2013 和 NY/T 755-2013 的规定。

（2）出入库

①经检施合格绿色食品，在食品、标签与单据三者相符的情况下，方可出入库。

②出库遵循先进先出的原则。

（3）码放

①按绿色食品的种类要求选择相应的贮藏设施存放，存放产品应整齐，贮存应离地离墙。

②码放方式应保证绿色食品的质地和外形不受影响。

③不应与非绿色食品混放。

④不应与有毒、有害、有异味、易污染物品同库存放。

⑤产品批次应清楚，不应超期积压，并及时剔除过期变质的产品。

（4）贮藏条件

①应根据相应绿色食品的属性确定环境温度、湿度、光照和通风等贮藏要求。

②需预冷的食品应及时预冷，并应在推荐的温度下预冷。

③需冷藏或冷冻的食品应保证其中心温度尽快降至所需温度。活水产品应按照要求的降温速率实施梯度降温。

④应优先使用物理的保质保鲜技术。在物理方法和措施不能满足需要时，可使用药剂，其剂量和使用方法应符合 NY/T 392－2013、NY/T 393－2020 和 NY/T 755－2013 的规定。

（5）贮藏管理

①应设专人管理，定期检查贮藏情况，定期清理、消毒和通风换气，保持洁净卫生。

②工作人员要进行定期培训和考核，绿色食品的相关工作人员应持有效健康证上岗。

③应建立贮藏设施管理记录程序，保留所有搬运设备、贮藏设施和容器的使用登记表或核查表。

④应保留贮藏电子档案记录，记载出入库产品的地区、日期、种类、等级、批次、数量、质量、包装情况及运输方式等，确保可追溯、可查询。

⑤相关档案应保留 3 年以上。

四、绿色食品产品运输标准

1. 绿色食品运输原则

绿色食品运输除要符合国家对食品运输的有关要求外，还要遵循以下原则。

（1）根据产品类别、包装特点、贮藏特点、运输距离及季节不同等采用不同的运输方式。

（2）运输设备必须洁净卫生，不能引入污染。

（3）禁止与农药、化肥及其他化学制品等用同一个运输工具运输。

（4）在运输过程中，绿色食品不能与非绿色食品混堆运输。

（5）绿色食品 A 级和 AA 级产品，不得混堆一起运输。

2. 绿色食品运输工具

（1）运输工具应专用。

（2）运输工具在装入绿色食品之前应清理干净，必要时进行灭菌消毒。

（3）运输工具的铺垫物、遮盖物等应清洁、无毒无害。

（4）冷链物流运输工具应具备自动温度记录和监控设备。

3. 运输条件

（1）根据绿色食品的类型、特性、运输季节、距离以及产品保质贮藏的要求选择不同的运输工具。

（2）运输过程需采取控温的，应采取控温措施并实施监控，相邻温度监控记录时间间隔不宜超过 10min。

（3）冷藏食品在装卸货及运输过程中的温度波动范围应不超过 20℃。

（4）冷冻食品在装卸货及运输过程中的温度上升不应超过 20℃。

4. 运输管理

（1）绿色食品与非绿色食品运输时应严格分开，性质相反或风味交叉影响的绿色食品不应混装在同一运输工具中。

（2）装运前应进行绿色食品出库检查，在食品、标签与单据三者相符的情况下方可装运。

（3）运输包装应符合 NY/T 658-2015 的规定。

（4）运输过程中应轻装、轻卸，防止挤压、剧烈震动和日晒雨淋。

（5）应保留运输电子档案记录，记载运输产品的地区、日期、种类、等级、批次、数量、质量、包装情况及运输方式等，确保可追溯、可查询。

（6）相关档案保留 3 年以上。

绿色食品的包装和贮运标准（微课）

任务实施

1. 汇报绿色食品阳梨罐头包装设计方案。
2. 设计绿色食品阳梨罐头贮藏及运输方案。
3. 小组互评，教师指导点评，学生修改方案。
4. 教师根据绿色食品的包装、贮运标准进行考核。

任务作业

1. 绿色食品包装材料的要求有哪些？
2. 绿色食品的运输除要符合国家对食品运输的有关要求外，还要遵循哪些原则？
3. 请为一加工后的绿色食品设计一份标签，产品自选。

任务考核

一、单选题

1. 绿色食品的贮藏，是根据各类食品对贮藏环境要求和各种贮藏技术的机理、生产可行性和卫生安全性，选择适当的（　　）的过程。

A. 贮藏方法　　B. 较好的贮藏技术

C. 贮藏方法和较好的贮藏技术　　D. 冷藏方法

2. 下列物质在绿色食品的运输过程中，不能混装的有：（　　）。

A. 农药　　　　B. 获绿标奶　　　　C. 获绿标大米　　　　D. 获绿标饮料

3. 绿色食品最常用的贮藏技术是：(　　)。

A. 低温　　　　B. 辐射　　　　C. 化学　　　　D. 腌渍

二、判断题

1. 绿色食品包装材料只要安全即可。(　　)

2. 绿色食品包装标签标准包括《包装技术条件》和《标志设计使用规范》。(　　)

3. 绿色食品的运输车辆不应该专车专用以免增加运输费用。(　　)

4. 用来运输食品的工具必须清洗干净，必要时进行灭菌消毒。(　　)

5. 绿色食品包装的标签的作用只是引导或指导消费者选购商品。(　　)

6. 绿色食品贮藏时要定期对贮藏室用物理或机械的方法消毒。(　　)

7. 在运输过程中，绿色食品不能与非绿色食品混装运输。(　　)

三、案例分析

市场监管部门在检查中发现下列绿色食品大米，其绿色食品包装标签不规范，甚至违法违规，请你结合图 5-2 指出图 5-1 包装标签有哪些问题？

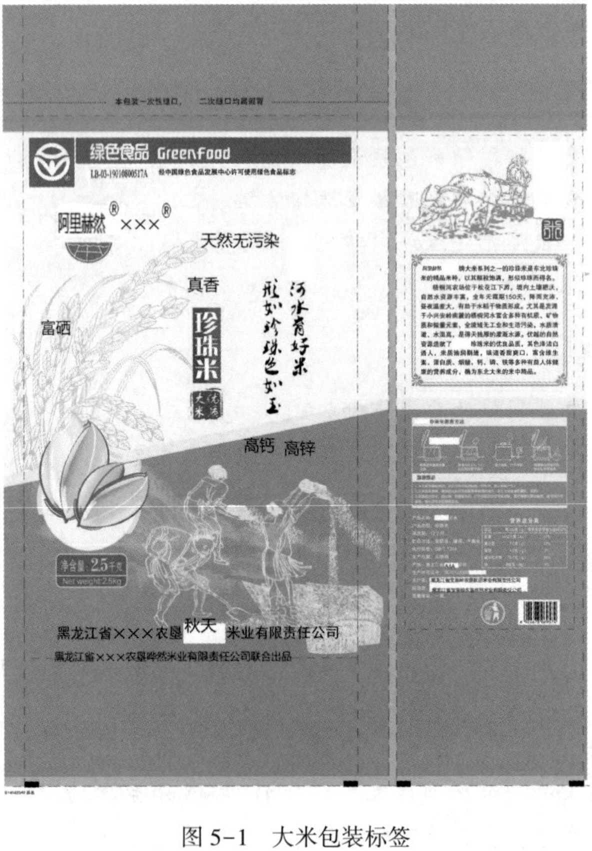

图 5-1　大米包装标签

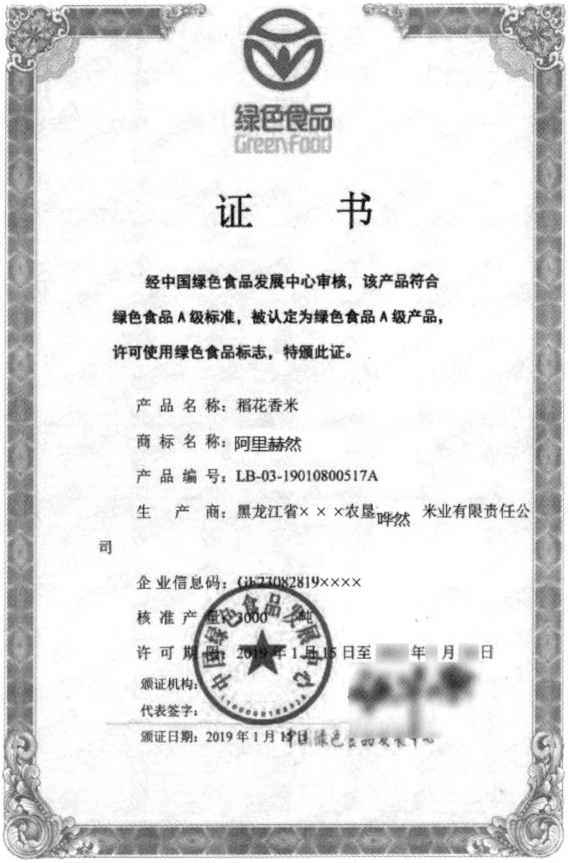

绿色食品
Green Food

证　书

经中国绿色食品发展中心审核，该产品符合绿色食品A级标准，被认定为绿色食品A级产品，许可使用绿色食品标志，特颁此证。

产 品 名 称：稻花香米

商 标 名 称：阿里赫然

产 品 编 号：LB-03-19010800517A

生　产　商：黑龙江省×××农垦哗然米业有限责任公司

企业信息码：GF23082819××××

核 准 产 量：3000吨

许 可 期 限：2019年1月15日至[illegible]年[illegible]月[illegible]日

颁证机构：

代表签字：

颁证日期：2019年1月15日　中国绿色食品发展中心

图 5-2　企业提供的绿色食品证书

设计绿色食品包装贮运方案任务考核

知识链接

绿色食品　包装通用准则

绿色食品　储藏运输准则

绿色食品　产品包装标签变更备案暂行规定

资料卡

绿色食品包装　是指包裹、盛装绿色食品的各种包装材料、容器及其辅助物的总称。

商品率　是指产品总量中商品量所占比重。

项目六

绿色食品的市场营销

任务一 绿色食品市场营销概念与体系

任务导入

××种植公司生产的绿色食品大米要进行国内市场的销售，请你作为市场部员工，根据市场信息进行绿色食品大米的市场分析。

任务要求

素质目标

1. 通过学习绿色食品市场营销体系，树立遵纪守法的意识。
2. 通过对绿色食品大米的市场分析，激发创新精神和社会责任感。

知识目标

1. 了解绿色国际贸易的现状及特点。
2. 了解绿色壁垒对绿色食品国际贸易的影响。
3. 熟悉绿色食品的市场分析内容、现状及存在的问题。
4. 掌握绿色食品市场营销的特点及相关概念。

能力目标

1. 能够根据市场信息进行绿色食品产品的市场分析。
2. 具备良好的沟通、交流能力及解决问题的能力。

任务准备

1. 查询全国大米及绿色食品大米的相关行业信息并提取出相关信息。

2. 小组讨论后进行市场营销环境、行业、消费者分析总结。

相关知识

一、绿色食品市场营销概述

（一）绿色食品市场营销的概念

1. 市场营销的概念

美国市场营销协会（AMA）在2013年给出的市场营销定义为：市场营销是在创造、沟通、传播和交换产品中，为顾客、客户、合作伙伴及整个社会带来价值的一系列活动、过程和体系。

2. 绿色营销

绿色营销指企业以环境保护观念作为其经营哲学思想，以绿色文化为其价值观念，以消费者的绿色消费为中心和出发点，力求满足消费者绿色消费需求的营销策略。

3. 绿色食品市场营销的概念

绿色食品市场营销指绿色食品企业在可持续发展观念的要求下，从承担社会责任、保护环境、充分利用资源、长远发展的角度出发，在绿色食品研发、生产、销售、售后服务全过程中，引导和满足消费者的绿色食品消费，促进企业的可持续发展，实现企业绿色营销目标，追求企业、消费者和社会三方面的平衡。绿色食品营销属于绿色营销。

（二）绿色食品市场营销的特点

1. 营销过程绿色性

绿色食品营销具有全过程绿色性，体现在：绿色食品的生产从产前、产中、产后的生产控制过程，要求产地环境绿色，生产过程绿色，产品包装、运输、存储、营销消费环节绿色。以节约资源、保护环境为中心，强调社会与生态效益相统一，企业处于良好的人文环境，集中体现了产品“绿色”、观念“绿色”、营销环境“绿色”、营销环节“绿色”。

2. 营销观念综合性

绿色食品的营销除了市场营销的观念外，还强调生态营销、社会营销和大市场营销的观念。要求企业在满足顾客需求、生态环境保护的基础上，取得利润，同时需要把这三方面进行协调，实现可持续发展。

3. 品质追求无国界性

无论是欧盟、美国、日本等国家所谓的有机食品，还是我国的绿色食品，都要求产品质量、产品生产及消费等方面符合对生态环境的保护要求，这表明绿色食品具有广阔的市场发展空间。

4. 营销效益统一性

绿色食品的生产企业在定制产品营销策略时，综合考虑了企业的经济效益、生态效益及社会公众利益。

5. 消费需求偏理性

消费者购买绿色食品的动机为是否有利于保护环境和自身健康问题，因此在购买时往往注重商品的实用、有效、节约、自然和谐，反对过度消费、过度包装。

（三）绿色食品市场营销的现状

据2020年《绿色食品统计年报》，我国绿色食品有效用标单位总数19321家，有效用标产品总数42739个。绿色食品产品现已覆盖种植、畜禽、水产等大宗农产品及加工食品，产品结构日益丰富。绿色食品产品质量始终稳定在高位水平，抽检合格率已达99%。全国已创建绿色食品标准化原料生产基地742个，种植面积1.71亿亩，对接企业2994家。2020年，绿色食品产品国内年销售额达到5075.65亿元，出口额36.78亿美元。

（四）绿色食品市场营销存在的问题

（1）绿色食品企业对绿色食品开发的广度和深度不够

我国生产的绿色食品品种较集中，主要集中在粮油类、蔬菜类，其需求较大的禽肉类及水海产品类比例小，结构不是很合理，产品品种较单一。按照商品中标准，商店每平方米经营的食品品种在15~20个的数据衡量，再加上考虑到水果、蔬菜等农产品的新鲜及不同的消费习惯及口味差异，在某个地区很难形成独特的绿色食品市场。因此绿色食品企业无法聚集，只能凭自身实力闯市场，发挥不了市场聚集效应。另外，还有绿色食品的产量小，很难形成规模化的专有渠道销售，只能与普通食品放在一起进行销售，严重影响了消费者绿色食品的消费热情。

（2）绿色食品流通渠道不合理，导致绿色食品物流不顺畅

一是绿色食品对产地环境的要求，决定了绿色食品企业的生产产地与消费集中区域存在空间差，降低了企业对消费者市场的了解及市场反馈和增加了绿色食品跨区域运输的成本和风险。大部分绿色食品企业还在走传统的商业流通渠道，与经销商之间的合作没有长期稳定性，也不利于企业在销售地形成稳定的绿色食品销售群体。二是绿色食品企业的生产规模小、生产经营相对分散，抵抗市场风险的能力小，经不起波动较大的市场冲击，导致绿色食品的流通链发生中断。

（3）绿色食品企业生产基地规模有限，加工原料短缺，抑制企业生产

绿色食品的整个生产控制需要遵循绿色食品生产的标准，尤其是产地环境和加工原料。首先在传统的农业生产结构中，农户为追求产量，大量使用化学类农业生产资料，导致符合绿色食品生产的产地环境面积减少；其次生产过程中零散农户种植过程中执行标准化生产流程比较差，缺乏专业的技术人员指导，使得收购符合标准的绿色食品原料减少。因此无论是生产基地还是绿色食品生产的原料供应上都限制绿色食品生产基地的规模。因此企业和农户必须建立长期有效且协

作开发绿色食品原料基地，是绿色食品企业发展的前提条件。

（4）绿色食品企业宣传力度不够，导致消费者绿色食品消费意识淡薄，有效需求拉动不足

大多数企业过分重视获得了绿色食品标志使用权的宣传，而不注重企业绿色食品的广告宣传和包装设计、绿色概念宣传。据某市调查数据显示，仅有22%的民众具备识别标志，25%未听说过绿色食品有识别标志，在购买过绿色食品人群中仅有50%的人意识到绿色食品的“无污染、安全”特征，63%的人由于对绿色食品缺乏正确的认识没有购买绿色食品，还有很大一部分人不能正确区分绿色食品、纯天然食品、保健食品。因此不能全面了解和认识绿色食品，没有这个基础谈不上让消费者产生积极的购买行为，绿色食品企业需要从多方位、多渠道加强对绿色食品的宣传，引导消费，扩大销售。

（5）绿色食品企业的品牌意识不强，企业市场竞争能力受限

品牌竞争是产品策略中的一部分，但是对于绿色食品的市场营销是非常重要的一部分。一个知名度高、信誉好的品牌对绿色食品企业的市场竞争能力、需求拉动及稳定消费者群体至关重要。加上绝大多数消费者还未形成全面的绿色消费观念及有些商家违规使用绿色食品标志，误导消费者，品牌的重要性显得尤为重要。即使小品牌的绿色食品在质量上可能超过知名度较高的同类产品，但是由于规模小，竞争能力有限，也只能充当“隐士”角色。

（6）绿色食品企业对绿色食品定价过高，抑制消费者对绿色食品的消费热情

绿色食品企业由于整个生产、认证、贮藏、包装等环节的成本较普通产品高，又为了突出绿色食品的优质形象，绿色食品往往采用高价的价格策略，价格一般比同类产品高出30%~50%。这些定价有些远远高于消费者对绿色食品的心理预期价格，造成消费销售降低，或者拒绝购买等消费行为的产生，降低了消费热情。

（7）绿色食品企业营销观念陈旧，营销手段落后，导致绿色食品国内国际市场开发进程缓慢

表现为绿色食品重视国内市场，轻视国外市场；重视生产、加工、轻视促销；重视批发，轻视零售；重视传统销售方式，轻视现代销售方式。另外绿色食品的促销手段落后，绿色食品企业忽视品牌效应和广告效应，在网络销售模式上没有创新。由于企业规模都不大，开设的绿色食品专营机构或者网络店铺比较少，基本上都处于分散销售状态，不能形成规模，进一步限制了企业国内和国际市场的开拓。

二、绿色食品市场分析

（一）绿色食品营销环境分析

1. 宏观环境分析

（1）政治和法律环境　目前，随着与环保有关的法律、国际性公约、协定或

协议等的健全，绿色食品法律体系已经十分健全。我国对人口、经济、环境的可持续发展观也已经提倡了多年，促进和保障绿色食品生产的法律环境也已经形成。

首先，农业部成立了“中国绿色食品发展中心”和“中国绿色食品总公司”，负责制定发展绿色食品的方针、政策及规划，管理绿色食品商标标志，组织制定和完善绿色食品的各类标准，同时制定了绿色食品标志管理办法以及绿色食品标志的申报审批程序，并在30个省、区设立了绿色食品办公室，在全国各大区范围内委托食品监测机构及省级环保检测机构，承担绿色食品的生态环境及产品质量监测任务。

其次在全国各地，绿色食品的生产及经济规模逐步壮大，除了国家牵头的相关行业标准，各地方性的法规也在逐步完善。这些跟绿色食品相关的法律法规、各种踊跃的环保组织、各地绿色食品协会的制定和运转，有力地推动了绿色食品产业的发展，同时为规范绿色食品产业发展和改善企业市场环境奠定了法律基础。

（2）经济环境　我国加入WTO及坚持改革开放，绿色食品进入国际环境后，竞争焦点不再是产品的价格，而是产品的品质。因此我国生产的绿色食品必须履行在市场准入、国内支持、出口补贴和动植物卫生检疫等方面所做的承诺。因此必须积极发展绿色食品，提高产品品质来提高我国绿色产品在国际市场上的竞争力。

国内购买力逐步提高。虽然由于成本的限制和销售环节多，绿色食品价格会高于普通食品价格的30%以上，有的甚至1~3倍以上。但是近年来我国居民人均收入增长较快，城乡居民的购买能力逐年提高，绿色食品消费市场前景看好。

但随着消费者支出模式变化，消费者逐渐开始关注食品安全和自身健康，绿色食品以其“来自优良的生态环境，带来强劲的生命活力”的特点，满足消费者的消费需求，将成为消费者的首要选择。

我国劳动力资源丰富。绿色食品产业是一种劳动密集型产业，很多发达国家发展绿色食品受劳动力资源的制约，从而使其产品市场供应不足。而我国劳动力资源丰富，生产成本相对较低，出口的绿色农产品在价格上有明显的优势。

（3）自然环境　绿色食品来自于优良的生态环境，健康、安全、营养、无公害是其本质，它本身没有被污染，又不会污染和破坏生态环境，满足消费者对食品安全的需求。从全国看，南方绿色食品生产环境条件不如北方优越。如黑龙江、内蒙古等省区正是得益于良好自然环境条件，并且在全国绿色食品开发中占有重要位置。应该注意的是，我国目前生态环境形势仍很严峻，公民的环境意识还有待进一步提高。如果对生产活动和不良的消费习惯不进行严格的管理，很容易使产品的生产失去良好的生态基础，从而影响绿色食品的品质。

（4）技术环境　绿色食品及其主要加工原料是高科技的物化，技术体系是绿色食品质量的保证，也是绿色食品企业提高其市场竞争力的关键因素。我国具有五千年的农业文明史，传统农业积累了丰富的绿色（有机）农业技术和管理经验，这些都是进行绿色食品生产的有利因素。

从现代生产的意义上讲，随着我国对绿色食品生产资料的研发和生产技术水平不断提高，生产资料的生产已经不成问题，但是相关绿色食品生产技术还不规范，适应于绿色食品开发并容易被农民广泛采用的高新技术比较缺乏。因此有必要建立标准化的绿色食品技术体系。

（5）人文环境　市场=人口+购买力+购买欲望，即人口及其增长速度在很大程度上影响一个国家和地区的消费市场。我国人口基数大，绿色食品消费市场具有巨大的开发潜力。从社会文化方面看，随着经济的发展，人们生产习惯、消费理念和价值观念也将逐渐发生变化，也逐渐认识和认可自然、健康营养、环保、生态伦理等观念。

2. 微观环境分析

（1）消费者分析　据调查，消费者购买绿色食品时往往考虑健康、环境、安全等因素。通过市场分析发现，我国绿色食品消费群体表现出如下特点：从受教育程度上看，教育程度较高者占整个绿色食品消费群体的多数；从年龄结构上看，青年人比较多，收入高，容易接受食品安全等一些现代环保理念，因此，青年人出于追求时尚而成为重要的消费群体。此外，独生子女，家庭经济条件较为优越，家长对其子女健康尤为关注，因此，这部分人群也将成为绿色商品的一个重要的消费者。此外，老年人对健康营养、安全食品的需求也很大，将是绿色食品消费的重要群体。

（2）绿色食品企业状况　2019 年中国有绿色食品有效用标企业为 15984 家，同比增长 21.06%；有效用标产品达到 36345 个，同比增长 17.5%。据中国绿色食品发展中心 2020 年《绿色食品统计年报》报道，中国现已开发的绿色食品产品包括农林及加工产品、畜禽类产品、水产类产品、饮料类产品 4 大类 57 个小类，覆盖农产品及加工食品的 42739 个品种，发展速度非常迅速。

3. 公众意向

虽然购买绿色食品的消费群体正日益扩大，但调查结果表明，只有 37.2%的中国公众表示愿意消费绿色食品，大大低于发达国家的平均水平。因此，消费者的认知、接受问题已经成为目前绿色食品和有机食品国内市场开拓的最大障碍，而这又与很大部分农业龙头企业的发展有关。同时，比较关注商品安全的消费者想了解生产企业的产品是否得到有关机构的认证，认证的标准是什么，认证机构是否权威等问题。因此，如何提高消费者对绿色食品的认可，无疑将成为绿色食品企业营销宣传的主题。

（二）绿色食品行业分析

1. 行业集中度分析

目前，已开发的绿色产品涵盖了食用农产品和各类加工食品，实物总量和贸易额逐年增长。从产品结构上看，加工产品占到 70%以上，初级产品不到 30%。

从占全国同类产品实物总量的比重来看分别为：奶粉40%，茶叶及饮料5%，粮油、蔬菜、水果、畜产品等1%左右。在有条件的地区，逐步建立农业、食品加工业和其他相关产业协调发展的绿色食品产业体系。

2. 行业发展关键因素分析

对绿色食品行业的发展而言关键点在于以下主要因素。

（1）进行农业结构调整　走产业化之路　根据实际情况，重点抓好基地建设、企业培育、产品开发和市场开拓；

（2）完善企业与农户的利益连接机制　实现这一目标的关键是建立良好的利益连接机制，包括市场风险、自然风险、技术风险承担机制、产权联结机制、购销价格机制、成本分担和转化机制等；

（3）注重产品质量，加强规范化管理　健全质量保证体系，建立市场服务体系；

（4）政府支持不可缺少　要积极争取计划、财政、工商、质检等有关部门的支持，推进绿色企业及其食品的发展；

（5）坚持技术进步和创新　技术进步和创新是未来发展的增长点。要在环境保护、生产加工、标准建设等领域更多地研发和采用新技术，在检测、认证等环节不断创新；

（6）坚持发挥区域比较优势　开发绿色食品需要适宜的生态环境、农业资源和技术条件，发挥区域比较优势，选择重点，集中布局，突出当地资源优势和产品特色。

3. 绿色食品行业状态分析

（1）产业相对发展水平不高，产品结构性矛盾突出　从绿色食品三次产业（产品加工深度）来看，产业内部结构发展不均衡，初级农副产品优势突出，绿色食品加工业和饮食业不发达，产业结构以低附加值产品为主。近年来，绿色食品产业结构虽有变化，但在产业升级序列上仍处于低级阶段，绿色食品第一产业仍占绝对优势，初级产品占绝大比重，精深加工产品的比重较小，产业发展方式呈现出明显的“粗放型”特征。从绿色食品产品大类结构看，我国绿色食品产品结构与种类单一。其中，农林及其加工品的比重较大且呈逐渐上升态势；其次为所占比重相对较小的禽畜加工及饮料类产品，而市场需求较大的水产品所占比例较小且上升态势不明显。

（2）绿色食品产业地区分布不平衡　我国绿色食品产业发展的地区分布表现出较强“集中”与“分散”并存的发展态势。其中，江苏、山东、黑龙江、辽宁、内蒙古等排名前十省份的绿色食品数量超过全国总数的60%。安徽、吉林、四川、福建、浙江、湖北等省份的地区优势逐渐显现，其他地区分布则较为零散。我国绿色食品产业发展的区域分布结构呈动态变化趋势，生产经营较分散、缺乏统一规划，集群化发展滞后，未能实现产业资源的空间优化配置。

（3）企业规模结构以中小企业为主，产业组织优势未能充分发挥　我国绿色食品企业数量多、生产规模小，企业无法获得规模效应和增强抗风险能力。产业组织化和一体化程度低，缺乏起龙头作用的企业集团，产业化优势不明显，品牌经营能力弱。我国绿色食品产业发展具有“高速低效”数量扩张型的粗放式特征，绿色食品生产基地和企业规模偏小，直接影响到龙头企业对产业集群发展的牵动能力，最终影响绿色食品产业竞争力的提高。

（三）绿色食品消费分析

购买行为分析如下所示。

（1）消费者对绿色食品的安全认知程度会显著影响购买行为。消费者对绿色食品安全感知程度越高，购买行为达成越容易；

（2）消费者家庭中是否具有 6 周岁及以下儿童是达成购买行为的要素之一。有儿童的家庭在购买行为产生中更注重食品的绿色安全问题；

（3）消费者的受教育程度对购买绿色食品有积极作用。消费者的受教育越高，对绿色食品的了解程度越高，对安全、健康问题越关注，能正确辨识绿色食品标志；

（4）家庭月平均可支配收入影响绿色食品的购买行为。收入越高，消费者对安全食品的消费倾向越高；

（5）女性在绿色食品的购买行为上比男性更理性和频繁；

（6）从消费者的年龄看，年轻人比年长者更具有消费意愿；

（7）能否正确认知绿色食品是达成购买行为的一个原因；

（8）消费者对绿色食品价格、价值评价与其购买行为呈反向。

三、绿色食品的国际贸易

（一）制约我国绿色食品出口贸易的因素

1. 我国绿色食品的自身发展是制约出口的重要因素

自 20 世纪 90 年代以来，绿色食品和有机农业在我国得到了很好的发展，在农产品出口贸易中，相当一部分绿色食品已成功地进入了日本、美国、欧洲、中东等国家和地区的市场。据 2020 年《绿色食品统计年报》，我国绿色食品出口贸易额已达 36.78 亿美元。但从农产品国际贸易的总体水平看，我国的绿色食品出口贸易还有很大的发展空间。这与绿色食品的自身发展有很大关系。就目前来看，制约绿色食品和有机农业发展的自身因素主要有以下几方面。

（1）政府对绿色产业扶持不足　绿色食品的国际贸易虽然是市场行为，但其运行方式与成效在很大程度上仍取决于国家对绿色产业的态度和政策。相比较其他农产品的生产，绿色食品的生产需要更多的人力、物力和技术的投入，绿色食品生产者也需要承担更多的自然条件、技术和经济风险，特别是在初期的转换阶段，绿色食品的经济效益低于非绿色食品，而当前我国对此现象并无优惠政策。这些因素一定程度上限制了绿色食品的发展。

（2）绿色食品出口的产品结构不合理　我国出口绿色食品生产总量和开发面积均不足，且技术不够先进，生产规模小，产品品种单调、结构不合理。这主要表现在，绿色食品生产所需要的关键技术水平较低，如生物治虫、土壤改良等；同类产品品牌复杂、著名品牌少，因而出现了产品档次低、粗加工产品多、精深加工产品少，专业化、规格化、标准化生产水平不高的现象。这样数量较少且结构不尽合理的绿色食品，使得企业及产品难以形成进入国际市场的合力，影响绿色食品国际贸易的扩张规模。

（3）绿色食品质量管理标准体系不完善　虽然我国已经参照国际有机食品认证标准制定了一套绿色食品生产标准和规范，但是，由于中国的绿色食品标准过于侧重产品本身的检验，而对产品的生产、加工、包装、运输及流通过程均未形成严格的技术标准和管理标准，与国际有机农产品的标准和管理体系有显著差距，所以中国 A 级绿色食品难以被欧美国家接受，出口渠道严重受阻。

（4）贸易摩擦影响出口　由于我国绿色食品出口的特点是量大价低，再给进口国消费者带来实惠的同时，很容易冲击当地的相关产业，因而进口国常常以农药残留、有害生物等问题设置贸易壁垒限制进口，与我国产生贸易摩擦。双边或多边的贸易摩擦，影响双边或多边贸易关系，不利于我国贸易的稳定发展。

（5）绿色食品出口企业监管体系不健全　我国绿色食品出口企业尚缺乏有效的行业协调和纪律约束机制，所以难以对国际绿色食品市场进行深度调研和总体把握，出口企业之间经常会出现信息不共享、盲目竞争、竞相压价获得订单的情况，这些行为在降低中国整体贸易得益、损害绿色食品产品形象的同时，对我国绿色食品出口造成了消极的影响，也为进口国实施反倾销留下了空间。

2. 绿色贸易壁垒对我国绿色食品出口贸易的影响

绿色贸易壁垒（Green trade barrier）作为一种非关税壁垒产生于 20 世纪 80 年代后期，20 世纪 90 年代开始兴起，最典型的是 1991 年美国禁止进口墨西哥的金枪鱼及其制品，其理由是为了保护海豚的生存。日本、欧洲等发达国家也纷纷效仿，绿色贸易壁垒开始流行。绿色贸易壁垒的兴起有其深刻的背景，其实质上是发达国家借环境保护之名，依赖其技术和环保水平，通过立法手段，制定严格的强制性的技术、环境标准，以行其贸易保护之实，将发展中国家的一些商品拒之门外。绿色贸易壁垒的出现是发达国家贸易保护主义抬头的又一新的表现形式，它不同于传统的贸易壁垒。与传统的非关税壁垒相比，绿色贸易壁垒具有名义上的合理性、形式上的合法性、保护内容的广泛性、保护方式的隐蔽性和实施效果的歧视性等特征，已成为发达国家对付发展中国家出口贸易的重要手段。

作为最大的发展中国家，我国绿色食品出口受到国外“绿色壁垒”限制的影响也是最大的。发达国家和新兴的工业化国家都在不断强化农业环保技术标准及进口农产品质量标准，而中国生产的绿色食品只有大约10%属于AA级的绿色食品生产标准，可以与国际有机食品的标准接轨，可以方便地参与国际市场竞争，而其余90%的A级绿色食品由于达不到进口国苛刻的技术条件和安全性指标要求，目前还难以领取出口国际市场的“绿色护照”，出口受到了各国“绿色壁垒”的限制。

（1）绿色贸易壁垒的概念　绿色贸易壁垒通常又称“环境壁垒”或“生态壁垒”，是指进口国政府以保护生态环境、自然资源和人类健康为由，以限制进口保护贸易为目的，通过颁布复杂多样的环保法规、条例，建立严格的环境技术标准和产品包装要求，建立烦琐的检验认证和审批制度，以及征收环境进口税等方式对进口产品设置的贸易障碍，是对进出口贸易产生影响的一种非关税的技术性贸易壁垒。

（2）绿色贸易壁垒的形成因素及特点

①绿色贸易壁垒形成的因素：绿色贸易壁垒的产生有其深刻的政治、经济和环境因素的原因。农产品由于其特殊性，成为绿色贸易壁垒实施的重点对象，归纳起来农产品贸易中绿色贸易壁垒的成因有以下几个方面。

a. 各国农业保护政策的产物：农业作为一个弱质产业，在各国都是保护对象。虽然近些年来农产品贸易自由化的呼声不断，但是各国对农业的保护政策仍然是有增无减。随着各国纷纷加入世界贸易组织（WTO），在WTO协议中要求各成员国之间在国际贸易中削减关税使得关税壁垒在农产品国际贸易中受到限制，而技术贸易壁垒中的绿色贸易壁垒由于其外在的合理性和内在的可操作性，成为除“劳工标准”和“反倾销条例”外，最为盛行的贸易保护的手段。

b. 环境保护日益受到国际社会的关注：随着经济的发展和人类社会的进步，环境污染也越来越严重，国际组织和各国政府都要积极推动环境立法。从1972年斯德哥尔摩的“人类环境宣言”到1992年的《里约热内卢环境与发展宣言》，国际上就保护环境制定了大量的原则和制度，国际贸易过程中的环境问题越来越受到人们的关注。环境保护意识在农产品贸易中表现为农产品的卫生标准及生产环境标准，由于各国经济发展水平的不同以及保护意识的强弱不等，因而制定出的标准的高低也不同，当出口国的标准低于进口国的标准，就会产生农产品的绿色贸易壁垒。

c. 消费观念的改变：随着医学等相关科技的发展和生活水平的提高，人们越来越关注食品安全问题，并且对食品的消费观念正在按照温饱型-营养型-保健型-环保型演进。全世界形成一股“绿色消费浪潮”，谁拥有绿色标志谁就拥有市场。各国纷纷制定严格的标准来争取市场份额，在客观上对不符合标准的农产品出口造成障碍，形成绿色贸易壁垒。

②绿色贸易壁垒的特点

a. 名义上的合理性：绿色贸易壁垒的产生是以保护生态环境、自然资源和人类健康为依据的，关注生态可持续发展，更符合大众消费者的需求，更容易获得进口国政府的支持，也更顺应全球范围内环境保护的需求。

b. 形式上的合法性：绿色贸易壁垒是以国际公约、国际双边或多边协定和国内法律、法规等为实施的依据和基础，无论是在国际和国家层面，还是团体、企业和消费者层面，均得到认可和接受，具有明确的法律依据。

c. 保护内容的广泛性：凡是与生态环境、自然资源和人类健康有关的产品都将是绿色贸易壁垒所要保护的对象。不仅包括初级产品，而且涉及所有的中间产品和工业制成品；不仅涉及资源环境，而且涉及动植物与人类健康；不仅包括商品生产、销售，而且涉及生产方法与过程；不仅涉及法律法规，而且涉及产品标准；不仅涉及产品内在品质，而且涉及产品的外观包装等。

d. 保护方式的隐蔽性：西方发达国家设置的绿色贸易壁垒，抓住了人们保护自身健康和生存环境的心理，扯起了保护健康和人类环境的大旗，“名正言顺”地实行贸易保护。通过灵活多变的管理办法、监测内容和实施标准等，使出口方往往难以预见其具体的内容及变化，因此，绿色贸易壁垒比其他非关税壁垒更容易回避贸易对方的指责。而且其涉及的各种检验标准极为复杂，往往使出口国尤其是发展中国家难以及时应对而蒙受损失。

e. 实施效果的歧视性：由于历史等客观原因，发达国家与发展中国家之间的科技和经济发展水平呈现极大的不平衡性。而发达国家往往无视发展中国家的实际状况，凭借其自身先进的技术、雄厚的资本提出过高标准，渐渐把发展的不平衡导入国际贸易领域，引致更多的不平衡。

（3）我国绿色食品突破绿色贸易壁垒的主要措施　面对竞争激烈的国际农产品贸易市场，如何推动我国农业高效持续发展，促进我国农产品的国际贸易，已成为政府、农业科技工作者及农业生产经营主体共同关注的焦点，如何突破绿色壁垒是发展绿色食品对外贸易的一个关键所在。

①及时跟踪发达国家农产品质量安全标准，提高国际采标率，建立和健全绿色产品的管理标准和生产技术标准，建立与国际接轨的国家质量标准体系，围绕着这个标准体系安排出口产品生产、加工、包装和贮运环节。要对我国现行的技术法规、技术标准和合格评定程序进行全面清理，以国际标准和认证制度为基准，制定、补充、修订和完善我国的技术法规、标准和合格评定程序，加强检疫检验制度和工作，强化环保法规，推动电子商务的发展，从而有效地突破技术性贸易壁垒，进一步为扩大出口创造条件。

②加强绿色食品对外贸易的国际合作与交流，利用国际合作机制，积极加强国际合作。积极组织绿色食品企业出国开展形式多样的产品促销和商贸洽谈活动，不断提高绿色食品品牌的国际影响力和竞争力，拓展国际贸易渠道。WTO 认为，

贸易限制和禁止不是解决贸易争端的唯一和最有效的方法，最好的办法是国际合作。鉴于我国目前经济技术发展水平较低，因而在国际合作中，我们应该着力于引进国外先进的环保技术，利用外资发展绿色食品行业，调整和优化我国产业结构和产品结构，积极实施“走出去”战略，在消费国就地生产、加工农产品，避开绿色贸易壁垒。

③我国绿色产品企业要“练好内功”，健全农产品质量监控体系。我们要把农产品质量搞上去，应组建专门的食品和动物健康保护机构，积极推动农业标准化工作，完善我国农产品标准体系，加快农产品监测与国际标准接轨的步伐。作为绿色食品企业，要解决绿色食品对外贸易的技术壁垒，进入国际市场，一要达到产品质量 ISO 9001 国际标准认证，二要取得国际 ISO 14000 环境管理体系的认证，三要符合国际安全食品的认证。这些基础的条件绿色食品企业必须要达到。

3. 政府要给予绿色食品对外贸易的政策支持

绿色食品在我国对外贸易中具有特殊的地位和重要的作用，政府应该在对外贸易各个环节予以政策支持。美国、日本和欧盟限制国外产品的进口，但对于本国产品的出口，千方百计地用各种手段来支持，所以美国现在出口农产品在国际上占的份额接近 40%。目前我国绿色食品出口贸易也应该学习美国、日本和欧盟的出口贸易支持政策。支持政策主要体现在两个方面，一是制定国外市场开发计划，二是要制定出口信用担保计划。做绿色食品的企业多是中小企业，资金非常困难，而且企业的信誉度方面也是非常有限，没有信用担保，这些企业实现出口创汇非常困难。所以，可以尝试建立“绿色银行”或“绿色基金”，为绿色产品和绿色产业的开发与出口提供专项贷款担保，来提高绿色产业在出口产业结构中的比重。

大力发展行业协会，提高农业经济实体的生产组织化程度，走规模化、集团化的路子，进行企业化的运作管理，提高农产品的生产效率和抗绿色贸易壁垒风险的能力。

我国农村自 20 世纪 70 年代末实行土地承包责任制以来，农产品生产一直处于分散单干状态，每个农民对农产品的生产基本上由自己随意决定。这种千家万户的小生产状态使得农产品的质量难以控制，农产品标准的实施无法彻底执行。因此，提高我国农业生产的组织化程度势在必行。可以借鉴德国、法国、奥地利、土耳其等国及我国台湾地区的“业必归会”的经验，在农产品出口相对集中的地区组织农民成立专业合作社，组织企业成立行业协会，并赋予其一定的行业管理职能。此外，要建立中国绿色食品对外贸易机构，系统收集国外农产品质量安全领域的法律、政策、技术、管理、市场等方面的信息，带领绿色食品中小企业组成联合舰队，

绿色食品的国际贸易（微课）

积极开展对外贸易，提高我国绿色产业在国际市场上的竞争力。

任务实施

1. 小组进行市场营销环境、行业、消费者分析汇报。
2. 小组互评，教师指导点评，学生修改方案。
3. 教师进行考核。

任务作业

1. 什么是绿色贸易壁垒？我国绿色食品对外贸易突破绿色贸易壁垒的主要措施有哪些？

2. 绿色食品市场营销的特点有哪些？

任务考核

一、单选题

1. 从营销学的角度而言，绿色食品市场营销的最终目标是（　　）。

A. 满足消费者的需求和欲望　　B. 获取利润

C. 求得生存和发展　　D. 把绿色食品推销给消费者

2.（　　）不是绿色食品市场营销的特点。

A. 营销过程绿色性　　B. 品质追求无国界性

C. 消费需求偏感性　　D. 营销效益统一性

3.（　　）不是描述绿色食品营销宏观环境分析。

A. 我国对人口、经济、环境的可持续发展观促进和保障绿色食品生产的法律环境形成

B. 因为加入WTO和坚持改革开放，我国生产的绿色食品必须履行在市场准入、国内支持、出口补贴和动植物卫生检疫等方面的国际规则

C. 我国发展绿色食品生产技术飞速发展

D. 我国消费者对绿色食品的购买力太低

4. 绿色食品的包装是指（　　）层次。

A. 核心产品　　B. 形式产品　　C. 附加产品　　D. 潜在产品

5. 企业为激励顾客购买更多绿色食品而给予那些大量购买产品的顾客的一定的折扣，称为（　　）。

A. 推广折扣　　B. 数量折扣　　C. 季节折扣　　D. 现金折扣

6. 绿色食品促销的实质是（　　）。

A. 出售绿色食品　　B. 信息沟通

C. 建立良好关系　　D. 寻找顾客

二、简答题

1. 简述绿色食品市场营销的概念。
2. 简述绿色食品市场销售的特点。

三、案例分析

案例：

"绿色壁垒"阻碍中国月饼出口

距离中秋节还有不到一个月时间了。据中山市检验检疫局透露，今年受花生油、莲子等原料价格上涨和美元贬值等因素影响，目前出口月饼的价格上涨了20%左右。而且，目前欧美等地纷纷提高了对月饼的进口标准，再加上生产成本的提高，这让我国的月饼出口行业面临洗牌，中小企业将被"绿色壁垒"挡在门外。

月饼今年销不动了

以往每年中秋前夕，中山"欣莱"食品厂的冯老板都会忙得一塌糊涂，他工厂里所有的生产线都是加足马力运转，工人也是三班倒，生产出来的月饼根本不用在仓库落脚，就直接运到了码头装进了集装箱，然后运往世界各地。这些年，冯老板的公司在海外拥有了很多固定的需求商。但今年，一切都变了。在工厂的库房里，堆满了一箱箱装满月饼的纸箱，如果不赶快运出去，就要过期了。为何原本畅销海外的月饼今年突然"销不动"了呢，其实，并不是因为月饼的质量不过关，而是因为很多国家在中秋来临之际，对中国的月饼提出了更高的质量和生产要求，让很多中国企业措手不及。"我自己的东西，我自己清楚。我的月饼虽然不是什么大品牌，但绝对是按照国家要求生产的。以往每年卖得都很好，谁知道今年却被老外拒之门外。"冯老板拍着胸膛，他说这话时很是恼火。

冯老板的遭遇并不是个例，在广东，很多月饼生产企业都遭遇了同样的问题。

最近一段时间，冯老板想办法托朋友把这些原本计划销往海外的月饼低价销往国内，力图把损失降到最低点，"销出去一点，就少一点损失。"

各国进口标准近乎苛刻

2008年6月5日，中山市至尊帝皇食品有限公司的月饼在中山检验检疫部门的严格监控下，登上了远渡加拿大的轮船。这是我国2008年首批出口到国外的月饼。

公司董事长赖由钰坦承："由于每吨花生油达到2.4万元，莲子每吨也升到了2.2万元，导致月饼的主要原料的成本上升了50%。同时，欧美等地纷纷提高了月饼的进口标准，很多国家的质量要求让中国企业一下子难以适应，成本一升再升，月饼出口的利润空间实际上已被大大挤压。"

中山市检验检疫局食品检验科有关人士告诉记者，去年以来，不少国家对我国以出口食品设置了严格的贸易壁垒，在检验标准上百般挑剔。

以美国为例，美国很早就对中国食品统一下了一道“指令”，规定中国食品在进口时，必须取得第三方国际检测机构的检验证明，检验需费时1~2周，这无形中提高了中国食品的成本。今年，美国对中国月饼又有了“专项指令”。美国规定，蛋黄必须是月饼中唯一的动物成分，不能有其他肉的成分。而且，对蛋黄和月饼的焙烤温度和时间也有严格的要求。

此外，欧盟对含有干果类的月饼中黄曲霉毒素 B_1 的要求十分苛刻，远高于我国标准要求。日本对甜味剂、漂白剂、防腐剂等，比往年有了更高的要求。澳大利亚的规定最为严格，严禁含有蛋、肉馅的月饼入境，否则将面临220澳元的当场罚款，如被起诉，罚金将超过6000澳元，并受10年监禁。印度、德国、法国、西班牙、俄罗斯、韩国等22个国家也都规定，禁止邮寄月饼入境。

面对这样的形势，我国很多中小型食品企业被打了个措手不及。美国等国的新规定，无疑就是针对中国的月饼而来的。就像冯老板的工厂生产的月饼，由于不符合那些国家新的进口标准，就只能被这些“绿色壁垒”挡在门外。

月饼出口企业面临洗牌

对于很多国家纷纷建立的“绿色壁垒”，中山市检验检疫局的有关人士表示，由于提高标准所带来的成本大幅提高，我国月饼出口企业将面临洗牌，中小企业将被“绿色壁垒”挡在门外，月饼出口将向具有品牌效应和严格检验检疫监控流程的企业集中。

记者调查发现，虽然很多中小型月饼企业遭遇寒冬，但那些知名品牌的月饼生产厂商却凭借自己的实力，不但站稳了脚跟，而且更加壮大。以中山市至尊帝皇食品有限公司为例，因成本飙升，该公司2008年出口月饼的价格上涨了20%左右，但公司2008年的出口量却增长了100%以上。2008年以来，该公司出口月饼占中山总出口量的2/3左右，其在加拿大的份额占当地的60%。

公司董事长赖由钰亦表示，品牌优势、传统的手工制作、精确的成本控制和原料流程监控，相对应抵消了2008年受成本飙升、美元贬值等不利因素的影响，可以说，企业仍然掌握了议价的主动权，订单并未受到太大影响。

记者的一位加拿大朋友介绍说，就在前几年，由于加拿大要求熟食要冷藏，因此月饼也必须冷藏存放，这和中国国内是不同的，因此加拿大检验检疫局曾因月饼不符合加拿大的食品卫生法为由，禁止中国的月饼进口。

但是，由于在加拿大的华人数量太多了，这项规定导致全体华人抗议，迫使加拿大政府做出让步，修改了规定。

据说，这次中国月饼“胜利”之后，其他诸如北京烤鸭、韩国式米糕、日式麻团等一些原本一同被禁的亚洲食品也被准许放在室温下销售。

请分析：如何应对“绿色壁垒”。

绿色食品市场营销
概念与体系任务
考核答案

知识链接

动物福利壁垒

任务二 制定绿色食品营销方案

任务导入

××种植公司生产的绿色食品大米要进行国内市场的销售，请你作为销售部员工，根据前面市场部的市场分析制定绿色食品大米的销售方案。

任务要求

素质目标

1. 通过学习绿色食品营销策略，获取知识应用能力。
2. 通过制定绿色食品大米的销售方案，激发创新精神和社会责任感。

知识目标

掌握绿色食品市场营销策略。

能力目标

1. 能够根据市场信息制定绿色食品产品的销售方案。
2. 具备良好的沟通、交流能力及分析问题、解决问题的能力。

任务准备

请根据4P策略内容，通过查询大米及绿色食品大米销售常见的方法制定一份绿色食品大米的销售方案。

相关知识

一、绿色食品的营销策略

（一）4P营销理论

4P理论产生于20世纪60年代的美国，随着营销组合理论的提出而出现的。1953年，尼尔·博登在美国市场营销学会的就职演说中创造了“市场营销组合”

这一术语，其意是指市场需求或多或少地在某种程度上受到所谓“营销变量”或“营销要素”的影响。1967 年，菲利普·科特勒在其畅销书《营销管理：分析、规划与控制》进一步确认了以 4Ps 为核心的营销组合方法，即：

产品：注重开发的功能，要求产品有独特的卖点，把产品的功能诉求放在第一位。

价格：根据不同的市场定位，制定不同的价格策略，产品的定价依据是企业的品牌战略，注重品牌的含金量。

渠道：企业并不直接面对消费者，而是注重经销商的培育和销售网络的建立，企业与消费者的联系是通过分销商来进行的。

宣传：包括品牌宣传（广告）、公关、促销等一系列的营销行为。

1. 产品策略

（1）产品概念　产品是指提供给市场的、能够满足人们需求和欲望的有形产品和无形服务。包括物质形态的产品实体和非物质形态的利益。整体产品概念分为以下 5 个层次（表 6-1）。

表 6-1　　整体产品 5 个层次

产品层次	内容
核心产品	顾客所要购买的最实质性的东西
形式产品	产品的基本形式，质量水平、功能特色、设计、品牌和包装等
附加产品	顾客购买产品或服务时所获得的附加服务或利益
期望产品	购买产品时通常期望或默认的一组属性和条件。获得满意，获得惊奇和高兴
潜在产品	产品在将来最终可能会实现的全部附加部分和转换部分。产品将来的发展方向

（2）品牌营销策略　品牌建设具有长期性。品牌具有经济价值的无形资产，用抽象化的、特有的、能识别的心智概念来表现其差异性，从而在人们意识当中占据一定位置的综合反映。品牌的本质是品牌拥有者的产品、服务或其他优于竞争对手的优势，能为目标受众带去同等或高于竞争对手的价值。其中价值包括：功能性利益、情感性利益。因此品牌不仅仅是企业创造出来的，而是通过消费者不断认知形成的。

品牌承载的更多是一部分人对其产品以及服务的认可，是一种品牌商与顾客购买行为间相互磨合衍生出的产物。它的建立需要以消费者为中心，不断地培养消费者的品牌价值观，并依据企业的经营战略来进行各项策略的拟订，并有效地组合成一个整体，透过品牌传达齐一的品牌个性，来实现品牌持久的竞争优势，从而巩固市场的地位。

品牌营销策略有单一品牌策略、单一家族化品牌策略、多品牌策略、联合品牌策略。在品牌建立的过程中需要注意以下几点：

根据消费者来制订品牌战略；为好的产品制订科学系统的品牌发展战略；目标不仅是销售好的产品，而是创造好的品牌；赋予品牌生命和灵魂，不断地演绎品牌策略；建立信赖比获取市场占有率更重要；建立长期的关系比短期内增加利润更重要；建立整齐一致的品牌个性，并统一传播；现代企业的行销活动，必须透过品牌，保持统一形象。

（3）包装策略　包装已成为强有力的营销手段。设计良好的包装能为消费者创造方便价值，为生产者创造促销价值。多种多样的因素会促进包装化作为一种营销手段在应用方面的进一步发展。良好的包装能保护商品，便于贮运；包装能吸引注意力，说明产品的特色，给消费者以信心，形成一个有利的总体印象；包装还能提供创新的机会。

包装策略包括类似包装策略、配套包装策略、再使用包装、附赠包装策略、改变包装策略等。绿色食品包装应该注意以下几点：

注意对产品包装材料的选择以及包装的技术控制，注重绿色概念的宣传及使用；避免过度包装；注重包装的创新性；设计需要根据营销场景、用户需求的不同进行细分；设计不仅要注意色彩、图案设计，更要充分考虑到绿色食品概念和产品的内涵表达。

（4）产品组合策略　产品组合是某一企业或公司出售的各种产品系列的组合，包括厂家生产的所有的产品系列或商业部门经销的所有产品系列，也是指一个企业所经营的全部产品组合方式。

产品组合策略有扩大产品组合策略、产品线延伸策略、缩减产品组合策略。绿色食品生产企业进行设计产品组合时，涉及三个层次的问题需要做出抉择，即：是否增加、修改或剔除产品项目；是否扩展、填充和删除产品线；哪些产品线需要增设、加强、简化或淘汰（以此来确定最佳的产品组合）。

绿色食品企业所能要求的最佳产品组合，必然要重视以下方面：虽不能获利但有良好发展前途、预期成为未来主要产品的新产品；已达到高利润率、高成长率和高占有率的主要产品；虽仍有较高利润率而销售成长率已趋降低的维持性产品；以及已决定淘汰、逐步收缩其投资以减少企业损失的衰退产品。

因此产品系列的宽度、长度、产品系列的深度和产品系列的关联性和促进销售、增加利润都有密切的关系。一般来说，拓宽、增加产品线有利于发挥企业的潜力、开拓新的市场；延长或加深产品线可以适合更多的特殊需要；加强产品线之间的一致性，可以增强企业的市场地位，发挥和提高企业在有关专业上的能力。

2. 价格策略

价格策略是指企业通过对顾客需求的估量和成本分析，选择一种能吸引顾客、实现市场营销组合的策略。

（1）定价目标及成本构成　不同绿色食品生产企业、不同绿色食品产品、不同市场有不同的营销目标，即使是同一绿色食品生产企业在不同时期也可能有不同的营销目标，因而也就需要采取不同的定价策略。与绿色食品生产企业定价有关的营销目标主要有：维持生存、争取当期利润最大化、保持或扩大市场占有率、保持产品质量最优、抑制或应付竞争、稳定价格。

按照成本类型可分为固定成本和可变成本。固定成本是指在短期内不随绿色食品企业产量和销售收入的变化而变化的生产费用。如：厂房设备的折旧费、租金、利息、行政人员薪金等，与绿色食品企业的生产水平无关。可变成本，随生产水平的变化而直接变化的成本。例如：原材料费、工资等，企业不开工生产，可变成本等于零。

（2）定价方法　定价方法，是绿色食品企业在特定的定价目标指导下，依据对成本、需求及竞争等状况的研究，运用价格决策理论，对产品价格进行计算的具体方法。定价方法主要包括成本导向、竞争导向和顾客导向三种类型。

①成本导向定价法：以产品单位成本为基本依据，再加上预期利润来确定价格的成本导向定价法，是中外绿色食品企业最常用、最基本的定价方法。包括总成本加成定价法、目标收益定价法、边际成本定价法、盈亏平衡定价法。

②竞争导向定价法：在竞争十分激烈的市场上，绿色食品企业通过研究竞争对手的生产条件、服务状况、价格水平等因素，依据自身的竞争实力，参考成本和供求状况来确定商品价格。这种定价方法就是通常所说的竞争导向定价法。竞争导向定价主要包括：随行就市定价法、产品差别定价法、密封投标定价法。

③顾客导向定价法：现代市场营销观念要求绿色食品企业的一切生产经营必须以消费者需求为中心，并在产品、价格、分销和促销等方面予以充分体现。根据市场需求状况和消费者对产品的感觉差异来确定价格的方法叫作顾客导向定价法，又称“市场导向定价法”“需求导向定价法”。需求导向定价法主要包括理解价值定价法、需求差异定价法和逆向定价法。

（3）定价策略

①新产品定价：新产品定价策略有撇脂定价（高价策略）、渗透定价（低价策略）、满意定价（折中定价）策略。

②心理定价

尾数定价：标价精确给人信赖感。适用于中、低档的绿色食品，如定价为9.98元；

整数定价：满足顾客高消费心理，提高绿色食品的价格。如定价为41元，而非39元；

声望定价：利用消费者“价高质必优”的心理进行定价，如定价为588元；

分级定价：把绿色食品分档，体现品质差别，满足不同需求；

招徕定价：将集中绿色食品的价格定得非常低，在引起消费者的求廉、好奇心理和观望行为之后，带动其他绿色商品的销售；

组合定价：将不同种类绿色食品进行组合销售定价。

③折扣定价：大多数企业通常都酌情调整其基本价格，以鼓励顾客及早付清货款、大量购买或增加淡季购买。这种价格调整叫作价格折扣和折让。有以下几种方式。

现金折扣：对及时付清账款的购买者的一种价格折扣。

数量折扣：企业给那些大量购买某种产品的顾客的一种折扣，以鼓励顾客购买更多的货物。大量购买能使企业降低生产、销售等环节的成本费用。

职能折扣：制造商给予中间商的一种额外折扣，使中间商可以获得低于目录价格的价格。

季节折扣：企业鼓励顾客淡季购买的一种减让，使企业的生产和销售一年四季能保持相对稳定。

推广津贴：为扩大产品销路，生产企业向中间商提供促销津贴等。

3. 渠道策略

所谓分销渠道，是指某种产品和劳务在从生产者向消费者转移过程中，取得这种产品和劳务的所有权或帮助所有权转移的所有企业和个人。绿色食品生产企业通过分销渠道可完成信息收集和传播、促销、交易谈判、订货、融资、承担风险、物流、付款、所有权转移等功能。

（1）渠道类型　按照绿色食品在流通过程中经过的流通环节的多少，分销渠道可划分为以下两种渠道。

①直接渠道：直接渠道是指没有中间商参与，绿色食品由生产商直接销售给消费者和用户的类型，如上门推销、电视直销和网上直销等。直接渠道适合于需要提供专门的绿色食品。直接渠道的优点是对于用途单一、技术负责的产品，可以针对性地安排生产，更好地满足需要；生产者直接向消费者介绍产品，偏于消费者掌握产品的性能和特点；由于直接渠道不经过中间环节，可以减低流通费用，掌握价格的主动权，积极参与竞争。但是直接渠道也存在着不足，如销售投入大、花费大，销售范围受到限制。

②间接渠道：间接渠道是指绿色食品经由一个或多个商业环节销售给消费者和用户的渠道类型。间接渠道的优点是中间商的介入，使交易次数减少，节约了流通成本和时间，降低产品价格；中间商着重扩大流通范围和产品销售，生产商可以集中精力生产。不足的是中间商的介入使得生产商和消费者之间的沟通不便。

（2）分销渠道策略　分销渠道策略是指企业为了使其产品进入目标市场所进行的路径选择活动和管理过程。在如今的市场上，常用的分销策略可以分为以下三种。

①密集性分销：指绿色食品生产商尽可能多地使用负责任的、适当的批发商、零售商推销其绿色食品，旨在追求最大的市场覆盖率。优点是市场覆盖率高，比较适合常规绿色食品的分销；缺点是市场竞争激烈，导致市场混乱，破坏厂家的营销意图、渠道管理成本较高。

②独家分销：指绿色食品生产商在某一地区选择一家中间商推销其品牌的绿色食品。双方协商签订独家经销合同，规定该经销商不得经营竞争者的产品。优点是市场竞争程度低，与现经销商关系密切，适用新开发产品分销；缺点是因缺乏竞争，顾客的满意度可能受到影响，经销商对厂家的反控力较强。

③选择性分销：指绿色食品生产商在某一地区仅仅使用少数精心挑选的、最合适的中间商推销其品牌绿色食品。

（3）绿色食品的渠道问题及策略　绿色食品销售渠道中普遍存在的问题有以下几个：企业与经销商间的冲突，如厂家抱怨批发商销售的品牌太多，没有重点推销本企业的产品，没有及时反馈市场信息等，经销商则抱怨利润不高、价格混乱、厂家直接开设零售店等；经销商与经销商之间的冲突，如互相争夺客户、低价倾销、跨区销售等；不清楚要选择多少经销商。

解决食品销售渠道问题的第一步是企业应随时知道自己的客户（使用者及购买者）是谁？他们在哪里？何时会购买？为什么会购买？对客户了解清楚后，才能提出有效的策略，才能解决目前的困扰及开创新的机会，以实现销售渠道的目标。食品销售渠道中的问题及应对策略如下：

①经销商对企业产品销售不重视——提供销售奖励办法；协助经销商开展促销活动；对经销商进行销售知识培训，如进行商品陈列、销售技巧、店面管理、库存管理、订货系统等方面的培训；

②食品销售渠道间的利益冲突——必须通过有效的管理与控制手段，解决销售渠道间的冲突；

③向前整合/向后整合策略——向前整合策略是指食品企业设立与本企业有关的销售点，全权掌握下游的销售渠道；向后整合策略指厂家或经销商设立自己的物流中心、配送中心，提高整体的营运效率及能力；

④竞争对策——竞争对手开辟了哪些新的渠道，实施了哪些新的食品销售策略，企业必须根据竞争对手的情况提出应对之策；

⑤食品销售渠道信息化——企业要通过销售渠道不断地收集和反馈市场信息；

⑥开发新的食品销售渠道；

⑦加强深度分销——以提高铺货率和提升在专营店的表现，减少通路冲突，增强竞争优势。

4. 促销策略

促销指绿色食品企业通过人员或非人员的方式把产品和服务的有关信息传递给顾客，以激发消费者的购买欲望，影响和促成顾客购买行为的全部活动的总称。促销的核心是信息传递和沟通；促销的目的是引发消费者产生购买行为；促销的方式分为4种：广告、营业推广、人员推销和公共关系。

（1）广告　广告促销指通过媒体向用户和消费者传递有关绿色食品商品等信息，达到促进销售目的的一种产品促销手段。我们可以通过常见的一些广告媒介去推广和销售绿色食品概念和产品，如传统广告媒体（报纸、杂志、广播、电视）、新型广告媒体（户外、网络、POP焦点、移动商街、植入广告）等。

广告促销方案的制定按照以下步骤进行：

确定目标（通知型：新产品的入市；说服型：培养消费者对某品牌的需求；提醒型：产品进入旺销阶段）→制定预算（销售百分比法、目标任务法、竞争对抗法、倾力投掷法）→确定信息（广告图像、广告词等——主题、创意）→选择媒体—评估效果（效果内容：传播、经济、心理、社会；效果显现时间：即时、近期、远期；评估时间——前测、中测、后测）

（2）人员推销　人员推销是指绿色食品企业通过推销人员深入到中间商或消费者，直接进行绿色食品的推荐和介绍工作，以促使顾客采取购买行为。这是人类最古老的促销手段。人员推销的来源主要有3种：自建销售团队、使用合同推销员（代理商、经纪人等）、雇用兼职推销员（促销员）。这种方式具有相对针对性、有效性、买卖双方的联系性、信息传递的双向性的特点。

人员推销的基本形式有3种：

①上门推销：由推销人员携带产品样品、说明书和订单等走访顾客，推销产品，是最常见的推销形式。可以针对顾客需要提供有效的服务，方便顾客；

②柜台推销：在适当地点设置固定门市，由营业员接待进入门市的顾客，推销产品，是等客上门式的推销方式。产品种类齐全，能满足顾客多方面要求，为顾客提供较多的购买方便，可以保证产品完好无损；

③会议推销：在订货会、交易会、展览会、物资交流会上向与会人员宣传和介绍产品。接触面广、推销集中，可以同时向多个对象推销产品，成交额较大，推销效果较好。

（3）营业推广　又称销售促进，是指绿色食品企业针对特定的目标市场，为迅速刺激需求而实施短期的鼓励消费者或中间商销售企业产品或服务的刺激性手段。营业推广的目的是迅速刺激需求，鼓励消费者购买。营业推广具有直观的表现形式、灵活多样、适应性强、有局限性的特点。

针对消费者进行营业推广常见的方式有：赠送（赠送样品是介绍新产品最有效的方法，缺点是费用高。“买就送”是产品促销最有效的方法）、折扣（折价购物券、直接折扣等）、会员制、附赠品销售、现场销售、现场演示等。

针对中间商的营业推广常见的方式有：廉价包装（以较优惠的价格出售包装精美的产品）、提供津贴（为促使中间商购进企业产品并帮助企业推销产品，支付给中间商一定的推广津贴）、推销奖金（根据各个中间商销售实绩，分别给优胜者以不同的奖励，以起到激励的作用）、展销会等。

针对营业员的营业推广常见的方式有：红利提成、补贴等。

（4）公共关系　公共关系指绿色食品企业在从事市场营销活动中正确处理企业与社会公众的关系，以便树立企业的良好形象，从而促进产品销售的一种活动。

常用的公共关系工具有以下几种：

①公共出版物：产品说明书、视听材料（录像、视频等）等；

②事件：新闻发布会、记者招待会、展览会、竞赛、论坛、周年庆活动等；

③新闻：媒体介绍；

④访谈：公司管理层人员参与；

⑤公益活动：环境保护、教育助学、社区服务等；

⑥形象识别：品牌 logo、品牌人物、支付标志灯；

⑦软文：文字广告；

⑧拍摄采访：借助有流量的媒体展示；

⑨路演：娱乐性的卖场演出。

（二）绿色食品的营销新模式

除了上述常见的营销方式方法外，随着消费者购买行为等方式的变化，出现的绿色食品营销模式也在不断更新。下面介绍几种新的模式。

1. 绿色食品+餐饮

这种模式是把餐饮店、餐饮体验当作渠道或者平台，通过把绿色食品的体验、绿色食品消费、绿色食品互动嫁接在餐饮店里。这种模式重在绿色食品的食用体验与销售相结合，以此为突破口，实现绿色食品的销售与推广。

采用“绿色食品+餐饮”营销模式要思考以下问题：

（1）要不要自己做餐饮体验店；

（2）重点在绿色食品的优、特上下功夫；

（3）吃、玩、学如何平衡。

案例：在绿色食品生产基地周边开设一家绿色食品的体验餐厅，餐厅里面菜品食材来源于绿色食品的生产基地。同时在店内进行销售基地生产的鸡、鸭、猪肉、鸡蛋、鸭蛋等绿色食品。让顾客既能品尝到各种美味的食物，还能买到食材。之后通过餐饮的相关宣传手段，如店内宣传，并结合互联网，刺激用户需求、留住客户、鼓励消费。

2. 绿色食品+网络直播

这种模式是通过网络直播流量者进行推荐带货。直播方式可以让消费者能够亲眼所见，在直播间与顾客参与互动，通过购物热情引发购买行为，提高消费者的购买信心，获得购买满足感。绿色食品+网络直播的模式能很好地解决消费者的购买信任问题。通过网络直播可以让用户增强对产品的信心，还可以快速传播推广，能很好地推广绿色食品及品牌。

采用“绿色食品+网络直播”营销模式要思考以下问题：

（1）网络主播的知名度，最好是企业创始人或者明星，其能带来足够的观众流量；

（2）能否做好线下的服务，尤其是有用户下单后要安全、快速物流与配送。

案例：在海南省海口市石山镇举行的互联网农业小镇创客沙龙专场推介会上，

4名“创客”变身“网红”，通过网络直播的方式将特色农产品推销到全国。海南爱尚玫瑰实业有限公司董事长在直播中推销起自家的火山玫瑰，大家可以通过直播看到火山玫瑰加工的成品：香皂、精油、鲜花饼。除了在实体店购买，全国的观众也可在直播间进行下单。

3. 绿色食品+微商

这种模式是通过微信等平台，如微信朋友圈发布相关的绿色食品信息，该信息包含：绿色食品的生长过程信息，如种植、成长、采摘等信息，通过发布的绿色食品的生长情况信息，让购买者充分了解绿色食品的情况；绿色食品的销售信息，如绿色食品的销售价格、购买二维码等，方便购买者的购买。

采用“绿色食品+微商”营销模式要思考以下问题：

（1）品牌效应，要打造一个人格化的品牌，通过品牌来溢价；

（2）供应链配置，如配送与物流、冷链，这个是微商的重点；

（3）展示真实的自己，微信朋友圈卖的不是产品，而是人与人之间的联系，是用户的喜欢与认可。

案例：号称“中国农产品微商第一案例”张大发卖樱桃，他15天，卖出81282箱樱桃，获得10365950元营收。张大发短短2个月，建立十几个微信群，并不断培训并做线上预售，还组建微商团队，加强个人标签的推广及强化，之后就靠主动传播，打造个人魅力，从而实现团队及用户、分销商对张大发的信任。因此，才会出现万人共同帮你卖樱桃的案例。

4. 绿色食品+电商

通过电商、互联网平台对绿色食品进行展示及推广，让更多人了解、知晓，并方便用户在线下单及购买。

采用“绿色食品+电商”营销模式要思考以下问题：

（1）标准化问题，绿色食品本身就不是标品，但把绿色食品做成礼品销售的确是一条路子；

（2）品牌定位，借助电商对绿色食品的重新定位，打造符合新时代消费者需要的工业品。

案例：山山商城展销中心网购平台开发了全新模式，将农产品的视频直播、产品溯源、私人订制模块等，通过“线上购物+农产品+旅游产品”模式，巧妙地融合在一起，将线上的消费者带到实体店中，所有农产品交易可以实现在线下单、支付，并由线下的体验店提供展示和配送服务。

目前该县入驻山山商城展销中心的企业已达30多家，农产品种类达100多种，借助电子商务营销方式对传统农业进行现代化提升，使该县实现了农产品的品牌化、标准化、信息化和订单化生产，年销售额已突破1000多万元。

5. 绿色食品+众筹

通过众筹平台来售卖绿色食品，已经成为新农人常用的手段。其中，绿色食品+众筹这种模式可以解决绿色食品的滞销及绿色食品传播等问题。

案例：陕西大秦记农业科技有限责任公司旗下的秦岭1号土鸡蛋产品众筹项目启动，这是商洛农产品众筹的首例。该公司以众筹的模式快速将产品推到餐桌，利用“互联网+农产品”的方式，让原生态、无农药、无添加、无激素、无抗生素的“一原四无”产品走出秦岭腹地，走到一线城市和南方的中高端人群。据悉，秦岭1号土鸡蛋产品众筹项目在众筹平台线才5天，就得到了347人支持，筹到金额29201元。

6. 绿色食品+可视农业

“可视农业”主要是指依靠互联网、物联网、云计算、雷达技术及现代视频技术将农作物或牲畜生长过程的模式、手段和方法呈现在公众面前，让消费者放心购买优质产品的一种模式。“可视农业”还有一大功能，就是可靠的期货订单效应，众多的“可视农业”消费者或投资者，通过利用网络平台进行远程观察并下达订单，他们在任何地方通过可视平台都能观察到自己订的蔬菜、水果和猪牛羊等畜产的生产、管理全过程。近年来，可视农业平台通过改造升级传统农业、贯彻电子商务下乡、升级商店对接餐饮、派发订单生产等形式活跃农村市场，不断向可视农业生产商派发订单订金，有效解决传统农业市场通路、资金短缺和食品安全三大疑难问题，以低价格好产品，输送到各个市场终端。

案例：湖山原生态农产品有限公司茶叶可视基地面积230亩，于今年年初开始建设，总投资30多万元，该基地建设与设备安装已基本完成，包括开通宽带网络、安装摄像头11个等。目前茶叶可视基地在全国大约有600家，基地建成后，能严控农药残留和化肥的施用，保护消费者食品安全，建立真正无公害的农产品基地。通过可视系统和网络，消费者能实时查看基地生产作业和作物生长情况，从而激发他们的购买热情，最终提高茶叶产品的知名度、诚信度，促进茶农增收。

7. 绿色食品+社群

社群就是有相同标签、相同兴趣、相同爱好、相同需求属性的人自发或者有组织的群体组织。在绿色食品方面比如：樱桃爱好者、素食爱好者、减肥爱好者、苹果爱好者等对某一款绿色食品或者具有相同属性的人对绿色食品的相同需求的人组成的群体，他们会对绿色食品的需求相同。

8. 绿色食品+认养（互联网+认养农业）

认养就是发起众人合伙认养一（头）、（颗）、（亩）绿色食品（植物、动物），根据需要认购的数量或部位，一起享受认养的乐趣，共同获得优质产品。

采用“绿色食品+认养”营销模式要思考以下问题：

（1）牵头人，为认养成员做好服务与监督；

（2）确保透明，认养情况一定要透明，并且要让大家相互知晓，不能存在欺诈。

案例：田田水果专业合作社的300亩水蜜桃园采用“认养”模式，其中有500

棵桃树以每棵480元被认养，被选中的树将被挂上相应编号，本年树上结出的桃子将归认养人所有。被认养的桃树全部采用无化肥种植，全部以鸡粪、鸭粪等为桃树养料，每只果实均使用防虫害的专业套袋。在每年的采摘期，每株桃树大约可结40~60斤，100~150只桃子。田田桃园定下的每年4月，认养人可去郊游赏花。7月份果实成熟时，即可前往采摘，享受一番收获的乐趣。平日，桃树的除虫、施肥等均由合作社社员专人打理。

9. 绿色食品+网红直播+电商平台

互联网催生了很多的新型经济模式，网红经济便是其中的一种。这里的网红可以是名人明星，可以是当红网络女主播，也可以是卖家自己打造的“村红”。

通过“网红直播+电商平台”进行绿色食品营销的3个步骤：

（1）策划营销活动，并邀请网红参加；

（2）需要网红在线直播自己对绿色食品的体验感觉，绿色食品是什么样的，什么味道的，自己觉得如何；

（3）在电商平台，如淘宝、京东，同步开始产品销售。

案例：2016年5月24日，明星柳岩在阿里巴巴聚划算平台进行的一场直播。明星柳岩在这1小时里，推荐了艺福堂蜂蜜柠檬片、楼兰蜜语枣夹核桃等商品。在一小时的时间里，柳岩以聚划算消费者的身份，与网友分享自己的剁手经验，并亲自介绍这些商品。据统计，本次直播观看的人数接近12万，直播结束后的产品页面显示：枣夹核桃卖出两万多件，柠檬片卖出四千多件。

10. 绿色食品+直销店

直销店解决的是产地到餐桌的问题，同时减少了中间渠道，降低产品单价，提高绿色食品与用户的互动。

绿色食品+直销店模式是需要政府或者农业龙头企业牵头。因为直营直销连锁店投入成本巨大、连锁管理也需要专门的人才。

案例：2014年1月，大英县供销社利用单位闲置资产组建了大英县农产品直销中心，参与直销中心的8个专业合作社主要销售禽蛋、肉类、蔬菜、粮油、白酒等绿色食品。此后，大英县供销社通过担保贷款、销售补贴、项目资金争取等优惠政策，引导专业合作社在县城农贸市场兴建农产品直销店。2015年，大英县转变服务等方式，认真指导专业合作社在县城及乡镇场镇组建农产品直销点建设，积极解决专业合作社绿色食品卖难、居民买贵问题。截至目前，已经引导7家专业合作社在县城开设猪肉、禽蛋、粮油、蔬菜、花卉直销店9家，年销售额达300万元。

当然，除了以上10种绿色食品新营销、新玩法之外，最近还有阿里、京东等电商平台兴起的“年货节”，也成为绿色食品营销新模式。未来，绿色食品营销将会结合互联网、市场需求衍生出更多的新玩法、新模式。

绿色食品的营销策略（微课）

二、绿色食品营销方案案例

××绿色食品有限公司营销策划书

一、背景

目前市场上的普通蔬菜因为化肥、农药、催熟剂、保鲜剂的大量使用遭到了严重污染，有些菜农为了减少虫害的袭击，竟让用农药浸泡过的种子培育幼苗。这不仅使得蔬菜表面附着了一层厚厚的有害物质，而且使得蔬菜本身就含有有害成分，这对消费者的健康来说都是无形的杀手。另外，一些超市和菜摊上出售的纯天然的蔬菜由于土壤等因素的污染也不全是无害蔬菜，对人类的健康还是有很大影响的。病来如山倒，每个人都希望有一个健康的身体，“癌”字的结构就可以清楚地告诉我们很多疾病都是病由口入。所以预防疾病，应该把好口关。蔬菜是人们每天饮食的一大部分，注意蔬菜安全势在必行。与此同时随着经济水平的提高，人们的消费需求也在朝着健康的方向发展，绿色蔬菜作为一种绿色食品（通过应用无公害的技术进行生产，经专门机构检测认定，允许使用无公害农产品标志的蔬菜），满足了人们的这种需求。

××公司的绿色蔬菜在武汉市场可以说处于产品导入期，人们对它的认知度、重视度、接受度还不够。如何让更多的武汉市民接受绿色蔬菜这个健康产品，如何开拓武汉市场成了××公司面临的问题。

二、策划目的（1~3 年）

（1）提高武汉市民对绿色蔬菜的消费意识，使绿色蔬菜的消费量达到武汉市民蔬菜消费总量的1%~10%。

（2）使30%~50%中高端用户消费绿色蔬菜。

（3）提高低端用户对绿色蔬菜的认知度。

三、现状分析

通过问卷调查得出如下结论：

（1）对绿色蔬菜的认知度　45%的人无法定位何为绿色蔬菜；22%的人认为颜色是绿色的为绿色蔬菜；22%的人没有听说过绿色蔬菜；11%的人在市面上没有见过绿色蔬菜。

（2）购买蔬菜时的影响因素　50%的人看重新鲜程度；29%的人看重营养价值；13%的人看重污染程度；8%的人看重价格。

（3）潜在需求度　62%的消费者不放心现在使用的蔬菜，希望买到安全可靠的蔬菜。

（4）购买渠道选择　57%的消费者想在超市买到绿色蔬菜；24%的消费者希望在绿色蔬菜专营店买到绿色蔬菜；19%的消费者选择在菜场买到绿色蔬菜。

(5) 市场所能接受的绿色蔬菜的价格　大多数消费者希望绿色蔬菜的价格高于普通蔬菜的程度小于10%。

(6) 对包装的需求度　47%的人对包装无要求，28%的人觉得需要包装，25%的人觉得不需要包装。

(7) 对脱水干菜的需求度　54%的人愿意购买脱水蔬菜，33%的人愿意购买新鲜的蔬菜，13%的人持无所谓态度。

(8) 消费者的年龄分布　56%的购买者是老年人，年龄在50岁以上；22%的人是中年人，年龄在30~40岁；22%的人是青年人，年龄在20~30岁。

(9) 消费者的文化程度　44%的消费者为大专以上学历，34%的消费者为高中学历，22%的消费者为初中以下学历。

(10) 采购用途　84%的人购买蔬菜是为自己的家庭食用，16%的人是为集体采购。

(11) 消费者的家庭收入情况　47%的人家庭月收入在5000元以上，37%的人在3000~4000元，16%的人在3000元以下。

四、SWOT分析（表6-2）

表6-2　　SWOT分析

分析项目	分析内容
优势	1. 技术含金量高，难以为对手模仿。 2. 无污染，健康安全。 3. 产品特征迎合目前消费潮流
劣势	1. 成本高，售价高。 2. 不易保鲜，生产周期长。 3. 市场秩序紊乱，价格定位没有统一标准，不容易形成规范经营。 4. 绿色蔬菜生产的环境和技术要求高，难以形成大批量生产。 5. 目前公司品牌在武汉没有知名度
机会	1. 市场上同类产品没有形成规模，没有强势的竞争对手。 2. 城市人员素质整体较高，便于宣传和理解。 3. 不满足现状，对绿色蔬菜有很高的潜在要求。 4. 收入增加引发市场需求的变化，安全优质的绿色蔬菜日益受到消费者的欢迎。 5. 时尚心理严重，绿色蔬菜定位于时尚消费，有望引起随从效应和消费热潮。 6. 中部崛起，国家资金投放加大，人们生活水平有待提高。 7. 武汉饮食文化浓厚，饮食考究，注重饮食质量
威胁	1. 市民对绿色蔬菜认识不足，对其标准难以定位。 2. 主要购买人员56%是老年人，对新生事物接受度低。 3. 外观上难以区分，消费者仍会购买价格低廉的普通蔬菜，菜贩可能以假乱真。 4. 目前对蔬菜的鉴定技术不成熟，难以形成统一标准，容易假冒

五、营销策略

（一）产品策略

绿色蔬菜由于其自身特点，不易储存、营养成分流失、生产周期长。在生产和种植绿色蔬菜的过程中应该注意如下方面：

（1）应考虑绿色蔬菜相对于普通蔬菜的知晓度和信任度比较低，所以可以与某个农业研究所合作，利用他们的高科技进行种植，达到高质量和多产的效果，这样做也容易使用户信任公司的产品，从而乐于购买。

（2）蔬菜种类虽然繁多，但根据调查资料显示，应集中力量生产消费者最喜爱的蔬菜，如黄瓜、西红柿、豆角、冬瓜、菜花。

（3）顾客购买蔬菜时最关注的就是蔬菜的新鲜度，应每天按时向各销售点供应当天的蔬菜，确保其新鲜度，保证其健康营养，从而使消费者相信产品质量。

（4）根据调查，25%的消费者认为不需要包装，47%的人认为无所谓。由此可知我们的产品不需要特别包装。这样可以方便用户根据自己的需要自由购买。若给产品加上包装会出现两个方面的问题：

每个消费者的需求量不一样，不容易根据量来包装。若包装的数量过大，反而会影响销售，用户会放弃购买。

给产品加上包装会增加成本而提高价格。与普通蔬菜相比，绿色蔬菜科技含量高，成本本来就高。而消费者认为绿色蔬菜的价格最多应比普通蔬菜高10%，所以增加包装会增加用户购买负担。

（5）采用统一商标策略，公司的商标在其他市场上已经获得了较高的声誉，此种策略有利于公司利用已经取得声誉的商标将绿色蔬菜带入武汉这一新市场，同时为公司创造品牌忠诚者，增加重复购买的消费者，树立公司形象，获得经销商和消费者的信任，从而更容易推出新产品。

（6）根据消费者的口味和市场环境及其季节的变化增减产品项目，改进原有产品或增减产品的生产量，不断适应市场变化。

（二）价格策略

（1）渗透定价　问卷中显示57.8%的人认为能接受高于普通蔬菜10%的价格，我们的产品刚刚进入武汉市场，所以我们就以低于这个预期价格的价格销售，力争获得最高的销售量和最大的市场占有率。

（2）数量折扣　当用户购买我们的绿色蔬菜达到一定数额或者有团购时，我们给予一定的折扣。

（3）季节折扣　由于蔬菜具有很强的季节性，我们对时令蔬菜采取适当的降价销售，对反季节的蔬菜，稍微提高价格出售。

（4）尾数定价　尾数定价是指企业利用消费者求廉、求实心理，制定价格时有意使价格带有尾数。消费者对蔬菜价格的尾数存有某种心理状态，会觉得低一位比高一位要便宜些。如1.99元比2.00元便宜。所以我们对于蔬菜的零售价格定位采用此方法。

(5) 在超市和专营店根据具体情况灵活定价。

(三) 渠道策略

1. 分销渠道类型

“绿色蔬菜”由于其生产过程中的严格工艺，可以说是一种技术含量较高的产品，而且不易储放、营养成分易流失、生产周期长、单位价值低、附加服务少，且购买批量小而分散。根据我们的调查，90%的人在购买蔬菜时最看重新鲜度，这要求销售的核心在于速度，因此需要每天按时上新货并收回前一天的剩余蔬菜以保证其新鲜度。这些特点也要求选择一种直接和以超市为零售商的间接营销模式相结合的渠道。我们采取的具体形式为：

(1) 接受用户的电话订货或者网上订购　采用送货上门服务，既保证蔬菜的新鲜，又提高顾客忠诚度。

(2) 设计绿色蔬菜专营店　这一销售形式具有购买方便，可信度高的特点，减少了销售环节，降低了营销成本。集中营业利润率，降低价格。

(3) 产品进入武汉的大型超市　调查显示，68.75%的人选择在超市购买绿色蔬菜，仅有18.75%的人会在菜场购买绿色蔬菜。

2. 渠道管理

(1) 分销商选择　有实力进入上述卖场；具有较强的配送能力；有丰富的农产品或快速消费品营销经验。

(2) 分销商激励　独家分销，保证较高利润。

(3) 分销商工作评价　根据合同要求进行周、月、季及年度考核，如销售额、销售量、退货率、供货质量、与公司合作效率等指标，并根据考核结果进行奖惩及调整。

(四) 促销策略

总体思路：

(1) 前期密集型广告宣传后全面上市。

(2) 上市后利用媒体报道跟进宣传。

(3) 用展览会等方式补充宣传。

(4) 根据市场反应调整广告及促销策略。

绿色食品营销方案案例（微课）

请根据此案例分析营销策划的理念是如何形成的？××公司制定了怎样的营销策略来实现这一理念。

任务实施

1. 分析汇报绿色食品大米的销售方案。

2. 小组互评，教师指导，学生修改方案。

3. 教师进行考核。

任务作业

1. 国内市场可以采取哪些绿色食品的营销策略？

2. 4P 营销理论的内容是什么？

3. 做一份绿色食品——苹果汁的营销方案。

要求：(1) 产品定位合理。

(2) 突出绿色食品的特点。

(3) 灵活运用营销策略。

(4) 方案切实可行。

任务考核

一、填空题

1. 4P 理论产生于 20 世纪 60 年代的美国，是随着营销组合理论的提出而出现的。4P 理论的核心要素是（　　）、（　　）、（　　）、（　　）。

2. 整体产品，是指通过交换能够满足消费者某种需求和利益的有形物体和非物质性的无形服务的总和。包括（　　）、形式产品、（　　）、（　　）、潜在产品。

3. 促销的方式分为 4 种：（　　）、营业推广、（　　）和公共关系。

二、判断题

1. 我国南北方人民在食品口味上存在着很大的差异，导致对绿色食品需求也不同，这是宏观环境中经济因素形成的。（　　）

2. 尾数定价策略有助于招揽顾客购买特价品的同时，促使其购买非特价品。（　　）

3. 所谓的撇脂定价法是指企业在新产品刚上市时以较低的价格推向市场，以便在产品生命周期的初期迅速扩大市场份额。（　　）

4. 广告是最古老的促销方式。（　　）

制定绿色食品营销方案任务考核答案

知识链接

极品野菌原生态绿色食品营销策划

资料卡

物联网

通过信息传感设备，按照约定的协议，把任何物品与互联网连接起来，进行信息交换和通信，以实现智能化识别、定位、跟踪、监控和管理的一种网络。通俗地讲，物联网就是“物物相连的互联网”，它包含两层含义：第一，物联网是互联网的延伸和扩展，其核心和基础仍然是互联网；第二，物联网的用户端不仅包括人，还包括物品，物联网实现了人与物品及物品之间信息的交换和通信。

资料卡

云计算

云计算（分布式计算的一种）

按使用量付费的模式。这种模式提供可用的、便捷的、按需的网络访问，进入可配置的网络、服务器、存储、应用软件、服务计算等资源共享池，只需投入很少的管理工作，或与服务供应商进行很少的交互，这些资源便能够被快速提供。是分布式计算、并行计算、效用计算、网络存储、虚拟化、负载均衡、热备份冗余等传统计算机和网络技术发展融合的产物，是一种新兴的商业计算模型。

参 考 文 献

[1]鞠剑峰. 绿色食品生产与实训[M]. 北京:中国农业出版社,2016.

[2]于海涛. 绿色食品生产控制[M]. 北京:中国轻工业出版社,2016.

[3]谭济才. 绿色食品生产原理与技术[M]. 北京:中国农业出版社,2005.

[4]陈红兵. 绿色食品生产基础[M]. 北京:科学出版社,2011.

[5]杜相革. 农产品安全生产技术[M]. 北京:中国农业大学出版社,2009.

[6]王文焕,李崇高. 绿色食品概论[M]. 北京:化学工业出版社,2008.

[7]鞠剑锋. 绿色食品基础[M]. 哈尔滨:黑龙江人民出版社,2002.

[8]杨君. 绿色食品加工技术[M]. 北京:科学出版社,2010.

[9]欧阳喜辉. 农产品质量安全认证理论与实践[M]. 北京:中国农业出版社,2009.

[10]张华荣. 绿色食品工作指南[M]. 北京:中国农业出版社,2019.

[11]林海萍,伊力塔. 绿色食品理论与技术[M]. 北京:中国林业出版社,2019.